普通高等教育信息技术类系列教材

数据分析与 R 语言

主编　耿　彧　李玉祥　毛勇华

科学出版社

北　京

内 容 简 介

本书通过大量的实例,循序渐进、全面系统地讲解了 R 语言的基础知识,以及运用 R 命令解决数据分析和处理中的技巧和方法。

本书分为 4 部分,共 17 章。第 1 部分为 R 语言基础知识,旨在让读者熟练掌握工具的使用方法与语法规则,为后续的数据处理打好基础。这部分的主要内容包括 R 软件的下载与安装、数据管理元素的创建和使用、数据包的安装与加载、流程控制。第 2 部分为 R 绘图,数据可视化有助于用户对数据快速做出判断。这部分介绍 R 基础绘图和高级绘图两种方法,运用实例讲解常用图形的绘制方法,包括散点图、折线图、条形图、直方图、密度图、箱线图等基本图形,还包括热图、词云图、韦恩图、小提琴图等高级图形。第 3 部分为统计分析,主要内容包括统计描述、假设检验、回归分析、主成分分析和因子分析、生存分析。第 4 部分为数据分析与预测,介绍数据预处理的常用解决方法及几个主要的机器学习算法。

本书适用于统计分析和数据可视化的初学者,既可作为从事数据分析和数据管理工作人员的参考用书,也可作为理工、生物等专业学生的教材或参考书。

图书在版编目(CIP)数据

数据分析与 R 语言/耿彧,李玉祥,毛勇华主编. —北京:科学出版社,2022.8

(普通高等教育信息技术类系列教材)

ISBN 978-7-03-070781-9

Ⅰ. ①数… Ⅱ. ①耿… ②李… ③毛… Ⅲ. ①程序语言-程序设计-高等学校-教材 Ⅳ. ①TP312

中国版本图书馆 CIP 数据核字(2021)第 243241 号

责任编辑:吴超莉 戴 薇 / 责任校对:马英菊
责任印制:吕春珉 / 封面设计:东方人华平面设计部

斜 学 出 版 社 出版

北京东黄城根北街 16 号
邮政编码:100717
http://www.sciencep.com

廊坊市都印印刷有限公司 印刷

科学出版社发行 各地新华书店经销

*

2022 年 8 月第 一 版 开本:787×1092 1/16
2022 年 8 月第一次印刷 印张:23 1/2
字数:557 000

定价:72.00 元

(如有印装质量问题,我社负责调换〈都印〉)

销售部电话 010-62136230 编辑部电话 010-62135763-2041

本书编写人员

主　编　耿　彧　李玉祥　毛勇华

副主编　赵　亮　牛丹梅　吴宇玲

　　　　　白　涛　张丽丽

参　编　付　亮　张　丹　姜宝泉　程　瑶

　　　　　王丽君　郑鹏怡　许　薇　张新宇

前　　言

在大数据时代，智能决策离不开统计分析及数据处理，相关软件不断推陈出新。在众多软件中，R 语言已经成为统计、预测分析和数据可视化的一种通用语言，它是一款免费的开源软件，具有丰富的数据分析算法包，其语法结构相对简单，易于初学者掌握。

本书为读者提供了 R 语言基础知识、R 绘图、统计分析、数据分析与预测 4 部分内容，侧重于介绍运用 R 软件解决问题的方法，便于读者快速掌握 R 语言的语法规则，并能高效和灵活地掌握运用 R 软件进行数据分析和预测的技巧。本书内容充实、知识体系全面，具有较强的实用性。本书简化了算法基本原理介绍，侧重于介绍 R 软件在具体问题中的实现方法和结果解释。

编者在编写本书的过程中得到了锦州医科大学、河南科技大学、西安工程大学、陕西国际商贸学院、锦州市凌河区中医院和辽阳职业技术学院老师们的支持与帮助。本书由耿彧负责统稿，具体分工如下：第 1、3、15 章由牛丹梅编写；第 2、11 章由吴宇玲和赵亮编写；第 4 章由耿彧编写；第 5 章由毛勇华编写；第 6、7、17 章由李玉祥编写；第 8 章由白涛编写；第 9、10、14 章由张丽丽编写；第 12、13、16 章由付亮编写。此外，本书的案例搜集和程序调试由程瑶、王丽君、郑鹏怡、许薇、张丹、姜宝泉和张新宇共同完成。

本书的编写工作获得了项目资金的支持，包括青年科学基金项目（编号：61702163）、中国医学会教育分会教研课题（编号：2018B-N01020）、河南省中原千人计划科技创新领军人才项目（编号：204200510021）、河南省重点科技攻关项目（编号：202102210162）、陕西省重点研发计划国际科技合作项目（编号：2018KW-021）。

由于编者水平有限，书中难免存在不妥之处，恳请广大读者批评指正，并不吝赐教。

目 录

第 1 部分 R 语言基础知识

第 3 部分 统 计 分 析

第 1 部分

R 语言基础知识

R 语言具有强大的统计分析和作图功能、丰富的统计程序包，集成了统计工具并内嵌了许多统计函数，可快速、灵活地实现数据分析，是统计分析工作的利器，也是学习领域的一款重要工具。

第1章　R　概　述

R 由 Ross Ihaka 和 Robert Gentleman 共同创立，既是一种编程语言，又是一款集数据分析、统计建模和数据可视化功能于一体的软件。R 是免费的开源软件，适用于 UNIX、Linux、MacOS 和 Windows 多种操作系统，R 的安装程序中只包含了 8 个基础模块，其他外挂模块可以通过 R 综合档案网络（comprehensive R archive network，CRAN）获得。R 的用户人数已超过百万，截至 2022 年 5 月，CRAN 已经累计收录 18600 个 R 包，分别用于经济计量、财经分析、人文科学研究及人工智能等领域，而且每年以约 25%的速度增加。

目前，在数据分析领域有多种软件和语言可供选择。例如，较为流行的统计分析软件（statistical product and service solutions，SPSS），其操作简单但功能灵活性不足；统计分析系统（statistical analysis system，SAS）虽然功能强大，但巨大的安装包常常导致无法被正常执行，可扩展性稍差且价格高昂。与之相比，R 兼有操作与功能两者的优势，推崇"向量化操作"的概念。近几年，R 的功能快速拓展到自然语言处理、机器学习和生物信息学等诸多领域。Google 首席经济学家 Hal Varian 曾说，R 最让人惊艳之处在于，你可以通过修改它来做所有的事情，而你已经拥有大量可用的工具包，这无疑是让你站在巨人的肩膀上工作。

R 是目前极佳的学习数据科学的工具，其优势在于出色的作图功能、丰富的统计学方法、超强的建模能力、众多的可用分析包及简捷、优雅的操作。R 的特点主要包括以下几个。

1）突出的统计建模能力：内嵌了许多实用的统计分析函数，涵盖了基础统计学、社会学、经济学、生态学、空间分析、系统发育分析、生物信息学等多个领域。通过安装相应的包文件，将功能加载整合到 R 环境中。

2）强大的作图能力：自带作图功能，可在独立窗口中显示所生成的图形，并可指定图形文件的保存格式。

3）强大的浮点运算功能：R 作为一台高级科学计算器，不需要编译即可执行代码。

4）完备的帮助系统：内附了一套实用的帮助系统，可随时通过主菜单打开帮助系统进行浏览或打印。每个函数都有统一格式的帮助文档说明，使用者可通过 help 命令随时查看其使用方法和样例。

5）命令行驱动，实现即时解释，而且 RStudio 界面友好，是一款很优秀的集成开发环境（integrated development environment，IDE）软件。

在线编程教育机构 Code School 数据科学家 Matt Adams 指出："我甚至并不认为 R 语言只适用于程序员。它非常适合那些面向数据并试图解决相关问题的用户——无论他

们的实际编程能力如何。"尽管 R 具有很多优点,但其在内存管理、速度与效率方面仍面临严峻的挑战,在大规模数据集处理工作上会遇到难题,无法嵌入网络浏览器中,且在网络层面缺乏安全性保障。

R 对 21 世纪的生物医学研究发展具有重要的工具性意义。现代生物医学的方法论基础即将出现重大变革,从基于假设检验的统计分析演化为基于数据挖掘的知识发现。利用计算机工具对海量的数据进行数据清洗、建模和计算,是传统临床设计的统计工具不能胜任的,但是可由功能更为强大的 R 语言实现。海量数据的产生,还对计算机统计算法提出了新的要求,即统计分析的参数选择从基于研究者/统计学家的主观经验逐渐过渡到客观的智能化、自动化选择,这就为临床数据分析引入了一个全新的计算机研究领域——机器学习。机器学习不仅要求对已经存在的数据进行分析和知识挖掘,还要求计算机能够通过对已有数据的学习来实现临床上对各种趋势的预测,R 正好实现了这一功能。近年来,越来越多的临床数据挖掘工作将 R 作为统计和数据分析的基本工具,在急诊医学、灾难医学等多个领域开展了有益的探索。因此,可以说 R 是用于医学统计和分析的较佳工具。

1.1 R 软件的下载与安装

对于 Windows 操作系统,首先进入 R 软件的官网(https://www.r-project.org/),界面如图 1.1 所示。

图 1.1　R 软件的官网首页

然后,选择 CRAN 镜像,如选择中国的"https://mirrors.ustc.edu.cn/CRAN/"作为镜像,则进入相应的链接界面,如图 1.2 所示。

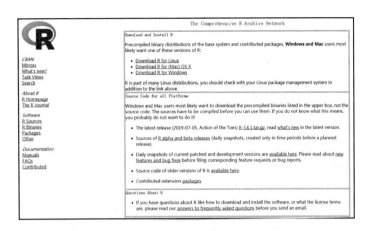

图 1.2　CRAN 链接页面

接着，选择"Download R for Windows"→"base"→"Download R 3.6.1 for Windows"
链接，即可将 R 软件下载到本地。下载完成后，单击下载的"R-3.6.1-win.exe"文件（或
最新版本），接受所有的默认设置一步步安装即可。当成功安装 R 软件后，即可在桌面
上看到一个蓝色的 R 图标。

对于 Linux 操作系统，可类似于 Windows 操作系统进行下载安装，也可采用命令安
装，即 sudo apt-get install r-base 或 yum install r-base。

RStudio 是 R 的 IDE 工具，相比 R 而言，具有更好的操作界面，它把编辑框、命令
框、图形框、资源框等集成在一个窗体内，让包的下载、更新及删除操作更加方便。R
软件安装成功后，便可安装 RStudio。对于 Windows 操作系统，进入网址 https://www.
rstudio.com/products/rstudio/download2/直接下载安装即可。启动 RStudio，进入界面，如
图 1.3 所示。RStudio 界面简单地分为 4 个窗格，从左至右分别是程序编辑窗格、工作空
间和历史窗格、程序运行与输出窗格（主界面）、画图和函数包帮助窗格。

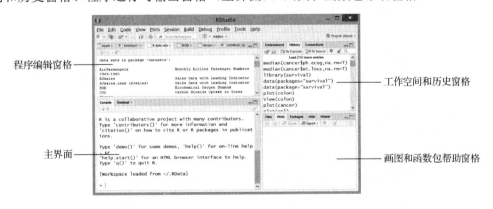

图 1.3　RStudio 运行界面

（1）程序编辑窗格

选择"File"→"New"→"R Script"选项（或按 Ctrl+Shift+N 组合键）可以新建空白程序。RStudio 支持语法高亮显示，使代码看起来更美观。在程序编辑中可使用 Tab 键显示函数和函数参数的功能，常规的替换与查找功能也能很方便地实现。

1）定义函数。选中需要定义函数的一段程序，选择"Code"→"Extract Function"选项（或按 Ctrl+Shift+U 组合键），RStudio 会要求输入自定义函数的名称，按 Enter 键，需要定义的函数则被 function( ){}括起来。

2）进行注释和取消注释。选中需注释或取消注释的程序段，选择"Code"→"Comment/Uncomment Line"选项（或按 Ctrl+Shift+C 组合键）即可。

3）运行程序。对于单行程序，RStudio 中使用 Ctrl+Enter 组合键；若要从头开始运行整段程序，则使用 Ctrl+Shift+Enter 组合键。

4）展开和折叠程序。当程序很长时，RStudio 可以自动设置折叠区域，在折叠区域的首行左侧显示一个下三角形，单击即可折叠。此外，还能自定义折叠区域，选中需要折叠的程序，选择"Edit"→"Folding"→"Collapse"选项（或按 Alt+L 组合键），程序即可收缩，双击则再次展开。在 R 编程中，通常会将一大段程序分成若干段，中间用注释隔开，以方便阅读和修改，RStudio 提供简洁的形式。例如，程序分为 part1、par2、part3 几部分，选择"Code"→"Insert Section"选项（或按 Ctrl+Shift+R 组合键），在打开的窗口中输入 part1，按 Enter 键即可在程序中生成相应的内容。

（2）工作空间和历史窗格

工作空间显示的是定义的数据集 data、值 Value 和自定义函数 Function，可以选中并双击打开查看。历史窗格显示的是历史操作，可以选择上方的"To Console"选项进入主界面。

（3）主界面

主界面功能与 R 中的主界面相同，显示程序运行的信息。RStudio 提供的辅助功能有助于初学者顺利地输入函数。

1）Tab 键。第一个功能是函数提醒，如忘记画图函数 plot，输入前几位字母，如 pl，再按 Tab 键，会出现所有已安装的程序包中以 pl 开头的函数及简要介绍，然后按键即可选择。第二个功能是显示函数的各项参数，如输入"plot("，RStudio 会自动补上右括号，按 Tab 键则显示 plot( )的各项参数。

2）上下光标键。可以切换上次运行的函数。

3）Ctrl+↑。可以显示最近运行的函数历史列表。

（4）画图和函数包帮助窗格

画图和函数包帮助窗格主要用于输出图形和显示函数的帮助文件。

1.2 获得帮助

我们可以从 R 提供的帮助系统中获得帮助，具体方法有如下几种。

1）若想获知某个函数或数据集的信息，输入单问号（?）加上函数名，则会显示函数的相关帮助页面。

2）若想查找某个函数，可输入双问号（??），后面加上与此函数相关的关键词。对特殊字符、关键字或多个字词搜索时，需要加上单引号或双引号作为定界。

3）函数 help( )和 help.search( )分别等同于 ? 和 ??。

4）函数 example( )可查看函数的使用范例。

5）函数 demo( )可查看较长的概念演示。

【例 1-1】帮助命令示例。

```
> ?ls
> ?"regression model"
> help(ls)
> help.search("regression model")
> example(plot)
> demo(graphics)
```

1.3 R 包

R 包是特定领域的函数、数据、文档等的集合。R 强大的原因就在于其包含各种各样的包，大部分的包安装于在线资源库 CRAN 中，由 R 核心团队维护。通常，同一个包中的所有函数都是相关的，如 stats 包中包含一系列用于进行统计分析的函数，ggplot2 包中包含一系列用于图形绘制的函数。有一部分包是 R 自带的，使用时直接加载即可；有些包可从公共的 R 包资源库中获取；还有一些功能在现有的包中并不存在，需要用户自己编程实现，然后打包以便代码重用。

1.3.1 本地库中的 R 包

使用函数 getOption()查看 defaultPackages 参数的值，可以得到默认加载的 R 包的清单。

```
> getOption("defaultPackages")
[1]"datasets""utils""grDevices""graphics""stats""methods"
```

此命令忽略了 base 包，因为 base 包实现了 R 软件的很多核心功能，所以它总会被加载。

如果想要查看当前所有已加载的 R 包清单，则可以使用.packages 命令。

```
> (.packages())
[1] "stats" "graphics" "grDevices" "utils" "datasets" "methods" "base"
```

如果想要查看所有已安装的 R 包清单，则可以在.packages 命令中使用参数 all.available。

```
> (.packages(all.available=TRUE))
[1] "abind" "acepack" "arules" "arulesViz" "askpass" "assertthat"
[7] "backports" "base64enc" "BH" "bitops" "Boruta" "broom"
[13] "C50" "callr" "car" "carData" "caret" "caTools"
[19] "cellranger" "checkmate" "cli" "clipr" "cluster" "coin"
[25] "colorspace" "conquer" "corrplot" "cowplot" "crayon" "crosstalk"
```

也可以通过输入不带参数的 library( )命令来列出所有已安装的 R 包，会在界面的程序编辑窗格中显示。

1.3.2 安装 R 包

1. 在官方网址中下载 R 包

登录网址"http://cran.r-project.org"，进入主页后，选择左侧的"Mirrors"链接，进入 CRAN Mirrors 界面，如图 1.4 所示。

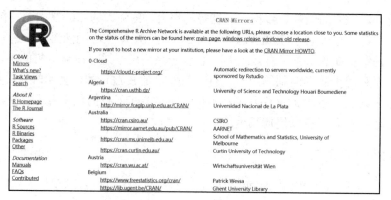

图 1.4　CRAN Mirrors 界面

找到 China 的下载镜像，如选择兰州大学的链接（https://mirror.lzu.edu.cn/CRAN/），单击进入镜像，再选择左侧的"Packages"链接，如图 1.5 所示。

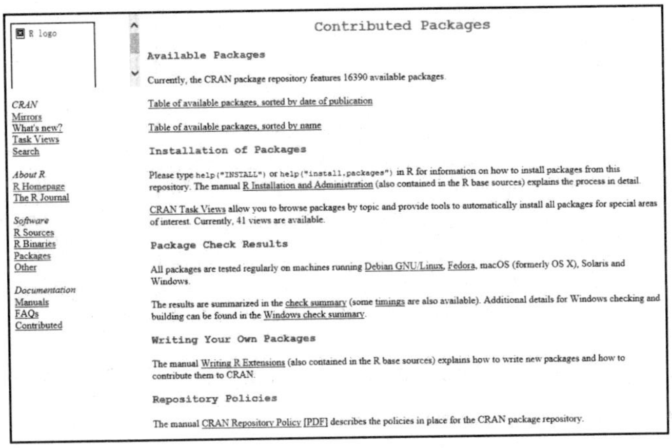

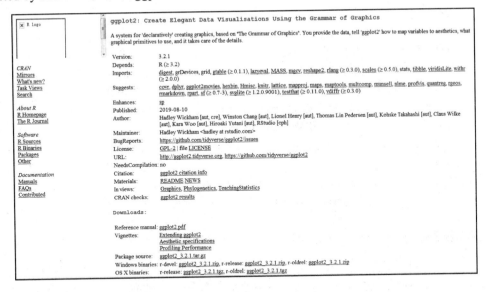

图 1.5　兰州大学镜像的 Packages 界面

R 包列表有两种排列方式：一种是按发布日期排序（table of available packages，sorted by date of publication）；另一种是按名称的字母索引顺序排序（table of available packages，sorted by name）。以下载 ggplot2 包为例，如图 1.6 所示。

图 1.6　ggplot2 包下载界面

下载路径中提供了 3 种版本：r-devel（开发版本）、r-release（发行版本）和 r-oldrel（旧版本）。使用者可以根据自己的需求进行下载。在这里下载发行版本，保存文件名为"ggplot2_3.2.1.zip"。然后，进入 RStudio 界面，选择"Tools"→"Install Packages"选项，进入安装界面，如图 1.7 所示。

数据分析与 R 语言

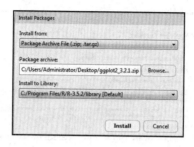

图 1.7 "Install Packages"界面

选择安装来源为"Package Archive File(.zip; .tar.gz)",选择刚下载的包文件,安装到默认库路径下即可。

2. 通过 RStudio 下载 R 包

在 RStudio 中,可以使用指令函数下载 R 包。
格式:

```
install.packages("R包名")
#在当前镜像下直接安装包
> install.packages("ggplot2")
#使用函数 c()一次可安装多个包
> install.packages(c("reshape2","plyr"))
#如果安装包时下载速度较慢,需更改镜像,如果镜像对全局生效则可使用命令:
> options(repos='https://mirrors.ustc.edu.cn/CRAN/')
#如果只在当前下载 R 包时生效,则使用命令:
> install.packages('ggplot2', repos = 'https://mirrors.ustc.edu.cn/CRAN/')
#或者分步完成
> site="https://mirrors.tuna.tsinghua.edu.cn/CRAN"
> install.packages("ggplot2", repos=site)
```

注意

R 出厂时被设置为访问 CRAN 的包库,若运行 Windows 则会访问 CRANextra。CRANextra 包含一些在 Windows 下构建时需特别注意的包,它们不能在通常的 CRAN 服务器上托管。需要访问其他存储库时,输入 setRepositories(),再选择需要的库。

```
> setRepositories()
--- 请选用一个储藏处 ---
1: +CRAN
```

```
2: BioC software
3: BioC annotation
4: BioC experiment
5: +CRAN(extras)
6: Omegahat
7: R-Forge
8: rforge.net
```

1.3.3 加载 R 包

R 包只需下载一次，但每次运行时需要首先加载需要的 R 包。若在使用前没有加载相应的包，则会出现一行报错信息；若在启动 R 软件时就自动加载所有已安装的 R 包，则会显著降低 R 帮助系统的反应速度。此外，若恰巧两个 R 包中有相同的函数名，则会造成函数冲突。可使用函数 library( )加载包。

格式：

```
library(R包名)
```

也可在"画图和函数包帮助"窗格的"Packages"选项卡中选择加载 R 包，如图 1.8 所示。

使用函数 search( )查看所有已加载的包。

```
> search()
 [1] ".GlobalEnv"        "package:dbscan"
 [3] "package:survival"  "package:lattice"
 [5] "package:ggplot2"   "tools:rstudio"
 [7] "package:stats"     "package:graphics"
 [9] "package:grDevices" "package:utils"
[11] "package:datasets"  "package:methods"
[13] "Autoloads"         "package:base"
```

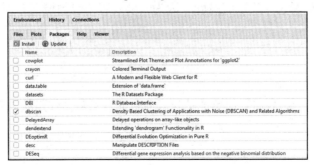

图 1.8　在"Packages"选项卡中选择加载 R 包

R 安装时将自带的包（base、stats 及其他大概 30 个）都存储在 R 的 library 子目录中，可以通过以下方法取得这个位置。

```
> R.home('library')  #或
> .Library
[1] C:\Program Files\R\R-3.5.2\library"
```

创建 R 包后，在包的根目录下，一般包含以下几个部分。

1）R/（必需）：R 函数目录，包含包中定义的函数。

2）DESCRIPTION（必需）：包的描述，包括包名、作者、依赖关系等。

3）NAMESPACE（必需）：名称空间。

4）man/：R 函数手册目录，包含包中定义函数的手册。

5）vignettes/：R 项目目录，包含本项目的使用指导。

6）tests/：R 函数测试目录，包含包中定义函数的测试及包功能的测试。

7）data/：包中附带的数据文件。

每种 R 包都会有自己的数据集。当 R 包安装完成后，即可查看某个特定的包中包含哪些数据集。

格式：

```
print(data(package='具体的 package 名'))
```

【例 1-2】加载包示例。

```
#装载 survival 包
> library(survival)
> print(data(package='survival'))
```

1.3.4　维护 R 包

包安装后，通常希望能及时更新从而获得最新版本，可使用函数 update.packages( ) 实现。为了不让更新包导致系统臃肿（因为安装几百个包的情况并不少见），建议设置选项 ask=FALSE。

格式：

```
update.packages(ask=FALSE)
```

若想删除一个包，只需要简单地把包含此包的目录从文件系统中删除即可，也可以通过命令来实现。

```
> remove.packages("survival")
```

第2章 数据管理

2.1 数据对象的创建与删除

当 R 运行时，所有变量、数据、函数及结果都是以对象（object）的形式存在于计算机内存中的，并以相应的对象名来命名。对象名必须以字母开头（A~Z 或 a~z），可以包含字母、数字（0~9）、点（.）及下划线（_）。注意：R 中区分字母大小写。在具体应用中，变量名尽量能够见名知义，如 Mean.sg 表示身高的均值。为了有效地与函数名区分，建议变量名以大写字母开头。

一个对象可以通过赋值操作来产生。R 语言中的赋值符号是由一个尖括号与一个负号组成的箭头形标志，即 "<-"。在实际运行中，可以用 "=" 来代替。R 默认的命令提示符是 ">"。

【例 2-1】 变量赋值示例。

```
> xm<-"Wangxiao"
> sg<-180
> xb<-TRUE
> tz<-75.5
```

另一种变量赋值方法是通过函数 assign( ) 来实现的，这种情况虽然比较少见，但在极个别情况下，使用函数语法对变量赋值是很有用的。例如：

```
> assign('xm', "zhangsan")        #单引号和双引号均可作为字符串的定界符
```

若对象已经存在，再次对同名对象赋值会自动覆盖原有值，改写为新值。

所有的对象都有两个内在属性：类型和长度。类型有 4 种：数值型，如 sg 和 tz；字符型，如 xm；逻辑型（TRUE 或 FALSE），如 xb；复数型（本书不讨论）。长度指对象中元素的数目。字符型的值输入时须加上定界符——双引号（"）或单引号（'）。

注意以下几种特殊情况。

① 无论什么类型的数据，缺失数据总是用 NA（not available 的缩写）表示。

② 对于很大的数值可以用指数形式表示，如 x<-5e20。

③ 无穷数值，用 Inf 和-Inf 分别表示∞和-∞。

④ 非数字的值用 NaN（not a number 的缩写）表示。

查看对象的结果，可以直接输入对象名，然后按 Enter 键即可。

【例 2-2】显示变量结果示例。

```
> xm
[1] "zhangsan"
```

在显示结果中,方括号中的数字 1 表示从对象 xm 中的第一个元素开始显示。

在 R 语言中,对象赋值有多种形式,可以是一个数值、一个算式或一个函数的结果。

【例 2-3】赋值示例。

```
> tz<-75.5-5              #一个算式
> tz
[1] 70.5
> tz<-75.5+rnorm(1)       #一个函数
> tz
[1] 76.34113
```

rnorm(1)为一个函数,可产生一个随机值,此值服从均值为 0、标准差为 1 的标准正态分布。

--- 📝 注意 ---

R 中同一行可以有多条命令,但中间必须用分号隔开。若一个命令占用了多行,则需要在除最后一行外的其余行末尾加上斜线(/)或逗号,R 能识别这是一条命令。

可使用函数 ls( )显示对象名,有以下几种形式。

1) 如果想列出内存中已有的所有对象名,可使用函数 ls()。

【例 2-4】显示所有对象名。

```
> xm<-"Lisi"; sg<-150; xb<-FALSE; tz<-55; sex<-"男"
> ls()
[1] "sg"  "tz"  "xb"  "xm"  "sex"
```

2) 如果要显示在名称中带有某个指定字符的对象,则需要在函数 ls()中设置 pattern (可简写为 pat)选项。

【例 2-5】显示指定字符的对象。

```
> ls(pat='x')
[1] "sex"  "xb"  "xm"
```

3) 如果限定为显示在名称中以某个字母开头的对象,则需要加^。

【例 2-6】显示以某个字母开头的对象。

```
> ls(pat="^x")
[1] "xb"  "xm"
```

4）如果要显示内存中所有对象的详细信息，可使用函数 ls.str( )。

【例 2-7】显示内存中所有对象的详细信息。

```
> ls.str()
sex:chr "男"
sg:num 150
tz:num 55
xb:logi FALSE
xm:chr "Lisi"
```

5）如果要删除内存中的某个对象，可使用函数 rm( )。

【例 2-8】删除对象。

```
> rm(xm)              #删除对象 xm
> rm(sg,tz)           #删除对象 sg 和 tz
> rm(list=ls())       #删除内存中所有的对象
```

2.2 对象的类型与运算符

形如 as.something 的函数可以完成不同类型对象间的转换，转换类型取决于被转换对象的属性。不同数据类型的转换如表 2.1 所示。

表 2.1 不同数据类型的转换

转换目标	函数	规则
数值型	as.numeric	FALSE→0
		TRUE→1
		"1", "2", …→1, 2, …
		"A"→NA
逻辑型	as.logical	0→FALSE
		其他数字→TRUE
		"FALSE", "F"→FALSE
		"TRUE", "T"→TRUE
字符型	as.character	1, 2, … →"1", "2", …
		FALSE→"FALSE"
		TRUE→"TRUE"

将因子转换为数值型是 R 中的常见情况。

【例2-9】类型转换示例。

```
> fac1<-factor(c(1,10))
> fac1
[1] 1  10
Levels:1 10
> as.numeric(fac1)
[1] 1 2
> fac2<-factor(c('Male','Female'))
> fac2
[1] Male   Female
Levels:Female Male
> as.numeric(fac2)  #按字母序
[1] 2 1
```

R中主要有3种类型的运算符，如表2.2所示。

表2.2 运算符

数学运算		比较运算		逻辑运算	
符号	名称	符号	名称	符号	名称
+	加法	<	小于	!x	逻辑非
-	减法	>	大于	x&y	逻辑与
*	乘法	<=	小于或等于	x&&y	
/	除法	>=	大于或等于	x|y	逻辑或
^	乘方	==	等于	x||y	
%%	模	!=	不等于	xor(x,y)	异或
%/%	整除				

1）逻辑运算符"与"和"或"存在两种形式："&"和"|"作用在对象中的每一个元素上并且返回和比较次数等长的逻辑值；"&&"和"||"作用在对象中的第一个元素上。

【例2-10】逻辑运算示例。

```
> x<-c(TRUE,FALSE,TRUE)
> x
[1] TRUE  FALSE  TRUE
> y<-c(FALSE,TRUE,TRUE)
> y
[1] FALSE  TRUE  TRUE
> x&y
[1] FALSE  FALSE  TRUE
```

```
> x&&y
[1] FALSE
```

2）对于 0<x<1 这种类型的不等式必须使用"逻辑与"，否则返回结果错误。

【例 2-11】关系运算示例。

```
> x<-0.5
> x>=0&&x<=1
[1] TRUE
```

3）比较运算符作用在两个被比较对象的每个元素上，从而返回一个同样大小的对象。为了"整体"比较两个对象，可以使用两个函数：identical( )和 all.equal( )。

【例 2-12】对象比较示例。

```
> x<-1:3;y<-1:3
> x==y
[1] TRUE  TRUE  TRUE
> identical(x,y)
[1] TRUE
> all.equal(x,y)
[1] TRUE
> identical(0.9,1.1-0.2)
[1] FALSE
> all.equal(0.9,1.1-0.2)
[1] TRUE
> all.equal(0.9,1.1-0.2,tolerance=1e-16)
[1] "Mean relative difference: 1.233581e-16"
```

✔注意

identical( )用来比较数据的内在关系，如果对象是严格相同的，则返回 TRUE，否则返回 FALSE。all.equal( )用来判断两个对象是否"近似相等"，返回结果为 TRUE或对二者差异的描述，其在比较数值型变量时考虑到了计算过程中的近似。

2.3 数据结构

向量、矩阵、数组、数据框和列表是 R 语言中重要的 5 种数据结构类型，其示意图如图 2.1 所示。

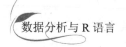

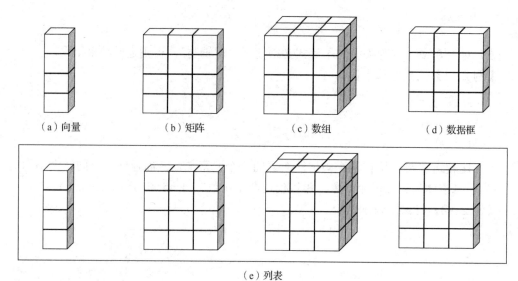

| （a）向量 | （b）矩阵 | （c）数组 | （d）数据框 |

（e）列表

图 2.1　数据结构示意图

2.3.1　向量

向量是一个变量，是用于存储数值型、字符型或逻辑型数据的一维数组。默认创建的向量为列向量。

1．创建向量

1）使用冒号（:）生成从某一个数到另一个数的规则数字序列，其优先级高于加（+）、减（-）、乘（*）、除（/）。

【例 2-13】创建向量。

```
> 1:5
[1] 1 2 3 4 5
> 2*1:5
[1] 2 4 6 8 10
> 1:(5+2)
[1] 1 2 3 4 5 6 7
```

2）使用函数 seq( )创建向量，可生成等差序列，还可以生成实数序列，并且可以指定步长。

格式 1：

```
seq(from=value1, to=value2, by=value3)
```

【例 2-14】函数 seq( )使用示例。

```
> seq(1, 5, 0.5)
[1] 1.0 1.5 2.0 2.5 3.0 3.5 4.0 4.5 5.0
```

其中，函数 seq( )中的第一个参数表示序列的起点，第二个参数表示序列的终点，第三个参数表示生成序列的步长。from、to、by 可以省略。

格式 2：

```
seq(length=value2, from=value1, by=value3)
```

当 value3 省略时，默认步长值为 1。

【例 2-15】改变参数的函数 seq( )使用示例。

```
> seq(length=9, from=1, by=0.5)
[1] 1.0 1.5 2.0 2.5 3.0 3.5 4.0 4.5 5.0
```

3）使用函数 c( )创建向量，可使用逗号将一系列的数据拼接起来，也可以使用冒号。

【例 2-16】函数 c( )使用示例。

```
> x<-c(1:5)
> y<-c('China','America','Japan')
> z<-c(TRUE, FALSE, TRUE, FALSE)
> ls.str()
```

4）使用函数 rep( )创建重复元素的向量，有以下两种格式。

格式 1：

```
rep(起始值:始止值, times=n)
```

此格式将整个向量重复 n 次，times 可省略，直接写数字。

格式 2：

```
rep(起始值:始止值, each=n)
```

此格式将向量的每个元素依次重复 n 次。

【例 2-17】函数 rep( )使用示例。

```
> rep(1, 10)
[1] 1 1 1 1 1 1 1 1 1 1
> rep(1:5, 2)
[1] 1 2 3 4 5 1 2 3 4 5
> rep(c("male","female"),5)
[1] "male" "female" "male" "female" "male"
```

```
[6] "female" "male" "female" "male" "female"
> rep(c("male","female"),each=5)
[1] "male" "male" "male" "male" "male"
[6] "female" "female" "female" "female" "female"
> rep(c("S","M","L"),c(2,3,4))
[1] "S" "S" "M" "M" "M" "L" "L" "L" "L"
```

使用命令 c(rep('S',2)、rep('M',3)、rep('L',4)),可获得相同的结果。

5)使用函数 sequence( )创建一个连续的整数序列,每个序列都以给定参数的数值结尾。

【例 2-18】函数 sequence( )使用示例。

```
> sequence(4:5)
[1] 1 2 3 4 1 2 3 4 5
> sequence(c(10,5))
[1] 1 2 3 4 5 6 7 8 9 10 1 2 3 4 5
> sequence(c(1:10))
[1] 1 1 2 1 2 3 1 2 3 4 1 2 3 4 5 1 2 3 4 5 6 1 2 3 4
[26] 5 6 7 1 2 3 4 5 6 7 8 1 2 3 4 5 6 7 8 9 1 2 3 4 5
[51] 6 7 8 9 10
```

sequence(n)生成从 1 到 *n* 的向量。因此,sequence(4:5)相当于 sequence(4)和 sequence(5)。

6)函数 vector( )能创建一个指定类型和长度的矢量,其结果中的值可为数值型的 0、逻辑型的 FALSE、字符型的空字符串""或空值 NULL。创建的向量初始默认为逻辑值 FALSE。

【例 2-19】函数 vector( )使用示例。

```
> vector("numeric", 5)
[1] 0 0 0 0 0
> vector("logical ", 5)
[1] FALSE FALSE FALSE FALSE FALSE
> vector("character", 5)
[1] "" "" "" "" ""
> vector(length=5)
[1] FALSE FALSE FALSE FALSE FALSE
```

7）函数 paste( )可以把字符型向量连成一个字符串，中间用空格分开。

```
> paste("My","Job")
> paste("Today is", date())
```

说明：

① 连接的自变量可以是向量，各对应元素连接起来。

② 若自变量的长度不同，较短的向量被重复使用。

③ 自变量可以是数值向量，连接时自动转换成适当的字符串。

④ 分隔用的字符可以用 sep 参数指定。

```
> labs<-paste("X", 1:6, sep="")
> labs
[1] "X1" "X2" "X3" "X4" "X5" "X6"
```

⑤ 分隔用的字符也可以用 collapse 参数指定。

```
> paste(c('a','b'),collapse='.')
[1] "a.b"
> paste(c('a','b'),c(1,2), collapse='.')
[1] "a 1.b 2"
```

2. 向量命名

在 R 中，可为向量的每个元素命名，以提高代码的可读性。

格式 1：

```
name=值
```

在创建向量时为其指定名称；如果元素的名称是由空格构成的多个单词，则需要加引号；可以对某些元素命名而忽略其他元素。

【例 2-20】为向量指定名称。

```
> c(high=180, weight=75, "skin color"="black", 25)
high  weight  skin  color
"180"  "75"  "black"  "25"
```

格式 2：

```
names(向量名)
```

当向量创建后，可以使用函数 names( )为元素添加名称。

【例 2-21】使用函数 names( )为元素添加名称。

```
> v<-c(180,75,"black",25)
> v
[1] "180" "75" "black" "25"
> names(v)<-c("heigh","weight","skin color","")
```

若想获取元素名称，可使用 names(向量名)。若向量中所有的元素都没有名称，则 names( )函数的返回值为 NULL。

【例 2-22】使用函数 names( )获取元素名。

```
> names(v)
[1] "heigh"   "weight"   "skin color"   ""
> x<-c(1:4)
> names(x)
NULL
```

3. 索引向量

通常使用下标和[]的组合来访问向量中特定位置的元素。下标是向量元素的位置，第一个元素的位置是 1，顺序以 1 的步长递增。如果下标超出向量的长度范围，则不会导致错误，而是返回缺失值（NA）；如果不设置任何下标，则返回整个向量的值，并按原位置顺序打印出向量的元素值。

格式：

向量名[下标]

1）当下标为正整数时，返回指定位置的元素值。

【例 2-23】索引向量示例。

```
> v<-1:5
> v
[1] 1 2 3 4 5
> v[1]
[1] 1
> v[2:3]
[1] 2 3
```

2）当下标为负整数时，返回指定位置以外的所有元素值。

```
> v[-4]
[1] 1 2 3 5
```

3）当下标为逻辑向量时，返回只包含索引为 TRUE 的元素值。

```
> v[c(TRUE,TRUE,TRUE,FALSE,TRUE)]
[1] 1 2 3 5
```

4）对于元素被命名的命名向量，给向量传入字符向量，命名向量返回指定名称的元素值。

```
> x<-c(1:4)
> x
[1] 1 2 3 4
> names(x)<-c("a","b","c","d")
> x
a b c d
1 2 3 4
> x[c("a","b")]
a b
1 2
> x["c"]
c
3
```

5）可以使用一个比较运算表达式作为下标来访问元素的值。

```
> x[x<=2]<-10
> x
 a  b  c  d
10 10  3  4
> x[x==3]<-20
> x
 a  b  c  d
10 10 20  4
```

4. 向量元素的位置

向量中包含一系列的数据，如何选择向量中符合条件的元素呢？如果知道符合条件的元素的位置，那么 R 就可以使用位置来索引向量的元素值。

1）函数 which( )，用于返回逻辑向量中元素值为 TRUE 的位置。

【例 2-24】函数 which( ) 使用示例。

```
> x<-(1:5)*2
```

```
> x
[1] 2  4  6  8  10
> x>5
[1] FALSE  FALSE  TRUE  TRUE  TRUE
> which(x>5)
[1] 3 4 5
> x[which(x>5)]
[1] 6  8  10
```

2）函数 which.min( )和函数 which.max( )分别用于找到向量中最小值和最大值元素的索引位置。

【例 2-25】函数 which.min( )和函数 which.max( )使用示例。

```
> which.min(x)
[1] 1
> which.max(x)
[1] 5
> x[which.min(x)]
[1] 2
> x[which.max(x)]
[1] 10
```

5. 向量的循环

R 支持向量化运算，即运算符或函数能够作用于向量中的每个元素，结果以向量的形式输出。此功能可以使代码更为简洁、高效和易于理解。

1）向量和单个数值相加，是把向量的每个元素都和单个数值相加，返回的结果是向量。

【例 2-26】向量和单个数值相加示例。

```
> x<-(1:5)^2
> x
[1] 1  4  9  16  25
> x+5
[1] 6  9  14  21  30
```

2）向量和向量相加，是在相同的序列位置上，对两个向量的元素相加，返回的结果是向量。在向量和向量做运算时，尽量使两个向量具有相同的长度。当两个向量的长度不同时，R 会循环较短的向量，以配合较长的向量。如果长向量不是短向量的整数倍，R 将抛出警告消息。

【例 2-27】向量和向量相加示例。

```
> rep(1:5, 3)+rep(1:5, each=3)
[1] 2 3 4 6 7 3 5 6 7 9 5 6 8 9 10
```

6. 向量元素的追加、删除和更新

1）可以对向量追加元素，如在向量的末尾追加一个元素。

【例 2-28】追加向量元素。

```
> r <- c(1,3,4)
> r[4] <- 5
> r
[1] 1 3 4 5
```

2）向量不能直接删除特定位置的元素，但可以通过为向量重新赋值来实现。

【例 2-29】删除向量元素。

```
> r <- r[r!=4]
> r
[1] 1 3 5
```

3）更新向量特定位置的元素值，只需要为向量的指定元素赋新值。

【例 2-30】更新向量元素。

```
> r[3] <- 4
> r
[1] 1 3 4
```

7. 向量的排序和排名

使用函数 sort( )对向量进行排序，函数 order( )返回元素排序之后的位置，v[order(v)]
返回和 sort(v)相同的结果。

【例 2-31】向量排序示例。

```
> v <- c(1,3,5,2,4)
> sort(v)
[1] 1 2 3 4 5
> order(v)
[1] 1 4 2 5 3
> v[order(v)]
[1] 1 2 3 4 5
```

2.3.2 矩阵和数组

上述的向量是一维的，只有长度没有维度。然而，矩阵实际上是一个有维度的向量。数组的维度可以是多维，矩阵是数组的一个特例，其维数为 2，即由行和列构成的二维数组。

1. 矩阵的创建

因为已经确定了矩阵的维数为 2，所以只需要定义行或列的数目即可。矩阵由函数 matrix( ) 来创建。

格式：

```
matrix(data=NA,nrow=1,ncol=1,byrow=FALSE,dimnames=NULL)
```

参数说明如下。

1）data：矩阵中数据元素的输入向量。

2）nrow：创建的行数。

3）ncol：创建的列数。

4）byrow：如果其值为 TRUE，则数据按行填充；如果其值为 FALSE（默认值），则数据按列填充。

5）dimnames：使用函数 list( ) 设置行和列的名称。

【例 2-32】创建矩阵。

```
> mdat<-matrix(c(1,2,3, 11,12,13), nrow=2, ncol=3, byrow=TRUE,
dimnames=list(c("row1", "row2"),c("Col1", "Col2", "Col3")))
> mdat
     Col1  Col2  Col3
row1   1    2     3
row2  11   12    13
```

【例 2-33】创建具有行名和列名的矩阵。

```
> rownames<-c("NO.1","NO.2","NO.3")
> colnames<-c("incidence","itl","angle","slope","radius", "
  spondylolisthesis","class")
> mdata<-c(63.0,22.6,39.6,40.5,98.7,-0.25,"Abnormal",4.48,21.7,31.4,
22.7,113.7,-0.28,"Normal",59.7,7.7,55.3,52.0,125.1,3.2,"Normal")
> matrix(data=mdata,nrow=3, byrow=TRUE, dimnames=list(rownames,
colnames))
        incidence  itl  angle  slope  radius  spondylolisthesis  class
```

```
NO.1    "63"    "22.6"  "39.6"  "40.5"  "98.7"   "-0.25"    "Abnormal"
NO.2    "4.48"  "21.7"  "31.4"  "22.7"  "113.7"  "-0.28"    "Normal"
NO.3    "59.7"  "7.7"   "55.3"  "52"    "125.1"  "3.2"      "Normal"
```

2. 数组的创建

因为数组是多维的，所以必须定义维度。数组由函数 array( )创建。
格式:

```
array(data=NA, dim=length(data), dimnames=NULL)
```

参数说明如下。

1) data: 数组中数据元素的输入向量。

2) dim: 数组的维度定义, 给出每个维度的最大索引。

3) dimnames: 每个维度的名称。

【例2-34】创建多维数组。

```
> d3_array <- array(1:24, dim=c(2,3,4), dimnames=list(c("one1",
"two1"), c("one2", "two2", "three2"), c("one3", "two3","three3","four3")))
> d3_array
    , , one3
          one2  two2  three2
    one1   1    3     5
    two1   2    4     6
    , , two3
          one2  two2  three2
    one1   7    9     11
    two1   8    10    12
    , , three3
          one2  two2  three2
    one1   13   15    17
    two1   14   16    18
    , , four3
          one2  two2  three2
    one1   19   21    23
    two1   20   22    24
```

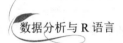

3. 数组与矩阵的访问

访问数组与访问向量的方法类似，差异在于维度的增加。

【例 2-35】访问数组。

```
> mdat[1]                          #第一个元素
[1] 1
> mdat[1,]                         #第一行的所有元素
Col1 Col2 Col3
  1    2    3
> mdat[1,c("Col1","Col2")]         #第一行，指定列名的元素
Col1 Col2
  1    2
#在第三维为 1 的数据中，去除第二列第一行的元素
> d3_array[1,-2,1]
 one2  three2
   1     5
> d3_array[1,2,]     #第三维度上所有第一行第二列的元素
 one3  two3  three3  four3
   3    9     15      21
```

4. 矩阵合并

函数 rbind( )和 cbind( )分别用于纵向和横向方式合并向量或矩阵。函数 rbind( )要求合并矩阵的列数应相等，函数 cbind( )要求合并矩阵的行数应相等。

【例 2-36】合并矩阵。

```
> m1<-matrix(1,nr=2,nc=2)
> m2<-matrix(2,nr=2,nc=2)
> rbind(m1,m2)
      [,1] [,2]
 [1,]  1    1
 [2,]  1    1
 [3,]  2    2
 [4,]  2    2
> cbind(m1,m2)
      [,1] [,2] [,3] [,4]
 [1,]  1    1    2    2
 [2,]  1    1    2    2
```

5. 矩阵运算

1）转置矩阵：函数 t( )。

【例 2-37】转置矩阵示例。

```
> A<-matrix(1:6,nrow=2); A
> t(A)
```

2）计算矩阵的行列式值：函数 det( )。

【例 2-38】计算矩阵的行列式值。

```
> det(matrix(1:4, ncol=2))
[1] -2
> det(matrix(c(4,-2,-2,-2,4,-2,-2,-2,4),nrow=3))
[1] 0
```

3）向量的内积：函数 crossprod(x,y)或 t(x) %*% y。

【例 2-39】计算向量内积。

```
> x<-1:5; y<-2*1:5
> crossprod(x,y)
     [,1]
[1,]  110
```

4）矩阵乘法：A*B，表示两个矩阵中的对应元素相乘；A%*%B，表示两个矩阵的乘积。

【例 2-40】矩阵乘法示例。

```
> A<-array(1:9,dim=(c(3,3)))
> B<-array(9:1,dim=(c(3,3)))
> C<-A*B;C
     [,1] [,2] [,3]
[1,]   9   24   21
[2,]  16   25   16
[3,]  21   24    9
> D<-A%*%B;D
     [,1] [,2] [,3]
[1,]  90   54   18
[2,] 114   69   24
[3,] 138   84   30
```

5）对角矩阵：函数 diag( )。

参数为向量时,diag(v)表示生成对角线元素为 v 的对角矩阵;参数为矩阵时,diag(M)表示取 M 对角线上的元素为一个向量。

【例 2-41】求对角矩阵。

```
> diag(matrix(1,nrow=2,ncol=2))
[1] 1 1
> diag(3)
     [,1] [,2] [,3]
[1,]   1    0    0
[2,]   0    1    0
[3,]   0    0    1
> v<-c(10,20,30)
> diag(v)
     [,1] [,2] [,3]
[1,]   10    0    0
[2,]    0   20    0
[3,]    0    0   30
```

6）解线性方程组和求逆矩阵：函数 solve( )。

对于线性方程组 $Ax=b$，可以使用 solve(A,b)求解；若求矩阵 A 的逆矩阵，则用 solve(A)。

【例 2-42】解线性方程组和求逆矩阵。

```
> A<-matrix(c(5:12,15),byrow=T,nrow=3)
> b<-c(1:3)
> x<-solve(A,b)
> x
[1]  1.000000e+00 -6.666667e-01 -8.326673e-16
> B<-solve(A)
> B
          [,1]        [,2]      [,3]
[1,] -2.500000   1.0000000   0.5
[2,]  1.666667   0.3333333  -1.0
[3,]  0.500000  -1.0000000   0.5
```

7）求矩阵的特征值与特征向量：函数 eigen( )。

格式:

```
ev<-eigen(Sm)
```

参数说明如下。

① Sm：对称矩阵。

② ev：它有两个值，ev$values 是 Sm 的特征值构成的向量，ev$vectors 是 Sm 的特征向量构成的矩阵。

【例 2-43】求矩阵的特征值与特征向量。

```
> A<-matrix(c(1:8,10),byrow=T,nrow=3)
> Sm<-crossprod(A,A)
> ev<-eigen(Sm)
> ev
eigen() decomposition
$values
[1] 303.19533618   0.76590739   0.03875643
$vectors
            [,1]          [,2]          [,3]
[1,] -0.4646675   0.833286355   0.2995295
[2,] -0.5537546  -0.009499485  -0.8326258
[3,] -0.6909703  -0.552759994   0.4658502
```

8）矩阵的奇异值分解：函数 svd( )。

函数 svd(A)是对矩阵 A 进行奇异值分解，即 $A=UDV^T$。

① U 和 V 是正交矩阵，D 是对角矩阵。

② svd(A)返回值为列表：$d 为矩阵 A 的奇异值，即矩阵 D 的对角线上的元素；$u 为正交矩阵 U，$v 为正交矩阵 V。

【例 2-44】矩阵的奇异值分解示例。

```
#分解奇异值
> A<-matrix(c(1:8,10),byrow=T,nrow=3)
> svdA<-svd(A);svdA
#还原成矩阵 A
> svdA$u%*%diag(svdA$d)%*%t(svdA$v)
```

2.3.3 时间序列

函数 ts( )可以由向量（一元时间序列）或矩阵（多元时间序列）创建一个 ts 型对象，并且有一些表明序列特征的选项（带有默认值）。

格式：

```
ts(data=NA, start=1, end=numeric(), frequency=1,deltat=1, ts.eps=
getOption("ts.eps"),class=, names=)
```

参数说明如下。

1）data：一个向量或矩阵。

2）start：第一个观察值的时间，为一个数字或是一个由两个整数构成的向量。

3）end：最后一个观察值的时间。

4）frequency：单位时间内观察值的频数（频率）。

5）deltat：两个观察值间的时间间隔（frequency 与 deltat 必须且只能给定其中一个），月度数据的取值为 1/12。

6）ts.eps：序列之间的误差限。如果序列之间的频率差异小于 ts.eps，则认为这些序列的频率相等。

7）class：对象的类型，一元序列的默认值是 ts，多元序列的默认值是 c("mts","ts")。

8）names：给出多元序列中每个一元序列的名称。

【例 2-45】时间序列示例 1。

```
> ts(1:21, start=2000) #frequency 默认值为 1,按年处理
Time Series:
Start=2000
End=2020
Frequency=1
 [1]  1  2  3  4  5  6  7  8  9 10 11 12 13 14 15 16 17 18 19 20 21
> ts(1:35,frequency=12,start=c(1959,2)) #frequency=12 时,按月处理
     Jan Feb Mar Apr May Jun Jul Aug Sep Oct Nov Dec
1959       1   2   3   4   5   6   7   8   9  10  11
1960  12  13  14  15  16  17  18  19  20  21  22  23
1961  24  25  26  27  28  29  30  31  32  33  34  35
> ts(1:20, frequency=4, start=c(2018,1)) #frequency=4 时,按季处理
     Qtr1 Qtr2 Qtr3 Qtr4
2018   1    2    3    4
2019   5    6    7    8
2020   9   10   11   12
2021  13   14   15   16
2022  17   18   19   20
```

【例 2-46】时间序列示例 2。

```
> m<-matrix(rnorm(20), 4, 5)
> z<-ts(m,start=c(1961,1),frequency=1)
> z
Time Series:
Start=1961
```

```
End=1964
Frequency=1
        Series 1    Series 2    Series 3    Series 4    Series 5
1961 0.8437438  -1.0567175  -0.6072832  -0.4700624   0.6954091
1962 0.7709208  -0.4154549  -0.1032079  -0.3187396  -0.3271037
1963 0.8098437   0.6813771   0.2023150  -0.9829796  -0.3142214
1964 0.7168404  -2.6468632  -1.7866013   0.9810410  -2.5630886
```

2.3.4 因子

1）一个因子不仅包括分类变量本身，还包括变量不同的可能水平。

格式：

```
factor(x,levels,labels=levels,exclude=NA,ordered=is.ordered(x),
nmax=NA)
```

参数说明如下。

① x：数据向量。

② levels：用于指定因子可能的水平（默认值是向量 *x* 中互异的值）。

③ labels：用于指定水平的名称。

④ exclude：表示从向量 *x* 中剔除的水平值。

⑤ ordered：是一个逻辑型选项，用来指定因子的水平是否有序。

【例 2-47】因子示例。

```
> size<-c('S','M',"L","M","L","L")
> factor(size)
[1] S M L M L L
Levels: L M S
> size2<-factor(size,levels=c("S","M","L"),labels=c('1','2','3'))
> size2
[1] 1 2 3 2 3 3
Levels: 1 2 3
> size3<-factor(size,levels=c("S","M"))
> size3
[1] S  M  <NA> M  <NA>  <NA>
Levels: S M
> size4<-factor(size,ordered=TRUE)
> size4
[1] S M L M L L
Levels: L < M < S
```

```
> size5<-factor(size,exclude="M",ordered=TRUE)
> size5
[1] S  <NA> L  <NA> L  L
Levels: L < S
> sex<-c("M","F","M","M", "F")
> factor(sex,levels=c("M","F"),labels=c('male','female'),exclude='M')
Error in factor(sex, levels=c("M", "F"), labels=c("male", "female"), :
'labels'不对;长度 2 应该是一或 1
```

由于在函数 factor( )中有参数 exclude='M'，表示因子水平仅保留 "F" 一个，因此参数 labels=c("male, "female")设置了两个标签名称，命令会提示错误。此命令应修改如下：

```
> factor(sex,levels=c("M","F"),labels=c('female'),exclude='M')
[1] <NA> female <NA> <NA> female
Levels: female
```

2）函数 table( )用于计算每个因子出现的次数。

【例 2-48】函数 table( )使用示例。

```
> table(size)
size
L M S
3 2 1
```

3）函数 levels( )用于提取一个因子中可能的水平值。

【例 2-49】函数 levels( )使用示例。

```
> levels(size2)
[1] "1" "2" "3
> levels(size5)
[1] "L"  "S"
```

4）函数 gl( )可以生成不同的水平因子/层次序列。

格式：

```
gl(k,n)
```

参数说明如下。

① k：水平数（或类别数）。

② n：每个水平的重复次数。

【例 2-50】函数 gl( )使用示例。

```
> gl(3,5)
```

```
[1] 1 1 1 1 1 2 2 2 2 2 3 3 3 3 3
Levels: 1 2 3
```

函数 gl( )中可以有参数选项 length，用于指定产生数据的个数。

【例 2-51】带参数 length 的函数 gl( )使用示例。

```
> gl(3,5,length=30)
[1] 1 1 1 1 1 2 2 2 2 2 3 3 3 3 3 1 1 1 1 1 2 2 2 2 2 3 3 3 3 3
Levels: 1 2 3
```

函数 gl( )中可以有参数选项 labels，用于指定每个水平因子的名称。

【例 2-52】带参数 labels 的函数 gl( )使用示例。

```
> gl(3,8,labels=c("S","M","L"))
[1] S S S S S S S S M M M M M M M M L L L L L L L L
Levels: S M L
```

2.3.5 列表

列表是最复杂的数据类型。一般来说，列表是数据对象的有序集合。列表中的各个元素的数据类型可以不同，每个元素的长度也可以不同。

1. 创建列表

列表由函数 list( )创建，每个参数表示一个列表项，由逗号进行分隔。列表项的名称是可选的。

格式：

```
list([name1=]item1,[name2=]item2,…)
```

【例 2-53】创建列表。

```
> list(c(1:12),month.abb,matrix(c(1:12),nrow=3))
[[1]]
[1]  1  2  3  4  5  6  7  8  9 10 11 12
[[2]]
[1] "Jan" "Feb" "Mar" "Apr" "May" "Jun" "Jul" "Aug" "Sep" "Oct" "Nov" "Dec"
[[3]]
     [,1] [,2] [,3] [,4]
[1,]    1    4    7   10
[2,]    2    5    8   11
[3,]    3    6    9   12
```

数据分析与R语言

注意

列表的第一个项（item），使用两个嵌套的中括号[[1]]表示。

2. 列表项的命名

通过指定列表项的变量名，为每一个列表项显示指定名称，列表项的名称是变量名，不需要加双引号；对于列表中的命名元素，可以使用$符号来索引列表项。

【例2-54】列表项命名示例1。

```
> listdata<-list(x=c(1:12),y=month.abb)
> listdata
$x
[1]  1  2  3  4  5  6  7  8  9 10 11 12
$y
[1] "Jan" "Feb" "Mar" "Apr" "May" "Jun" "Jul" "Aug" "Sep" "Oct" "Nov" "Dec"
```

可以对函数 names(列表名)进行赋值，实现对列表项的命名。也可以直接使用names(列表名)查看列表中所有列表项的名称。如果列表是无名列表项，则该函数返回NULL。

【例2-55】列表项命名示例2。

```
> names(listdata)<-c('first','second')
> listdata
$first
[1]  1  2  3  4  5  6  7  8  9 10 11 12
$second
[1] "Jan" "Feb" "Mar" "Apr" "May" "Jun" "Jul" "Aug" "Sep" "Oct" "Nov" "Dec"
> names(listdata)
[1] "first"  "second"
```

3. 索引列表

列表的下标是列表项的序号，可以使用中括号[n]索引列表的元素，下标有正整数、负整数、元素名称和逻辑索引4种表示方法。下标的整数值从1开始，正整数表示选择该列表项，负整数表示剔除该列表项。

【例 2-56】 索引列表示例。

```
> listdata[1:2]
> listdata[-1]
> listdata[c('first', 'second')]
> listdata[c(TRUE, FALSE)]
```

若想读取某一列表项的具体值，可采用以下方法。

1）使用嵌套的中括号和下标，可获取列表中某一项的值。

【例 2-57】 读取某一列表的具体值。

```
> listdata[[1]]
 [1]  1  2  3  4  5  6  7  8  9  10  11  12
```

2）使用列表项的名称。

```
> listdata$first
 [1]  1  2  3  4  5  6  7  8  9  10  11  12
```

3）使用双重下标读取某一列表项中某一元素的值。

```
> listdata$first[1]
[1] 1
> listdata[[1]][1]
[1] 1
```

4. 列表项的追加、更新和删除

列表创建之后，可以对列表的元素进行追加、更新和删除操作。追加和更新元素都是通过对元素赋值来实现的。如果列表中的元素存在，那么更新该元素；如果列表中的元素不存在，那么把当前变量添加到列表中作为新的列表项。

（1）追加列表项

在列表中追加新的列表项，可以使用嵌套的中括号（在列表末尾追加未命名的列表项），或直接使用新的列表项名称（在列表末尾追加已命名的列表项）。

【例 2-58】 追加列表项。

```
> listdata[[3]]<-c(1:3)
> listdata$third=c(1:5)
> listdata
$first
 [1]  1  2  3  4  5  6  7  8  9  10  11  12
$second
```

```
[1] "Jan" "Feb" "Mar" "Apr" "May" "Jun" "Jul" "Aug" "Sep" "Oct" "Nov" "Dec"
[[3]]
[1] 1 2 3
$third
[1] 1 2 3 4 5
```

（2）更新列表项

更新列表项，可以通过直接访问列表项，把列表项赋值为新的变量来实现。

【例 2-59】更新列表项。

```
> listdata[3]<-list(c(1:10))
> listdata["third"]<-list(c('S','M','L'))
```

更新列表项的元素，改变元素的值。

【例 2-60】更新列表项的元素。

```
> listdata$'third'[2]<-"L"
> listdata$third
[1] "S" "L" "L"
```

（3）删除列表项

实际上，删除列表项是通过对列表项赋值为 NULL 来实现的。NULL 表示一个空的变量，不占用任何空间，长度为零。当列表项更新为 NULL 时，R 就会删除该列表项，并将该列表项之后的元素索引序号自动减 1，保持该列表项之前的元素索引序号不变。

【例 2-61】删除列表元素。

```
> listdata[1]
$first
[1] 1 2 3 4 5 6 7 8 9 10 11 12
> listdata[1]<-NULL
> listdata
```

（4）把列表项更新为 NULL

要把现有的列表元素设置为 NULL，如果简单地为其赋值为 NULL，则将删除该列表元素。所以必须使用 list(NULL) 来设置，list(NULL)返回的是空列表。

```
> listdata[1]<-list(NULL)
```

5. 列表和向量的相互转换

向量可以通过函数 as.list( )转换为列表，所创建的列表和向量中的元素一一对应。

【例2-62】列表和向量转换示例。

```
> m=c(1,3)
> m
[1] 1 3
> n<-as.list(m)
> n
[[1]]
[1] 1
[[2]]
[1] 3
```

列表既能存储相同类型的数据，也能存储不同类型的数据。如果列表中所有列表项的数据类型都相同，并且每一个列表项都是标量变量，则可以通过函数 unlist( )把列表转换为向量。

```
> unlist(n)
[1] 1 3
```

如果列表存储不同类型的数据，那么列表不能转换为向量。

2.3.6 数据框

数据框用于存储类似电子表格的数据。每列存储的数据类型可以不同，但同一列中的数据类型必须相同。

1. 创建数据框

使用函数 data.frame( )创建数据框。
格式：

```
data.frame(col1,col2,col3,…)
```

【例2-63】创建数据框。

```
> my_dataframe<-data.frame(x=letters[1:5],y=c(1:5),z=rnorm(5))
> my_dataframe
  x y         z
1 a 1 -1.31593143
2 b 2  2.75938890
3 c 3 -0.81837555
4 d 4 -1.96168690
5 e 5 -0.09405698
```

此例中行自动进行编号。如果输入的任何向量都有名称，那么行名称就取第一个向量名称。

【例 2-64】数据框的向量命名示例。

```
> m<-rnorm(5)
> names(m)<-month.name[1:5]
> data.frame(x=letters[1:5],y=c(1:5),z=m)
          x   y        z
January   a   1   0.6335101
February  b   2   1.9132803
March     c   3  -2.2018867
April     d   4  -0.2381803
May       e   5  -0.9142903
```

z 列有命名，那么数据框中每行的名称以 z 列的向量名命名。

这种命名规则可通过给 data.frame( ) 函数传入参数 row.names=NULL 覆盖掉。

```
> data.frame(x=letters[1:5],y=c(1:5),z=m,row.names=NULL)
```

也可通过给 row.names 传入一个向量来为每行命名，此向量将被转换为字符型。

```
> data.frame(x=letters[1:5],y=c(1:5),z=m, row.names=c('row1','row2',
'row3','row4','row5'))
```

数据框中的向量必须有相同的长度，如果其中有一个向量的长度比其他向量的长度短，它将循环整数次，以便与其他向量的长度相同。

【例 2-65】不同向量长度的数据框示例。

```
> data.frame(x=c(1:4),y=5)
   x  y
1  1  5
2  2  5
3  3  5
4  4  5
```

2. 索引数据框

索引数据框与 Matrix 一样，使用[行 Index,列 Index]的格式来访问具体的元素。可以使用 4 种不同的向量索引，即正整数、负整数、逻辑值和字符。

【例 2-66】索引数据框示例。

```
> student<-data.frame(ID=c(11,12,13),Name=c("Devin","Edward","Wenli"),
```

```
Gender =c("M","M","F"),Birthdate=c("1984-2-9","1983-5-6","1986-8-8"))
> student
  ID Name    Gender  Birthdate
1 11 Devin     M       1984-2-9
2 12 Edward    M       1983-5-6
3 13 Wenli     F       1986-8-8
```

1）访问一行，[行 Index,]。

```
> student[1,] #访问第 1 行元素
   ID   Name  Gender  Birthdate
1  11  Devin    M      1984-2-9
```

2）访问一列，[,列 Index]。

```
> student[,2] #访问第 2 列元素
[1] Devin  Edward Wenli
Levels: Devin Edward Wenli
```

3）使用列的 Index 或列名访问列。若选择了一个以上的列，则得到的子集也是一个数据框。若只选择一列，则结果将被简化为一个向量。

```
> student[1:2] #访问第 1、2 列元素
> student[c("ID","Name")] #访问列名为 ID、Name 的两列元素
   ID   Name
1  11  Devin
2  12  Edward
3  13  Wenli
> student[2:3,-3] #访问第 2、3 行且除第 3 列外的元素
   ID   Name  Birthdate
2  12  Edward  1983-5-6
3  13  Wenli   1986-8-8
> student[c(TRUE,FALSE,TRUE),"ID"]
[1] 11 13
> student[c(TRUE,FALSE,TRUE),c("Name","Birthdate")]
   Name  Birthdate
1  Devin  1984-2-9
3  Wenli  1986-8-8
```

4）如果是只访问某一列，返回结果为 Vector 类型，那么可以使用[[]]或$来访问。

```
> student[[2]]
> student[["Name"]]
```

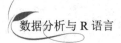

```
> student$Name
[1] Devin  Edward  Wenli
Levels: Devin Edward Wenli
```

3. 查看和修改数据类型

使用函数 str( )查看每列的数据类型。默认情况下，字符串向量被自动识别成 Factor 类型。

【例 2-67】修改数据类型。

```
> str(student)
'data.frame':3 obs. of  4 variables:
$ ID: num  11 12 13
$ Name: Factor w/ 3 levels "Devin","Edward",..: 1 2 3
$ Gender: Factor w/ 2 levels "F","M": 2 2 1
$ Birthdate: Factor w/ 3 levels "1983-5-6","1984-2-9",..: 2 1 3
```

使用函数 as.something( )修改数据类型。

```
> student$Name<-as.character(student$Name)
> student$Birthdate<-as.Date(student$Birthdate)
```

使用函数 str( )查看修改后的数据类型。

```
> str(student)
'data.frame': 3 obs. of  4 variables:
$ ID: num  11 12 13
$ Name: chr  "Devin" "Edward" "Wenli"
$ Gender: Factor w/ 2 levels "F","M": 2 2 1
$ Birthdate: Date, format: "1984-02-09" "1983-05-06" "1986-08-08"
```

4. 查询子集

查询数据框，返回一个满足条件的子集，相当于数据库中的表查询，这是一种常见的操作。最简单的方法是使用行和列的 Index 进行查询，另一种方法是使用布尔向量，配合函数 which( )实现数据过滤。

【例 2-68】查询数据框子集。

```
> student[which(student$Gender=='F'),]
  ID Name Gender  Birthdate
3 13 Wenli  F     1986-08-08
> student[which(student$Gender=='F'),"Birthdate"]
```

```
[1] "1986-08-08"
```

添加一个 Age(年龄)列,使用日期函数 Sys.Date( )获得当前的日期,使用函数 format( )获得年份,再用当前日期与出生日期的年份相减得到年龄。

```
> student$Age<-as.integer (format(Sys.Date(),"%Y"))-as.integer(format
(student$Birthdate,"%Y"))
> student
  ID  Name Gender  Birthdate  Age
1 11  Devin   M    1984-02-09  35
2 12  Edward  M    1983-05-06  36
3 13  Wenli   F    1986-08-08  33
```

直接使用函数 subset( )查询会简单些。例如,查询年龄小于 35 岁的女性的姓名和年龄。

```
> subset(student,Gender=='F'& Age<35,select=c('Name','Age'))
   Name  Age
3 Wenli   33
```

5. 连接/合并操作

在 R 中也可以使用函数 merge( )对多个数据框进行连接。

【例 2-69】创建一个名为 score 的数据框,记录每名学生的科目和成绩。

```
> score<-data.frame(SID=c(11,11,12,12,13),Course=c("Math","English",
            "Math","Chinese","Math"),Score=c(90,80,80,95,96))
> score
  SID Course  Score
1 11  Math     90
2 11  English  80
3 12  Math     80
4 12  Chinese  95
5 13  Math     96
```

通过 student 中的 ID 与 score 中的 SID 进行连接。

```
> result<-merge(student,score,by.x="ID",by.y="SID")
> result
  ID Name Gender  Birthdate  Age Course   Score
1 11 Devin   M    1984-02-09  35 Math      90
2 11 Devin   M    1984-02-09  35 English   80
3 12 Edward  M    1983-05-06  36 Math      80
```

```
4 12  Edward   M     1983-05-06  36  Chinese   95
5 13  Wenli    F     1986-08-08  33  Math      96
```

2.4　读写文件数据

R 能从各式各样的来源中读取数据，且支持大量的文件格式。

2.4.1　工作路径

无论是读取还是写入数据，R 都是在指定的工作路径中完成的。

1）使用函数 getwd( )获取当前工作路径。

```
> getwd()
```

2）使用函数 dir( )查看当前工作路径中包含的文件。

```
> dir()
```

3）使用函数 setwd( )设置工作路径。

```
> dir.create("F:/R_test")  #创建一个目录
> dir.create("F:/R_test/R1")  #dir.create()不能实现级联操作,需要创建两次
> setwd("F:/R_test/R1")
> getwd()
[1] "F:/R_test/R1"
```

4）可以使用 RStudio 中的"Tools"→"Global Options"选项进行永久性地更改目录。

2.4.2　内置数据集

R 的基本包中包括一个名为 datasets 的示例数据集。

1）查看内置数据集。

```
> data()
```

2）查看具体数据集，直接输入数据集名即可。

```
> iris
```

3）如果需要更完整的列表，包括已安装的所有包的数据，可使用以下方法：

```
data(package=.packages(TRUE))
```

4）如果想访问任意数据集中的数据，只需调用函数 data( )，传入数据集的名称及其所在的包名（如果此包已被加载，可省略 package 参数）即可。

```
> data("diabetic",package="survival")
```

5）使用函数 head( )查看当前数据集，默认只显示前 6 行。可指定选项 *n* 设置显示的行数。

```
> head(diabetic,n=3)
  id  laser   age  eye    trt  risk   time    status
1 5   argon   28   left   0    9      46.23   0
2 5   argon   28   right  1    9      46.23   0
3 14  xenon   12   left   1    8      42.50   0
```

2.4.3　读写文本文件

1. CSV 文件导入

矩形数据通常存储在带有分隔符的文件中，特别是逗号分隔（CSV）文件和制表符分隔文件。

使用 readr 包中的 read.csv( )函数进行 CSV 文件的读取。

【例 2-70】读取 CSV 文件。

```
> install.packages("readr")
> library(readr)
> drugs<-readr::read_csv('F:/R_test/R1/drugsComTest.csv')
```

2. Excel 文件导入

通常最简单的办法是将.xls 文件用 Excel 打开，另存为 CSV 格式的文件，然后导入；或者使用 read_excel( )函数进行 Excel 文件的读取。因为 Excel 中有多张表，须用 sheet 指定表名。

【例 2-71】读取 Excel 文件。

```
> install.packages("readxl")
> library(readxl)
> heart<-read_excel("heart.xls",sheet='heart')
> View(heart)  #查看表记录
```

3. 从键盘读入数据

可以使用函数 scan( )通过键盘获取数据。

【例 2-72】从键盘输入数值型数据。

```
> data<-matrix(scan(sep=','),ncol=5,byrow=TRUE)
```

```
1: 1,2,3,4,5
6: 6,7,8,9,10
11:
Read 10 items
> data
     [,1]  [,2]  [,3]  [,4]  [,5]
[1,]  1     2     3     4     5
[2,]  6     7     8     9    10
```

若使用函数 scan( ) 直接从键盘输入字符型数据，则需要指定 what 参数为 character，否则会出错。

【例 2-73】从键盘输入字符型数据。

```
> scan(what='character',sep='/')
1: I/You/He/She
5:
Read 4 items
[1] "I"  "You"  "He"  "She"
```

当使用函数 scan( ) 输入数据时，如果想退出输入，可以多按一次 Enter 键。

4. 写数据文件

使用函数 write( ) 实现文件存储，可以保存成由任意符号分隔的文件。
格式：

```
write.table(data,file,sep)
```

参数说明如下。
常见的 sep 分隔符有空格、制表符（\t）、换行符（\n）和逗号。

```
> Library(ggplot2)
> data<-diamonds[1:10,]
> write.table(data,"data1.csv",sep=',')
> write.table(data,"data2.xls",sep='\t')
```

还可以用如下方法实现 CSV 文件和 XLS 文件的写入。

1）写入 CSV 文件。

```
> write.csv(diamonds,file="diamonds.csv",row.names=F)
```

2）写入 XLS 文件。

```
> Library(xlsx)
> write.xlsx(data,"data3.xlsx")
```

第3章　流程控制

流程控制是语言的"经脉"，决定着控制逻辑走向及执行次序。控制流语句的开始部分通常是"条件"，按照满足条件的情况执行相应的代码块（又称为子句）。代码块由一行或多行语句组成。R 语言将流程控制主要分为分支语句和循环语句。

3.1 分支语句

分支语句又称为选择语句，可根据条件判断结果选择执行哪一条分支路径。

3.1.1 if-else 语句

if-else 语句是最简单的分支语句，有 3 种格式，流程执行示意图如图 3.1 所示。

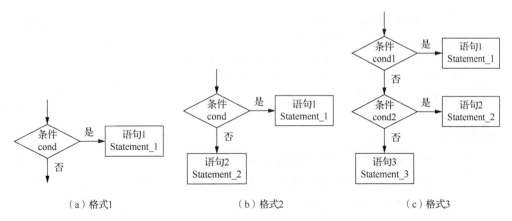

（a）格式1　　　　　（b）格式2　　　　　（c）格式3

图 3.1　if-else 语句的流程执行示意图

格式 1：

```
if(cond) Statement_1
```

说明：如果条件 cond 成立，则执行 Statement_1；否则跳过。
格式 2：

```
if(cond) {Statement_1} else{Statement_2}
```

说明：如果条件 cond 成立，则执行 Statement_1；否则，执行 Statement_2。

格式 3：

```
if(cond1) {Statement_1} else
    if(cond2) {Statement_2} else
        {Statement_3}
```

说明：首先判断条件 cond1 是否成立，若成立则执行 Statement_1；否则，判断条件 cond2 是否成立，若成立则执行 Statement_2；否则，执行 Statement_3。

【例 3-1】判断一个人的心率是否正常。提示：一个人安静时的正常心率为 60～100 次/分。

```
print("请输入您的心率值(单位：次/分)：")
value<-scan()
if(value>=60&value<=100) print("正常值") else(print("异常值,请监测心率"))
```

【例 3-2】判断某个人是否为高血压。提示：收缩压 SBP<120mmHg 且舒张压 DBP<80mmHg 为正常值；收缩压 SBP<140mmHg 且舒张压 DBP<90mmHg 为正常高值；否则为高血压。

```
print("请输入您的血压测量值(单位：mmHg),收缩压（SBP）和舒张压（DBP）为：")
value<-scan()  #输入的两个值中间加个空格
if(value[1]<120&value[2]<80) {print("正常值")} else
  if(value[1]<140&value[2]<90){print("正常高值")} else
    {print("高血压")}
```

> **注意**
>
> 为了使代码更清晰，建议：即使条件执行语句只有一个，也要使用大括号。以下规则非常重要：else 必须与 if 语句的右大括号紧接在同一行。如果把 else 挪到下一行，将出现错误提示。

3.1.2 switch 语句

在 if-else 分支语句中，如果包含太多的 else 语句，则代码的可读性将大大降低，可以使用 switch 语句来简化代码。

格式：

```
switch(expression,list)
```

说明：根据 switch 的第一个参数 expression 返回值的不同分为两种情况。

1) expression 返回值为整数时，其余的参数不需要名称，则函数结构返回列表相应位置的值，否则返回 NULL。list 为列表，如果第一个参数结果为 1，那么将返回第二个参数的结果；如果第一个参数的结果为 2，则返回第三个参数的结果；依此类推。

2) expression 返回值是字符串时，其后的参数为与第一个参数相匹配时的返回值。匹配参数必须与第一个参数完全一样。如果找不到任何匹配的名称，那么 switch 将（隐式地）返回 NULL。

R 语言中的 switch 语句与其他语言中的 switch 语句不同，在 R 语言中 switch 只是一个函数，而其他语言中的 switch 则是一个开关语句。

【例 3-3】switch 语句示例。

```
> switch(2,mean(1:10),sum(1:10),max(1:10),min(1:10))
[1] 55
> switch(2*2,mean(1:10),sum(1:10),max(1:10),min(1:10))
[1] 1
> pra<-switch("gamma",alpha=1,beta=sqrt(4),
          gamma={a<-sin(pi/2);4*a^2})
> pra
[1] 4
> you.like<-'eat'
> out<-switch(you.like,drink='water',meat='beef',fruit='apple',
vegetable='cabbage')
> out
NULL
```

3.2 循环语句

在现实生活中有许多具有规律性的重复操作，如风扇的转动、周而复始的轮转及环形跑道等。此类问题应用于程序中，就需要在一定条件下重复执行某些语句，一组被重复执行的语句称为循环体。循环语句由循环体及循环的终止条件两部分组成。

3.2.1 repeat 循环语句

repeat 循环语句的功能是反复地执行代码，直到告诉它停止为止。
格式：

```
repeat{
    expression
    if(condition){
```

```
        break
    }
}
```

说明：repeat 是无限循环语句，直到达到循环条件时循环终止。必须使用 break 语句直接跳出循环。

注意

　　break 语句是中止语句，作用是中止循环，使程序跳出循环体。next 语句是空语句，作用是跳出当前的迭代继续执行，而不执行某个实质性的内容。

【例 3-4】使用 repeat 循环语句模拟一个随机掷骰子的过程，只要掷出 6 就停止。

```
repeat
{
    message("请投骰子!")
    action<-sample(1:6,1)  #随机取一个数
    message("action=",action)
    if(action=="6") break
}
```

运行结果：

```
> source('~/.active-rstudio-document', encoding='UTF-8')
请投骰子!
action=2
请投骰子!
action=6
```

有时，我们并不想跳出整个循环，而是跳过当前的迭代，开始下一次迭代，这时使用 next 语句来实现。

【例 3-5】repeat 循环中的 next 语句示例。

```
repeat
{
  message("BMI index!")
  bmi<-sample(c(18.5,24,28,32),1)
  if(bmi==18.5)
  {
      message("Quietly skipping to the next iteration")
      next
  }
```

```
        message("BMI=", bmi)
        if(bmi==32) break
    }
```

运行结果：

```
> source('~/.active-rstudio-document')
BMI index!
BMI=28
BMI index!
BMI=28
BMI index!
BMI=32
```

【例 3-6】使用 repeat 语句求 1～100 所有整数之和。

```
i<-1
sum<-0
repeat{
    sum=sum+i
    i=i+1
    if(i>100){
        print(sum)
        break
    }
}
```

运行结果：

```
> source('~/.active-rstudio-document')
[1] 5050
```

3.2.2 while 循环语句

repeat 循环语句是先执行循环体，后判定循环条件，所以循环体至少被执行一次。while 循环语句则与之相反，是先判定循环条件，只有条件满足的情况下才执行循环体；若条件不满足，循环体一次也不被执行。

格式：

```
while(condition) {expression}
```

说明：当条件 condition 成立时，执行 expression。

【例 3-7】使用 while 循环语句模拟一个随机掷骰子的过程，只要掷出 6 就停止。

```
action<-sample(1:6,1)
message("action=",action)
while(action!="6")
{
    message("please continue…")
    action<-sample(1:6,1)
    message("action=", action)
}
message("Game over!")
```

运行结果：

```
> source('~/.active-rstudio-document')
action=2
please continue…
action=4
please continue…
action=5
please continue…
action=1
please continue…
action=6
Game over!
```

【例 3-8】使用 while 循环语句求 1～100 所有整数之和。

```
i<-1
sum<-0
while(i<=100)  {sum=sum+i; i=i+1}
print(sum)
```

运行结果：

```
> source('~/.active-rstudio-document')
[1] 5050
```

3.2.3　for 循环语句

如果已知代码所需执行的循环次数，可采用 for 循环语句来实现。
格式：

```
for(i in sequence) {expression}
```

说明：i 为循环变量；sequence 一般为序列，每次循环 i 从 sequence 中取一个值，依次取完 sequence 中的所有值后，循环结束；expression 为一个或一组表达式。

【例 3-9】使用 for 循环语句输出向量中所有元素的平方值。

```
n<-c(2,5,10)
for(i in n){
    x<-i^2
    cat('power(',i,'):',x,'\n')
    }
```

运行结果：

```
> source('~/.active-rstudio-document')
power(2): 4
power(5): 25
power(10): 100
```

for 循环可以嵌套，实现双重或多重循环结构。

【例 3-10】构造一个 5 阶的 Hilbert 矩阵，如下。

$$\boldsymbol{H} = (h_{ij})_{n \times n} , \quad h_{ij} = \frac{1}{i+j-1} , \quad i,j = 1,2,\cdots,n$$

```
n<-5
x<-array(0,dim=c(n,n))
for(i in 1:n){
    for(j in 1:n){
        x[i,j]<-1/(i+j-1)
    }
}
print(x)
```

运行结果：

```
> source('~/.active-rstudio-document')
          [,1]      [,2]      [,3]      [,4]      [,5]
[1,] 1.0000000 0.5000000 0.3333333 0.2500000 0.2000000
[2,] 0.5000000 0.3333333 0.2500000 0.2000000 0.1666667
[3,] 0.3333333 0.2500000 0.2000000 0.1666667 0.1428571
[4,] 0.2500000 0.2000000 0.1666667 0.1428571 0.1250000
[5,] 0.2000000 0.1666667 0.1428571 0.1250000 0.1111111
```

3.2.4   replication 高级循环

函数 rep( )能把输入的参数重复数次，与之相关的一个函数 replicate( )能一次性调用多次表达式。大多数情况下它们基本相等，只有使用随机数时才会出现不同。

【例 3-11】函数 rep( )循环示例。

```
bmi_fun<-function()
{
  bmi<-sample(
     c('fat','weight','normal','light'),
     size=1,
     prob=c(0.1,0.3,0.4,0.2)
   )
  time<-switch(
     bmi,
     fat=rnorm(1,32,5), #rnorm(个数，均值，标准差)
     weight=rnorm(1,28,3),
     normal=rnorm(1,24,3),
     light=rnorm(1,18.5,2)
   )
  names(time)<-bmi #显示出名称
  time  #显示出值
}
```

运行结果：

```
> source('~/.active-rstudio-document')
> replicate(4,bmi_fun())
  normal    normal    normal    normal
 28.64148  24.73308  32.36257  24.77079
```

3.3   自定义函数

在实际应用中，R 软件并不能提供给我们需要的所有函数，为了满足具体任务的功能，需要用户根据自身需求编写目标函数，在使用中实现函数调用。自定义 R 函数的基本框架如下：

```
myfunction<-function(arg1,arg2,…){
    statements
```

```
        return(object)
    }
```

说明：myfunction 为函数名；arg1、arg2 为参数；statements 为函数体；return(object) 为返回结果。函数中的对象只在函数内部使用，返回对象的数据类型是任意的。当函数的主体为一条语句时，花括号可以省略。

1. 函数名

函数名可以任意命名，但如果存在同名函数，后定义的函数会覆盖原先定义的函数。一旦定义了函数名，就可以像 R 中的其他函数一样使用。例如，自定义一个函数 avg( ) 求均值，类似于 R 内置的函数 mean( )，定义如下：

```
> avg=function(x){sum(x)/length(x)}
```

定义之后，就可直接调用函数名 avg 来使用了。

```
> avg(c(1:10))
[1] 5.5
```

直接输入函数名，按 Enter 键后将显示函数的定义式。

```
> avg
function(x){sum(x)/length(x)}
```

2. 关键词

编写函数一定要写上关键词 function，它会告诉 R 这个新的数据对象是函数。

3. 参数

函数根据实际需要进行不同的参数设置，大致分为以下几种情况。

1）无参数。当函数每次执行都返回相同的值时，可以忽略参数的重要性。

```
> welcome<-function() print("Welcome to use R")
> welcome()
[1] "Welcome to use R"
```

2）单参数。函数会根据参数的不同产生不同的返回值。

```
> welcom.xm<-function(names){print(paste("Welcome",names,"to use R"))}
> welcom.xm('you')
[1] "Welcome you to use R"
```

3）默认参数。函数定义中指定参数，调用时不需要输入任何参数。

```
> welcom.xm<-function(names='you'){print(paste("Welcome",names,
"to use R"))}
> welcom.xm()
[1] "Welcome you to use R"
```

4）如果参数个数有多个，没有为某个参数指定默认值，或者在调用函数时没有为参数指定值，则运行函数会报错。

```
> myfun<-function(x,y){x+y}
> myfun(1)
Error in myfun(1): argument "y" is missing, with no default
> myfun(1,2)
[1] 3
> myfun(1,y=2)
[1] 3
```

5）调用函数时，可以覆盖默认值。

```
> myfun<-function(x,y=1){x+y}
> myfun(1,3)
[1] 4
```

【例 3-12】自定义函数绘制正弦与余弦曲线。

```
> plot.f=function(f,a,b){val<-seq(a,b,length=100);plot(val,f(val))}
> par(mfrow=c(1,2))
> plot.f(sin,0,2*pi)
> plot.f(cos,0,2*pi)
```

执行命令后的图形如图 3.2 所示。

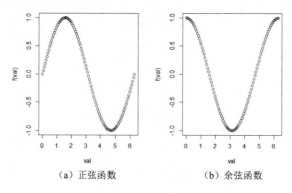

（a）正弦函数　　　（b）余弦函数

图 3.2　自定义函数绘制的正弦与余弦曲线

自定义的函数 plot.f( )为一种泛函,即此函数体中的 f 可以是任何函数,如指数函数、对数函数等,也可以是自定义函数。

```
> plot.f(exp,0,5)
> plot.f(log,0,5)
```

绘制的指数和对数函数的图形如图 3.3 所示。

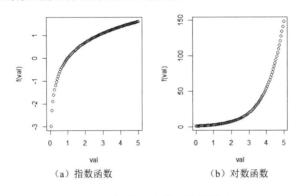

（a）指数函数   （b）对数函数

图 3.3   指数和对数函数的图形

4. 函数体和函数返回值

当函数体中的表达式超过一个时,要用{}封装起来。使用函数 return( )返回函数的结果。若需要返回多个结果,一般建议使用 list 形式返回。

【例 3-13】自定义函数名为 vms( )的函数,功能是计算向量中最大 5 个数的均值,并返回最大的 5 个值。

```
vms=function(x){
    xx=rev(sort(x))
  xx=xx[1:5]
  mean(xx)
  return(list(xba=mean(xx),top5=xx))
}
```

运行结果:

```
> source('~/.active-rstudio-document')
> vms(c(5,15,32,25,26,28,65,48,3,37,45,54,23,44))
$xba
[1] 51.2
$top5
[1] 65 54 48 45 44
```

3.4　程序运行时间与效率

R 中的函数 proc.time( )可以返回当前 R 已经运行的时间。

```
> proc.time()
   用户     系统      流逝
   9.50     1.56     2064.85
```

用户（user）指 R 执行用户指令的 CPU 运行时间，系统（system）指系统所需的时间，流逝（elapsed）指 R 从打开到现在总共运行的时间。

【例 3-14】计算 vms 函数运行的时间。

```
> ptm<-proc.time()
> vms(c(5,15,32,25,26,28,65,48,3,37,45,54,23,44))
$xba
[1] 51.2
$top5
[1] 65 54 48 45 44
> proc.time()-ptm
用户     系统      流逝
0.15     0.00     22.28
```

第 2 部分

R 绘 图

数据可视化是数据分析过程中探索性分析的主要手段，可以直观展示数据集中所有数据的特征和关联关系等，可以帮助用户更好地理解数据并快速地做出判断。R 语言拥有强大的数据可视化能力，具有基础绘图和高级绘图两类函数。

第4章 基础绘图

R 提供了许多绘图功能，绘图函数中的选项使图形的绘制灵活多变。本章介绍 R 中的基本绘图方法，使用尽可能少的代码实现绝大多数类型的数据分析。

■ 4.1 图形参数

R 具有强大的绘图功能，参数是图形绘制的重要组成部分。通过参数设置，可以调整图形外观、样式、颜色等。

4.1.1 设置颜色

1. 设置点、线、条的颜色

使用参数 col 改变图形元素中的颜色。col 参数根据绘图类型自动将指定的颜色应用于图形元素中。如果不指定绘图类型或选择点，则颜色将应用于绘制的点。类似地，如果选择 plot type 为 line，则颜色将应用于绘制的线；如果在函数 barplot( )或 histogram( )命令中使用 col 参数，则颜色将应用于绘制的条。

col 参数的形式可分为如下几种。

1）col 参数可接收 657 种颜色名称，如 red、blue 等。查看所有颜色名称的命令如下：

```
> colors()
```

或

```
> colours()
```

2）可以将颜色指定为十六进制代码，如#FF0000（red）、#0000FF（blue）。

3）col 也可以接收数值。当设置为数值时，将使用与当前调色板中该索引相对应的颜色。例如，在默认调色板中，第一种颜色是黑色，第二种颜色是红色，则 col=1 和 col=2 分别表示黑色和红色。索引 0 对应于背景色。

4）col 不仅可以是单色值，也可以是由多个颜色值构成的一个向量。heat.colors(n) 可以产生 n 个十六进制的颜色值。

```
> heat.colors(3)
[1] "#FF0000FF" "#FF8000FF" "#FFFF00FF"
```

【**例 4-1**】在箱线图中使用不同的 col 参数设置颜色，如图 4.1 和图 4.2 所示。

```
> genes<-read.csv("genes.csv",header=T)
> boxplot(genes[,1:4],col=heat.colors(4))
```

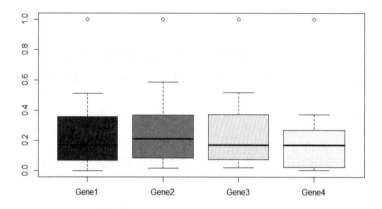

图 4.1 颜色值为 heat.colors

```
> boxplot(genes[,1:4],col=c("2","blue","#D3D3D3","Yellow"))
```

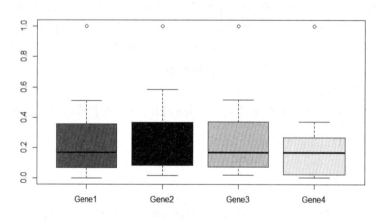

图 4.2 col 不同的取值方式

2. 设置图形背景颜色

R 中默认的背景色为白色，如果想修改背景色，可通过设置函数 par( )中的 bg 参数来实现。

【**例 4-2**】设置图形背景色。

```
> par(bg="gray")
```

```
> boxplot(genes[,1:4],col=c("2","3","4","5"))
#或采用下面命令
> boxplot(genes[,1:4],col=2:5)
> dev.off()
```

bg 参数设置了包括绘图边距在内的整个绘图区域的背景色。在关闭打印设备或启动新设备之前，背景颜色保持不变。

注意

关闭当前图形设备、重置图形设置的命令如下。

```
> dev.off()
```

3. 设置文本元素颜色（坐标轴标题、标签、图标题和图例）

轴注释是指坐标轴旁边的数值或文本值。轴标签是指坐标轴的名称或标题。par( ) 函数中的参数 col.axis 用于设置轴注释的颜色；col.lab 用于设置 x 和 y 标签的颜色；col.main 用于设置主标题的颜色，col.sub 用于设置子标题的颜色，它们的默认值均为黑色。这些参数的值不能是向量，只能设定为一个值。

【例4-3】设置文本元素的颜色，如图4.3所示。

```
> plot(genes[,1:2],
    main="ScatterPlot gene1-2",
    col.axis="purple",
    col.lab="blue",
    col.main="red")
> dev.off()
```

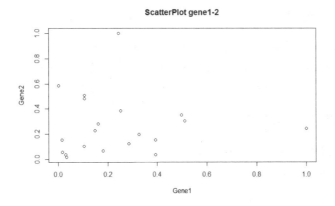

图4.3　设置文本元素的颜色

如果在函数 par( )中设置上述参数，在关闭打印设备或启动新设备之前，这些设置将应用于所有的后续图形。

【例 4-4】使用函数 par( )设置参数。

```
> par(col.axis="black",
    col.lab="#444444",
    col.main="darkblue")
> plot(rnorm(100),main="plot")
```

col.axis 参数也可以传递给函数 axis( )，如果不想使用默认轴，该函数对于创建自定义轴非常有用。col.lab 参数不能与函数 axis( )一起使用，必须在函数 par( )或主图形函数（如 plot( )）中使用。这几个参数都可以传递给函数 title( )，如果不想使用默认标题，使用它易于自定义标题。

【例 4-5】在函数 title( )中实现文本元素颜色的设置。

```
> dev.off()
> plot(rnorm(1000),xlab="",ylab="")
> title("random 1000 points",col.main="blue")    #指定标题颜色
> title(xlab="Month",ylab="Sales",col.lab="red")
#同时指定 x 轴与 y 轴的标签和颜色
> title(xlab="X axis",col.lab="red")        #指定 x 轴的标签和颜色
> title(ylab="Y axis",col.lab="blue")       #指定 y 轴的标签和颜色
```

注意

为了避免在设置 title 时出现标题重复覆盖的现象，需要在 plot( )中先将 xlab 值与 ylab 值设置为空。

4.1.2　选择颜色组合和调色板

通常，图形中存在多种元素，需要使用不同的颜色进行区分。调色板是颜色的组合，它便于使用多种颜色而无须对每个颜色分别设置。调色板有内置颜色和用户自定义颜色两种。使用调色板可以避免在多个位置重复选择或设置颜色。

1. 显示当前调色板的颜色

函数 palette( )用于显示当前调色板的颜色向量值。

【例 4-6】显示当前调色板的颜色。

```
> palette()
[1] "black" "red" "green3" "blue"
```

```
[5] "cyan" "magenta" "yellow" "gray"
```

在函数 palette( )中传递一个颜色的字符向量，就可以改变当前调色板的值。

【例 4-7】改变当前调色板的值。

```
> palette(c("red","blue","green","orange"))
> palette()
[1] "red" "blue" "green" "orange"
```

注意

在更改调色板之后，若想恢复为默认调色板类型，则使用以下命令：

```
> palette("default")
```

2. 其他内置调色板

除函数 palette( )提供的默认调色板外，R 还有许多内置调色板和其他调色板库，它们的参数均为颜色的数量。

1）heat.colors(n)：从红色渐变到黄色，再渐变到白色（以体现"高温""白热化"）。

2）terrain.colors(n)：从绿色渐变到黄色，再渐变到棕色，最后渐变到白色（这些颜色适合表示地理地形）。

3）cm.colors(n)：从青色渐变到白色，再渐变到粉红色。

4）topo.colors(n)：从蓝色渐变到青色，再渐变到黄色，最后渐变到棕色。

5）rainbow(n)：彩虹色。

【例 4-8】使用内置调色板。

```
> plot(1:10,col=heat.colors(10))
> plot(1:10,col=rainbow(10))
```

3. 调色板包 RColorBrewer

RColorBrewer 是一个非常好的调色板包，可以创建漂亮的调色板。使用时需要首先安装和载入 RColorBrewer 包。

```
> install.packages("RColorBrewer")
> library(RColorBrewer)
```

若想查看 RColorBrewer 中的颜色内容，需使用以下命令：

```
> display.brewer.all()
```

从图 4.4 中可以看出，颜色分为 3 个区域，分别对应 3 种类型，从上到下依次如下。

1）seq 类型：单渐变色，一种主色由浅到深。

2）qual 类型：区分色，几种区分度很高的颜色组合。

3）div 类型：双渐变色，一种颜色到另外一种颜色的渐变，有两种主色。

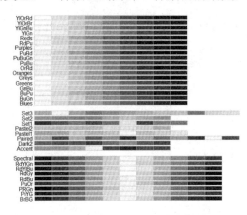

图 4.4　RColorBrewer 中的颜色

查看文本版的颜色描述，使用以下命令，结果如图 4.5 所示。

```
> brewer.pal.info
```

	maxcolors	category	colorblind
BrBG	11	div	TRUE
PiYG	11	div	TRUE
PRGn	11	div	TRUE
PuOr	11	div	TRUE
RdBu	11	div	TRUE
RdGy	11	div	FALSE
RdYlBu	11	div	TRUE
RdYlGn	11	div	FALSE
Spectral	11	div	FALSE
Accent	8	qual	FALSE
Dark2	8	qual	TRUE
Paired	12	qual	TRUE
Pastel1	9	qual	FALSE
Pastel2	8	qual	FALSE
Set1	9	qual	FALSE
Set2	8	qual	TRUE
Set3	12	qual	FALSE
Blues	9	seq	TRUE
BuGn	9	seq	TRUE
BuPu	9	seq	TRUE
GnBu	9	seq	TRUE
Greens	9	seq	TRUE
Greys	9	seq	TRUE
Oranges	9	seq	TRUE
OrRd	9	seq	TRUE
PuBu	9	seq	TRUE
PuBuGn	9	seq	TRUE
PuRd	9	seq	TRUE
Purples	9	seq	TRUE
RdPu	9	seq	TRUE
Reds	9	seq	TRUE
YlGn	9	seq	TRUE
YlGnBu	9	seq	TRUE
YlOrBr	9	seq	TRUE
YlOrRd	9	seq	TRUE

图 4.5　文本版的颜色描述

显示结果中的第一列为颜色名。使用函数 display.brewer.pal( )可以查看各种配色类型的具体情况。

【例 4-9】查看各种配色类型的具体情况，如图 4.6 所示。

```
> display.brewer.pal(11,"PuOr")
```

图 4.6　查看各种配色类型

函数 brewer.pal( )用于查看颜色存储的格式。其有两个参数：第一个参数为颜色数量，第二个参数为选择的颜色名。要使用调色板的特定颜色，可以通过其索引号来引用它。

【例 4-10】使用调色板 PuOr 总数量为 11 中的第一个颜色。

```
> brewer.pal(11,"PuOr")[1]
[1] "#7F3B08"
```

可以生成 RColorBrewer 包中用户喜欢的颜色库。

【例 4-11】任意选取一种颜色保存在 mycolors 中，如图 4.7 所示。

```
> mycolors<-c(brewer.pal(3,"YlGnBu"), brewer.pal(3,"YlOrRd"),brewer.
pal(3,"PuOr"))
> mycolors
[1] "#EDF8B1" "#7FCDBB" "#2C7FB8" "#FFEDA0" "#FEB24C"
    "#F03B20" "#F1A340" "#F7F7F7" "#998EC3"
> genes<-read.csv("genes.csv",header=T)
> boxplot(genes[,1:9],col=mycolors)
```

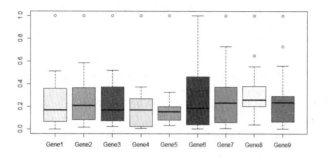

图 4.7　函数 brewer.pal( )产生的颜色

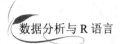

4.1.3 设置绘图符号及大小

绘图时可以采用各类符号显示数据，参数 pch 是 plotting character（绘图符号）的缩写，可以改变绘图符号。默认情况下，pch 设定的数据符号为点状，pch 符号可以使用 0～25 来表示。具体如下所示。

0	1	2	3	4	5	6	7	8	9	10	11	12	13	14	15	16	17	18	19	20	21	22	23	24	25
□	○	△	+	×	◇	▽	⊠	✳	⊕	⊕	✧	⊞	⊠	⊡	■	●	▲	◆	●	●	●	■	◆	▲	▽

绘图符号的大小由参数 cex 控制，该参数采用从 0 开始的数值，该值是相对于默认值应放大绘图符号的比例。注意：cex 采用相对值（默认值为 1）。因此，绝对大小可能随使用中的图形设备的默认值而变化。例如，对于保存为.png 文件的图形和保存为.pdf 文件的图形，具有相同 cex 值的打印符号的大小可能不同。

若不想显示任何符号，可以设置 pch=0。也可以任意指定绘图符号给参数 pch。

【例 4-12】任意指定绘图符号，如图 4.8 所示。

```
>plot(c(1:25),pch=c("☼","*","☆"),cex=2,,main="different character")
```

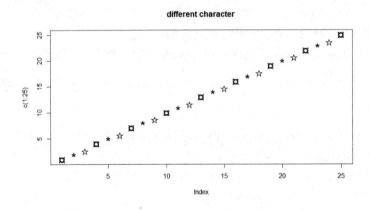

图 4.8 指定绘图符号

第 21～25 个符号可以使用 bg="颜色"参数进行不同的颜色填充。

【例 4-13】对绘图符号进行颜色的填充，如图 4.9 所示。

```
> plot(1:25, pch=1:25, cex=2.5, bg="blue", main="pch 符号图",xlab="pch
编码")
```

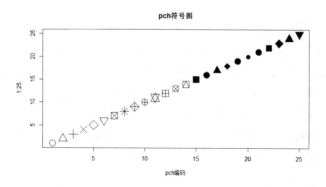

图 4.9 指定不同绘图符号的填充颜色

【例 4-14】使用颜色参数 col 设置 1:26 所表示符号的颜色，如图 4.10 所示。

```
> plot(1:26,pch=LETTERS[1:26],col=rainbow(26))
```

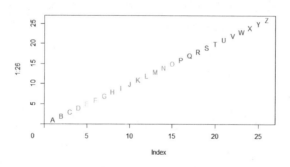

图 4.10 为不同绘图符号指定不同的颜色

【例 4-15】对 genes 文件中不同的基因设置不同的符号与颜色，如图 4.11 所示。

```
> plot(genes$Gene1,pch=1,xlab=' ',ylab=' ')
> points(genes$Gene2,pch=2,col="2")
> points(genes$Gene3,pch=22,bg="red")
```

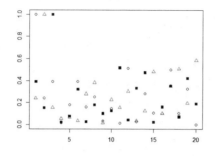

图 4.11 为不同的基因设置不同的符号与颜色

4.1.4　选择线型和线宽

与线相关的两个参数：线型 lty 和线宽 lwd。这两个参数都可用于 plot( )、lines( )和 par( )这 3 个函数中。线型可以指定为整数，各值意义如下：0=blank 表示空白；1=solid 表示实线（为默认值）；2=dashed 表示虚线；3=dotted 表示点线；4=dotdash 表示点划线；5=longdash 表示长划线；6=twodash 表示双划线。

lty 的取值可以是数字或线名；线宽为正整数，默认为 1。

【例 4-16】设置不同的线型和线宽，如图 4.12 所示。

```
> rain<-read.csv("cityrain.csv",header=T)
> plot(rain$Tokyo,main="Monthly Rainfall in major cities",
  xlab="Month of Year",ylab="Rainfall(mm)", type="l",lty=1,lwd=2)
> lines(rain$NewYork,lty="dashed",lwd=2)
> lines(rain$London,lty=3,lwd=2)
> legend("top",legend=c("Tokyo","New York","London"),
  cex=0.8,bty="n",lty=1:4,lwd=2)
```

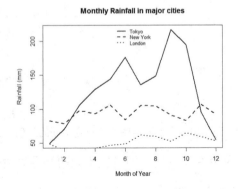

图 4.12　设置线型与线宽

4.1.5　设置坐标轴

设置坐标轴主要通过调整函数 plot( )、axis( )和 title( )中的一系列参数完成。

1. 设置绘图框样式

在图形中，可以对绘图区域和图例外框的样式进行调整。绘图框样式取决于参数 bty 设置的字符。字符取值如下："o"（默认值，表示四面框线都画出）、"1"（左下）、"7"（上右）、"c"（上下左）、"u"（左下右）或"]"（上下右），即其生成的框类似于相应的大写字母。若 bty 取值为"n"，则表示不画框线。在很多个性化绘图中，将 bty 设置为"n"，后期再使用其他函数（如 axis）自行添加边框线。

【例 4-17】设置绘图框样式，如图 4.13 所示。

```
> plot(rnorm(100),bty="n")
> plot(rnorm(100),bty="l")
```

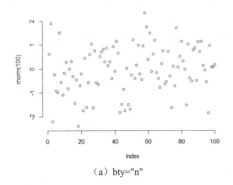
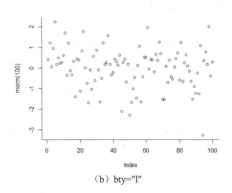

（a）bty="n"　　　　　　　　　　　　　　（b）bty="l"

图 4.13　设置绘图框样式

2. 设置 x 轴与 y 轴数值的界限

默认情况下，R 依据绘图数据的数值范围自动确定坐标轴值，但用户也可以设定坐标轴的取值范围。参数 xlim 与 ylim 分别设置 x 轴和 y 轴数值的界限，其值为一个向量，形式为 c(min,max)，min 指刻度最小值，max 指刻度最大值。

【例 4-18】设置坐标轴数值的界限，如图 4.14 所示。

```
> x<-seq(-4,4,0.01)
> y<-x^2
> plot(x,y,xlim=c(-4,4),ylim=c(0,10))
```

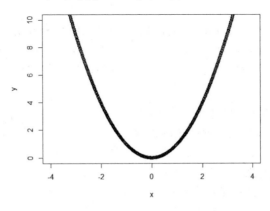

图 4.14　设置坐标轴数值的界限

3. 设置坐标轴刻度

xaxs 和 yaxs 用于设置 x 轴和 y 轴的范围，默认值取 r，表示坐标轴比给定作图范围（参数 xlim 和 ylim 给出的范围）稍大一点；取 i 时表示坐标轴范围与给定作图范围完全相同。

若取消坐标轴刻度线及刻度值，可通过将参数 xaxt 和 yaxt 设置为 n 来实现。

【例 4-19】设置坐标轴刻度，如图 4.15 所示。

```
> x<-seq(-5,5,0.05)
> y=sin(x)
> plot(x,y,col="blue",xaxs='i',yaxt='n')
```

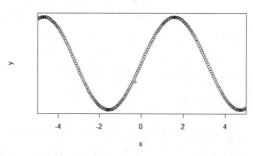

图 4.15　设置坐标轴刻度

4. axis( )函数的用法

函数 axis( )用于在一张图表上添加轴线，区别于传统的 x 轴和 y 轴，函数 axis( )允许在上、下、左、右 4 个方向添加轴线。

格式：

```
axis(side,at=NULL,labels=TRUE,tick=TRUE,line=NA,pos=NA,
    outer=FALSE,font=NA,lty="solid",lwd=1,lwd.ticks=lwd,
    col=NULL,col.ticks=NULL,hadj=NA,padj=NA,…)
```

参数说明如下。

1）side：表示要操作的坐标轴，取值 1、2、3、4 分别代表下、左、上、右。

2）at：表示刻度线及刻度值所在的位置。

3）labels：表示刻度值。

4）tick：表示刻度线。

详细的参数说明，请参见命令?axis。

【例 4-20】函数 axis( )的使用示例。

```
> x<-seq(-4,4,0.01)
```

```
> y<-x^2
#未设置文字方向
> plot(x,y, ann=F, xaxt="n", yaxt="n")
> axis(1,-4:4,-4:4)
> axis(2,seq(0,16,4),seq(0,16,4))
#文字方向为水平
> plot(x,y,ann=F,xaxt="n",yaxt="n")
> axis(1,-4:4,-4:4,las=1)
> axis(2,seq(0,16,4),seq(0,16,4),las=1)
```

1）cex.axis：表示坐标轴刻度值的字号大小。

2）font.axis：表示坐标轴刻度值的字体。其中，font=1表示正体，font=2表示黑体，font=3表示斜体，font=4表示黑斜体。

3）col.axis：表示坐标轴刻度值的颜色。

4）col.ticks：表示坐标轴刻度线的颜色。

5）las：表示坐标刻度值文字方向。其中，las=0表示文字方向与坐标轴平行，las=1表示始终为水平方向，las=2表示与坐标轴垂直，las=3表示始终为垂直方向。

```
> x<-seq(-5,5,0.05)
> y=sin(x)
#未设置颜色
> plot(x,y, ann=F,bty="n",xaxt="n",yaxt="n")
> axis(1,-4:4,-4:4)
#col=2
> plot(x,y,ann=F,bty="n",xaxt="n",yaxt="n")
> axis(1,-4:4,-4:4,col=2)
#col.axis=2
> plot(x,y,ann=F,bty="n",xaxt="n",yaxt="n")
> axis(1,-4:4,-4:4,col.axis=2)
#col.ticks=2
> plot(x,y,ann=F,bty="n",xaxt="n",yaxt="n")
> axis(1,-4:4,-4:4,col.ticks=2)
```

其他几个参数解释如下。

1）line：表示坐标轴线位置与图像边框的距离，取负数时会画在图像边框以内。

2）mgp：默认值为c(3, 1, 0)，这3个数字分别代表坐标轴标题、刻度值和轴线与绘图边框的距离。

3）tcl：默认值为-0.5，数值表示刻度线长度，负值表示刻度线朝外，正值表示刻度线朝里。

4）pos：表示轴线所在的位置。

5）line.outer：取 TRUE 时，将坐标轴画在画布边缘处。

6）hadj：指将刻度值沿平行坐标轴方向调整的距离。

7）padj：指将刻度值沿垂直坐标轴方向调整的距离。

```
> x<-seq(-4,4,0.01)
> y<-x^2
#未设置刻度值位置
> plot(x,y,ann=F,xaxt="n",yaxt="n")
>axis(1,-4:4,-4:4)
#使用 line 调整刻度值位置
>plot(x,y,ann=F,xaxt="n",yaxt="n")
>axis(1,-4:4,-4:4,line=2)
#使用 mgp 调整刻度值位置
>plot(x,y,ann=F,xaxt="n",yaxt="n")
>axis(1,-4:4,-4:4,mgp=c(3,2,0))
#使用 padj 调整刻度值位置
>plot(x,y,ann=F,xaxt="n",yaxt="n")
>axis(1,-4:4,-4:4,padj=1)
```

5. 调整刻度线

在函数 par( )中，设置参数 xaxp 和 yaxp 来指定极端刻度线的坐标。使用 c(min,max,n) 指定刻度线之间的间隔数。其中，min 为刻度的最小值，max 为刻度的最大值，n 为 min 和 max 两间隔间的刻度数目。

【例 4-21】设置刻度线，如图 4.16 所示。

```
> x<-seq(-5,5,0.05)
> y<-cos(x)
> plot(x,y,xaxp=c(-5,5,10),yaxp=c(-1,1,10))
```

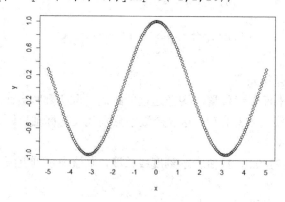

图 4.16　设置刻度线

当没有指定 xaxp 或 yaxp 时，R 会自动计算刻度及数量。默认情况下，R 通过在每一端添加 4% 来扩展轴限制，然后绘制适合扩展范围的轴。

6. 设置对数轴

在科学分析中，我们经常需要用对数表示数据。轴对数的最简单方法是在 plot( ) 命令中使用参数 log。参数 log 采用字符值，指定哪些轴应为对数轴：x 仅用于 x 轴，y 仅用于 y 轴，xy 或 yx 用于两个轴。

【例 4-22】设置对数轴，如图 4.17 所示。

```
> x<-1:5
> y<-10^x
> plot(y~x,log="y",type='b',cex=2,lwd=2)
```

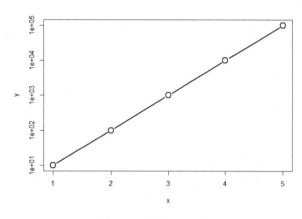

图 4.17　设置对数轴

此外，还可以使用函数 par( ) 中的参数 xlog 和 ylog，将其设置为 true 来实现对数轴。此方法可以一次性对多个绘图完成相同的设置。注意：如果数据包含零值或负值，R 不会创建绘图。

4.1.6　设置图例

当图形中包含的数据为多组（组数大于 1）时，需要添加图例，以便区分每一组的图形。使用函数 legend( ) 添加图例。

格式：

```
legend(location,title,legend,…)
```

参数说明如下。

1）location：用于指定图例的位置，可使用关键字 bottom、bottomleft、left、topleft、

top、topright、right、bottomright 或 center 等不同的位置放置图例，还可以配合参数 inset 指定图例向图形内侧移动的大小。

2）title：用于设置图例标题的字符串，为可选项。

3）legend：用于设置图例标签组成的字符型向量。

【例 4-23】观察不同剂量下两种药物的反应，如图 4.18 所示。

```
> dose<-seq(from=10,to=60,by=10)
> drugA<-c(15,19,26,38,45,57)
> drugB<-c(14,17,23,35,37,45)
> plot(dose,drugA,type="b",pch=15,lty=1,col="red",ylab="")
> lines(dose,drugB,type="b",pch=12,lty=2,col="blue")
> legend("topleft",inset=0.05,legend=c("drugA","drugB"),lty=c(1,2),
pch=c(15,12),col=c("red","blue"))
```

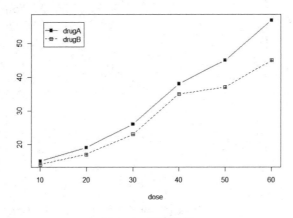

图 4.18　设置图例

4.2　绘制图形

R 基础包中的绘图函数可以快速获知数据的分布特点。此外，学习绘制基础图形，更有利于掌握和运用 ggplot2 高级绘图功能。

4.2.1　散点图

散点图通常用于刻画两个连续变量之间的关系。数据集中的每一个观测点都由散点图中的一个点来表示。使用函数 plot( )可绘制散点图。

格式：

```
plot(y~x)
```

或

```
plot(x,y)
```

说明：它是一种简单的绘制横坐标 *x* 与纵坐标 *y* 之间关系的散点图方法。其中，*x* 和 *y* 均为一个向量，*y* 表示因变量，*x* 表示自变量。

【例 4-24】绘制 R 内置数据集 cars 的汽车速度和停车距离之间关系的散点图，如图 4.19 所示。

```
> plot(cars$dist~cars$speed)
```

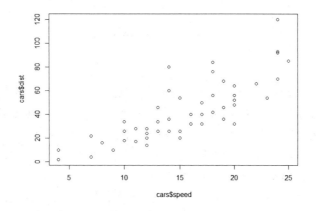

图 4.19　使用函数 plot( )绘制的散点图

可以调整函数 plot( )中的选项，增加图表元素。

【例 4-25】对散点图进行参数设置。

```
> plot(cars$dist~cars$speed,
    main="Relationship between car distance & speed",
    xlab="Speed(miles per hour)",
    ylab="Distance travelled(miles)",
    xlim=c(0,30),
    ylim=c(0,140),
    xaxs="i",
    yaxs="i",
    col="blue",
    pch=15)
```

结果如图 4.20 所示。参数选项中：main 用于设置图形标题；xlab 和 ylab 分别用于设置横坐标和纵坐标；xlim 和 ylim 分别用于设置横坐标和纵坐标的最小和最大刻度值；xaxs 和 yaxs 用于设置坐标样式；col 用于设置图形符号颜色；pch 用于设置图形符号类型。

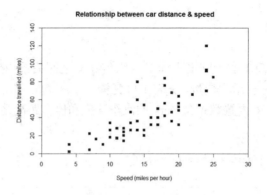

图 4.20　散点图的参数设置

4.2.2　折线图

折线图主要以折线的上升或下降来表示统计数量的增减变化，不仅可以表示数量的多少，而且可以反映同一事物在不同时间内的发展变化情况。折线图适合二维的大数据集，将两个连续变量间的相互依存关系可视化；同时，也适合多个二维数据集的比较。折线图的 x 轴可以与离散变量相对应，但必须为有序变量，如小、中、大；而不适用于无序变量，如血型的 A 型、B 型、AB 型、O 型。

绘制折线图与散点图的代码非常相似，也可以使用函数 plot( )，主要区别于 type 类型的参数，告诉函数 plot( )是否要绘制点、线或其他符号。参数 type 有下列 9 种取值。

1）"p"：绘图符号为点。

2）"l"：添加直线。

3）"b"：同时包括点与线。

4）"c"：有点的地方无线。

5）"o"：点线覆盖。

6）"h"：垂直线。

7）"s"：阶梯。

8）"S"：另一种阶梯形状。

9）"n"：无绘制。

当 type 选项取默认值时，默认为点，即散点图。

【例 4-26】绘制折线图，如图 4.21 所示。

```
> sales<-read.csv("dailysales.csv", header=TRUE)
> plot(sales$units~as.Date(sales$date,"%d/%m/%y"),
    type="b",  #线的类型
    main="Unit Sales in the month of January 2010",
```

```
xlab="Date",
ylab="Number of units sold",
col="red")
```

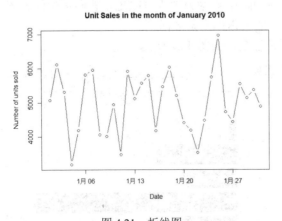

图 4.21　折线图

也可以使用函数 lines( )绘制折线图，但需要先使用函数 plot( )绘制散点图。

```
> plot(sales$units~as.Date(sales$date,"%d/%m/%y"))
> lines(sales$units~as.Date(sales$date,"%d/%m/%y"),col="blue")
```

若向图形中添加数据点或多条折线，则要先用函数 plot( )绘制第一条折线，再通过函数 points( )和 lines( )分别添加数据点和折线。

```
> plot(sales$units~as.Date(sales$date,"%d/%m/%y"),type="l",col="grey")
> points(sales$units~as.Date(sales$date,"%d/%m/%y"),col="red")
> lines(sales$units*1.1~as.Date(sales$date,"%d/%m/%y"),col="blue")
```

4.2.3　条形图

条形图也称为柱形图，其适用于二维数据集（每个数据点包括两个值 x 和 y），但只有一个维度需要比较。条形图通过条形高度反映数据的差异，因肉眼对高度差异很敏感，所以辨识效果非常好。条形图的局限在于只适用中小规模的数据集。通常来说，条形图的 x 轴是时间维，用户习惯性认为存在时间趋势。如果遇到 x 轴不是时间维的情况，建议用颜色区分每根柱子，改变用户对时间趋势的关注。

条形图的条形高度可以表示数据集中变量的频数，也可以表示变量取值本身。但两者与数据集的对应关系不同，极易混淆。

使用函数 barplot( )绘制条形图,可有两个向量参数,第一个向量参数用来设置条形的高度,第二个向量参数用来设置每个条形对应的标签,第二个向量参数为可选项。参数 horiz 用于设置条形图的放置方向,默认方向为垂直(默认值为 FALSE),要将条形图更改为水平方向,则将 horiz 参数设置为 TRUE。若向量中的元素已被命名,则可使用参数 names.arg 将元素的名称作为条形标签。

【例 4-27】绘制条形图,如图 4.22 所示。

```
> csales<-read.csv("citysales.csv",header=TRUE)
> barplot(csales$ProductA, names.arg=csales$City, col="blue",horiz=TRUE)
```

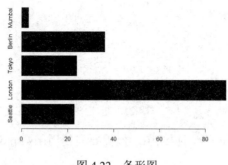

图 4.22　条形图

条形图通常用于比较跨类别的组值。

【例 4-28】为多个产品绘制不同城市的销售情况,如图 4.23 所示。

```
> barplot(as.matrix(csales[,2:4]), beside=TRUE, legend=csales$City,
        col=heat.colors(4), border="black")
```

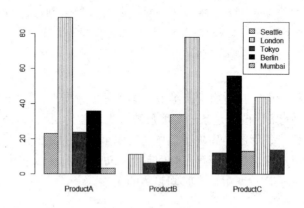

图 4.23　分组的条形图

当条形图用于表示每个类别中的案例数时,与直方图类似,区别在于使用离散的而不是连续的 x 轴。使用函数 table( )生成向量中每个唯一值的计数。

【例4-29】绘制不同 cut 频数的条形图，如图 4.24 所示。

```
> library("ggplot2")
> table(diamonds$cut)
  Fair    Good   Very Good   Premium   Ideal
  1610    4906     12082      13791     21551
> barplot(table(diamonds$cut),col=rainbow(4))
```

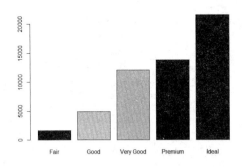

图 4.24　使用函数 table( )统计的条形图

4.2.4　直方图和密度图

直方图与密度图能够反映一组数据的分布情况。使用直方图来显示正态分布和偏态分布情况，使用函数 hist( )绘制直方图，它只接收一个向量。

【例4-30】对服从均值为 0、标准差为 1 的正态分布的 100 个随机值绘制直方图，如图 4.25 所示。

```
> hist(rnorm(100,mean=0,sd=1))
```

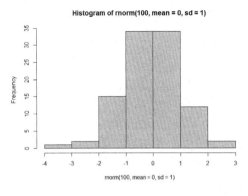

图 4.25　直方图

直方图的默认设置是显示 y 轴上特定范围内值的出现频率或次数，也可以通过将参数 prob（表示概率）设置为 TRUE 或将参数 freq（表示频率）设置为 FALSE 来显示概率而不是频率。probability=!freq，所以在两个参数中设置一个即可。

【例 4-31】绘制概率直方图，如图 4.26 所示。

```
> hist(rnorm(100,mean=0,sd=1),freq=FALSE)
```

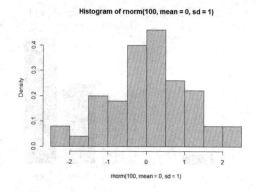

图 4.26　纵坐标为概率的直方图

可用参数 breaks 指定一个近似的组（箱）数。指定的组数值越大，组距越小，每个组中包括的样本数就越少。

```
> hist(rnorm(100,mean=0,sd=1),freq=FALSE,breaks=15)
```

使用函数 plot( )，将函数 density( )作为其参数即可绘制密度曲线图。

【例 4-32】绘制密度曲线图，如图 4.27 所示。

```
> plot(density(rnorm(100,mean=0,sd=1)))
```

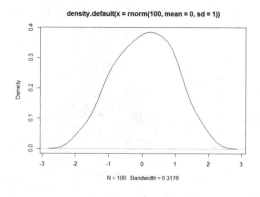

图 4.27　密度曲线图

【例4-33】将直方图与密度曲线叠加显示,如图4.28所示。

```
> set.seed(123)
> x<-rnorm(100,mean=0,sd=1)
> hist(x,freq=F)
> lines(density(x))  #不可使用plot()函数,只能使用lines()函数添加
```

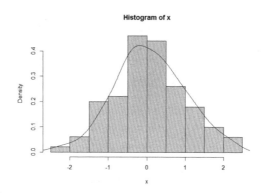

图4.28 直方图和密度曲线叠加

4.2.5 箱线图

箱线图也称为箱须图,是利用数据中的5个统计量(最小值、下四分位数、中位数、上四分位数与最大值)来描述数据,尤其适用于多个样本的比较。从箱线图中可以粗略地看出数据是否符合对称性、分布的离散程度等信息。

所谓四分位数,就是把组中所有数据由小到大排列并分成四等份,处于3个分割点位置的数字就是四分位数。第一四分位数(Q_1),又称为较小四分位数或下四分位数,等于该样本中所有数值由小到大排列后第25%位次的数字。第二四分位数(Q_2),又称中位数,等于该样本中所有数值由小到大排列后第50%位次的数字。第三四分位数(Q_3),又称为较大四分位数或上四分位数,等于该样本中所有数值由小到大排列后第75%位次的数字。第三四分位数与第一四分位数的差距又称为四分位间距(inter quartile range,IQR)。

箱线图包括一个矩形箱体和上、下两条竖线,箱体表示数据的集中范围,有50%位次居中的个体落在箱子规定的范围内。由箱子的长度可以看出数据的变异程度,由中位数可知集中趋势的估计值,由中位数的位置可知数据是否为偏态。如果中位数更接近上四分位数,那么数据是负偏峰;如果中位数更接近下四分位数,那么数据是正偏峰。上、下两条竖线分别表示数据向上和向下的延伸范围,称为须。四分位数间距IQR=Q_3-Q_1,一个节的长度=1.5IQR。须的末端对应的是内篱值,上限是延伸至一个节内的最大数据点,下限是延伸至一个节内的最小数据点,两端须的长度可能不相等。外篱值在四分位数以外两个节处,即3.0IQR,通常不画出来。任何落在内、外篱值之间的数据均被称为

离群值，用*表示。落在外篱值之外的数据称为远离群值（异常点或极端值），用o表示。箱线图的结构如图 4.29 所示。如果资料服从正态分布，那么 95%的数据点会落到内篱值所规定的范围内，99%的数据点会落到外篱值所规定的范围内。

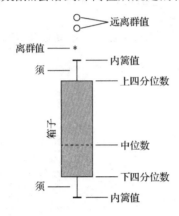

图 4.29　箱线图的结构

绘制箱线图的方法有两种。一种方法是，使用函数 plot( )绘制箱线图，有两个向量 *x* 和 *y*，当 *x* 为因子型变量时，它会默认绘制箱线图。

```
> plot(iris$Species,iris$Sepal.Length)
```

另一种方法是，使用函数 boxplot( )绘制箱线图。

【例 4-34】绘制 heartCsv.csv 心脏数据中 4 个指标的箱线图，如图 4.30 所示。

```
> heart<-read.csv("heartCsv.csv")
> boxplot(heart[,c(1,4,5,8)],xlab="index",ylab="value",
         main="influence factors for heart")
```

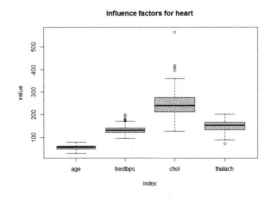

图 4.30　箱线图

可根据类别对观察变量进行分组绘制箱线图，参数中的数据源表达为一个公式，如 *y*～grp，其中 *y* 是根据分组变量 grp（通常是一个因子）将数据值分成若干组的数值向量。

【例 4-35】根据类别对观察变量进行分组绘制箱线图，如图 4.31 所示。

```
>boxplot(heart$chol~heart$target)
```

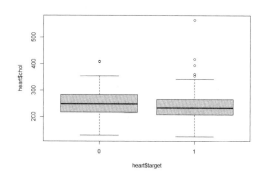

图 4.31　根据类别对观察变量进行分组绘制箱线图

4.2.6　热图

热图是彩色图像，通过突出热点或数据中的关键趋势来总结大量数据，最简单的方法是采用函数 heatmap( )，此函数中的数据来源必须为数值矩阵。

【例 4-36】使用内置数据集 LifeCycleSavings 绘制热图，如图 4.32 所示。

```
> heatmap(as.matrix(LifeCycleSavings),Rowv=NA,Colv=NA,
         col=heat.colors(125),scale="column",margins=c(5,8),
         main="Intercountry Life-Cycle Savings Data")
```

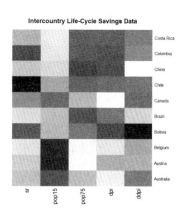

图 4.32　热图

此例中，采用函数 as.matrix( )实现数值矩阵的转换，Rowv 与 Colv 分别表示是否在热图上画出相关的行或列聚类树。scale 表示是否应在行方向或列方向居中和缩放，即在哪个方向上应用颜色渐变。

热图对大数据集中变量间的相关性描述非常有用，如用于显示基因在不同样品中表达的高低、表观修饰水平的高低等。任何一个数据矩阵都可以通过合适的方式用热图展示出来。

4.2.7 散点图矩阵

散点图矩阵可直观演示每对响应变量之间的相关性。使用函数 pairs( )绘制散点图矩阵，能够实现指定数据集中所有变量的相互绘制。变量名显示在从左上角到右下角的对角线上，这是读取图形的关键。

【例 4-37】使用内置数据集 iris 绘制散点图矩阵，如图 4.33 所示。

```
> pairs(iris[,1:4])
```

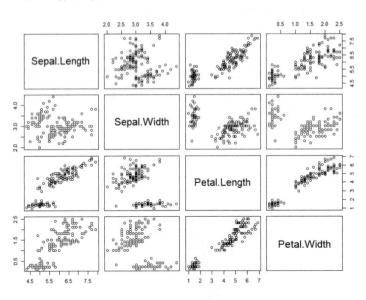

图 4.33 散点图矩阵

bg 为绘图符号的背景（填充）颜色，如图 4.34 所示。

```
> pairs(iris[1:4],main="Anderson's Iris Data--3 species",pch=21,
      bg=c("red","green3","blue"))
```

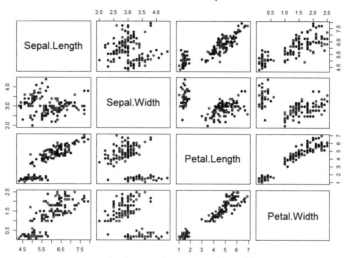

图 4.34 填充颜色的散点图矩阵

4.2.8 词云图

词云图，也称为文字云，可对文本中关键词出现的频率予以视觉化展现，使浏览者能快速明白文本的主旨。

【例 4-38】采用数据 beida120.txt 实现词云图，如图 4.35 所示。

```
> install.packages("jiebaRD")
> install.packages("jiebaR")
> library(jiebaRD)
> library(jiebaR)
> library(wordcloud)
> library(RColorBrewer)
> engine <- worker()
> segment("beida120.txt",engine)
#读入数据分隔符是"\n",字符编码是"UTF-8", what=''表示以字符串类型读入
> f<-scan('beida120.segment.2020-03-09_08_44_29.txt',sep='\n',
          what='',encoding="UTF-8")
#使用 qseg 类型分词,并把结果保存到对象 seg 中
> seg<-qseg[f]
#去除字符长度小于 2 的词语
> seg<-seg[nchar(seg)>1]
#统计词频
> seg<-table(seg)
```

```
#去除数字
> seg<-seg[!grepl('[0-9]+',names(seg))]
#查看处理完后剩余的词数
> length(seg)
#降序排序,并提取出现次数最多的前 100 个词语
> seg<-sort(seg,decreasing=TRUE)[1:100]
#查看 100 个词频中最高的
> seg
#作词云
> bmp("comment_cloud.bmp",width=500,height=500)
> par(bg="black")
> wordcloud(names(seg),seg,colors=rainbow(100),random.order=F)
> dev.off()
```

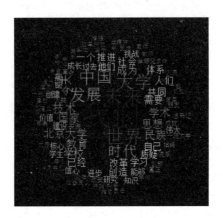

图 4.35　词云图

4.2.9　韦恩图

韦恩图又称为文氏图,是用来表示多个数据集之间的大致关系,反映不同集合之间的交集和并集情况的展示图。韦恩图一般用于展示 2～5 个集合之间的交并关系,不适用集合数目过多的情况。

1.　两个数据集

【例 4-39】绘制两个数据集的韦恩图,如图 4.36 所示。

```
> library(grid)
> library(futile.logger)
```

```
> library(VennDiagram)
> venn.plot<-draw.pairwise.venn(,
  area1=100,                              #区域 1 的数
  area2=70,                               #区域 2 的数
  cross.area=30,                          #交叉数
  category=c("First", "Second"),          #分类名称
  fill=c("blue","red"),                   #区域填充颜色
  lty="blank",                            #区域边框线类型
  cex=2,                                  #区域内部数字的字体大小
  cat.cex=2,                              #分类名称的字体大小
  cat.pos=c(285,105),        #分类名称在圆上的位置,默认正上方,通过角度进行调整
  cat.dist=0.09,                          #分类名称距离边的距离（可以为负数）
  cat.just=list(c(-1,-1),c(1,1)),         #分类名称的位置
  ext.pos=30,                             #线的角度,默认是正上方 12 点的位置
  ext.dist=-0.05,                         #外部线的距离
  ext.length=0.85,                        #外部线的长度
  ext.line.lwd=2,                         #外部线的宽度
  ext.line.lty="dashed"                   #外部线为虚线
)
```

图 4.36　两个数据集的韦恩图

2. 3 个数据集

【例 4-40】绘制 3 个数据集的韦恩图，如图 4.37 所示。

```
> grid.newpage()
> venn.plot<-draw.triple.venn(,
  area1=65,area2=75,area3=85,
  n12=35,n13=25,
  n23=15,
  n123=5,
  category=c("First","Second","Third"),
```

```
fill=c("blue","red","green"),
lty="blank",
cex=2,
cat.cex=2,
cat.col=c("blue","red","green")
)
```

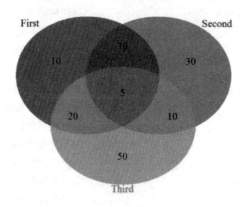

图 4.37　3 个数据集的韦恩图

3. 4 个数据集

【例 4-41】绘制 4 个数据集的韦恩图，如图 4.38 所示。

```
> grid.newpage()
> venn.plot<-draw.quad.venn(
  area1=72, area2=86, area3=50, area4=52,
  n12=44, n13=27, n14=32,
  n23=38, n24=32,
  n34=20,
  n123=18, n124=17, n134=11,
  n234=13,
  n1234=6,
  category=c("First", "Second", "Third", "Fourth"),
  fill=c("orange", "red", "green", "blue"),
  lty="dashed",
  cex=2,
  cat.cex=2,
  cat.col=c("orange", "red", "green", "blue")
 )
> grid.draw(venn.plot) #画图展示
```

```
> tiff(filename="Quad_Venn_diagram.tiff", compression="lzw")
#保存图片
> dev.off()  #退出画图
```

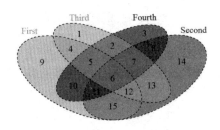

图 4.38　4 个数据集的韦恩图

4. 5 个数据集

【例 4-42】 绘制 5 个数据集的韦恩图，如图 4.39 所示。

```
> grid.newpage()
> venn.plot1<-draw.quintuple.venn(,
  area1=301, area2=321, area3=311, area4=321, area5=301,
  n12=188, n13=191, n14=184, n15=177,
  n23=194, n24=197, n25=190,
  n34=190, n35=173,
  n45=186,
  n123=112, n124=108, n125=108,
  n134=111, n135=104,
  n145=104,
  n234=111, n235=107, n245=110,
  n345=100,
  n1234=61, n1235=60, n1245=59,
  n1345=58, n2345=57, n12345=31,
  category=c("A", "B", "C", "D", "E"),
  fill=c("dodgerblue","goldenrod1","darkorange1","seagreen3",
  "orchid3"),
  cat.col=("dodgerblue","goldenrod1","darkorange1","seagreen3",
  "orchid3"),
  cat.cex=2,
  margin=0.05)
```

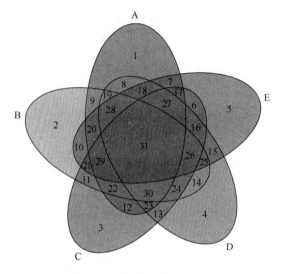

图 4.39 5 个数据集的韦恩图

4.2.10 生存函数图

在很多医学研究中，我们主要关心的变量是患者的某种事件发生的时间，如死亡、疾病复发时间等。生存分析可让我们分析事件发生的速度，而不会假设速度不变。

Kaplan-Meier 曲线描述了生存函数，它是一个阶梯函数，说明随着时间的推移累积生存率。曲线在没有事件发生的时间段内是水平的，然后垂直下降，对应于每次发生事件时生存函数的变化。截尾是一种生存分析特有的缺失数据问题。

survival 包提供了生存函数的计算和估计方法，函数为 survfit( )。

【例 4-43】绘制急性髓细胞性白血病数据 aml 的生存函数图，如图 4.40 所示。

```
> library(survival)
> leukemia.surv=survfit(Surv(time,status)~x,data=aml)
> plot(leukemia.surv, lty=1:2,xlab="time")
> legend("topright", c("Maintenance", "No Maintenance"),lty=1:2, bty="n")
```

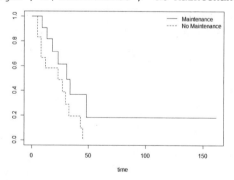

图 4.40 生存函数图

该数据中有一个分组变量 x 表示患者是否接受了化疗，从图 4.40 中可以看出，接受化疗的患者生存函数的下降速度比没接受化疗的患者生存函数的下降速度要慢，这表明化疗还是有一定作用的。

4.2.11 函数图像

可以使用函数 curve( )绘制函数图像，其参数为一个关于变量 x 的表达式，如图 4.41所示。

```
> curve(sin,from=-5,to=5)
```

若在原函数图像基础上添加新的函数图像，可以使用参数 add=TRUE。

```
> curve(cos,-5,5,add=T,lty=3)
```

x 的表达式可以自定义。

```
> curve(x^2-2*x,-5,5,add=T,col="red")
> curve(2*x^3-x^2,-5,5,add=T,col="blue")
```

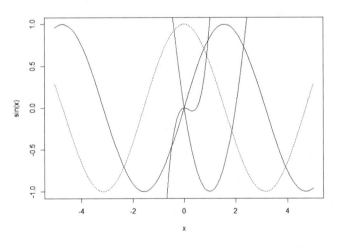

图 4.41　函数图像

绘制用户自定义的函数图像，如图 4.42 所示。

```
> myfun<-function(x){1/(1+exp(-x+10))}
> curve(myfun(x),from=0,to=20)
> curve(1-myfun(x),add=T,col="red")
```

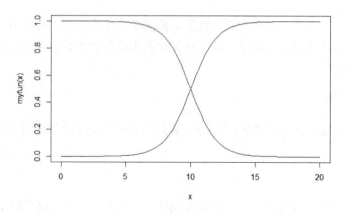

图 4.42　绘制自定义的函数图像

4.2.12　小提琴图

小提琴图是密度曲线图与箱线图的结合，因它的外观与小提琴形状相似（尤其是展示双峰数据的密度时），故称为小提琴图。小提琴图的本质是利用密度值生成的多边形，但该多边形同时还沿着一条直线作了另一半对称的"镜像"，由此上下或左右对称的多边形拼起来就形成了小提琴图的主体部分，最后一个箱线图也会被添加在小提琴的中轴线上。

首先要安装包 vioplot，并载入 vioplot 包及依赖包 zoo。

```
> install.packages('vioplot')
> library(zoo)
> library(vioplot)
```

【例 4-44】小提琴图示例。

```
#创建数据
> f=function(mu1,mu2)c(rnorm(300,mu1,0.5),rnorm(200,mu2,0.5))
> x1=f(0,2)
> x2=f(2,3.5)
> x3=f(0.5,2)
```

使用 vioplot( )函数绘制图形，如图 4.43 所示。

```
> vioplot(x1,x2,x3,col='bisque',names=c("A","B","C"))
```

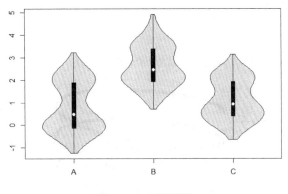

图 4.43　小提琴图

可以使用参数 horizontal 设置方向，默认为垂直方向，如图 4.44 所示。

```
> attach(heart)
> vioplot(age,trestbps,chol,thalach,horizontal=T,
  col=c("red","blue","purple","yellow"),
  names=c("age","trestbps","chol","thalach"))
```

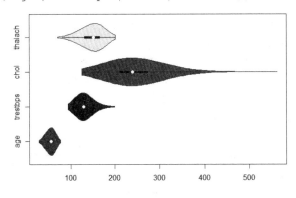

图 4.44　设置参数 horizontal 的小提琴图

4.2.13　三维图形

R 核心绘图系统提供了二维绘图引擎，所有图形都是绘制在二维平面上的，通常基于简单的(x,y)笛卡儿坐标。三维空间是以(x,y,z)三元组的形式表示位置的。

1. 函数 scatterplot3d( )

【例 4-45】使用函数 scatterplot3d( )绘制三维图示例 1，如图 4.45 所示。

```
> install.packages("scatterplot3d")
> library(scatterplot3d)
```

```
> z=seq(-10,10,0.01)
> x=cos(z)
> y=sin(z)
> scatterplot3d(x,y,z,highlight.3d=TRUE)
```

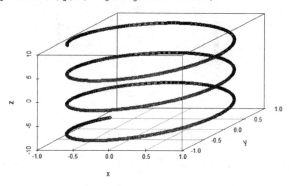

图 4.45　使用函数 scatterplot3d( )绘制三维图 1

【例 4-46】使用函数 scatterplot3d( )绘制三维图示例 2，如图 4.46 所示。

```
> library(scatterplot3d)
> my.mat<-matrix(runif(25),nrow=5)  #生成 25 个 0~1 之间的随机数
#定义矩阵 my.mat 的行名与列名
> dimnames(my.mat)<-list(LETTERS[1:5],letters[11:15])
> s3d.dat<-data.frame(cols=as.vector(col(my.mat)),
  rows=as.vector(row(my.mat)),
  value=as.vector(my.mat))
> scatterplot3d(s3d.dat, type="h", lwd=5, pch=" ",
  x.ticklabs=colnames(my.mat), y.ticklabs=rownames(my.mat),
  color=grey(25:1/40), main="scatterplot3d-4")
```

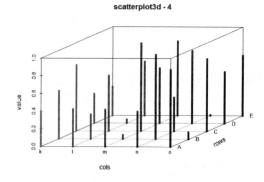

图 4.46　使用函数 scatterplot3d( )绘制三维图 2

2. 函数 plot3d( )

函数 scatterplot3d( )只能绘制静态三维图，如果对三维图实现交互旋转，可采用 rgl 包。

【例 4-47】使用函数 plot3d( )绘制交互三维图，如图 4.47 所示。

```
> install.packages("rgl")
> library(rgl)
> attach(iris)
> a=Species
> levels(a)=c("Green","Red","Blue")    #为不同种类的花指定不同的颜色
> plot3d(Sepal.Length,Sepal.Width,Petal.Length,col=a,size=5)
#可以拖动图形实现图形旋转
```

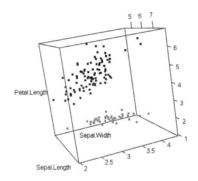

图 4.47 使用函数 plot3d( )绘制交互三维图 1

```
> heart<-read.csv("heartCsv.csv",sep=',')
> plot3d(heart$age,heart$chol,heart$target,type="s",size=1,lit=F)
#如图 4.48 所示
```

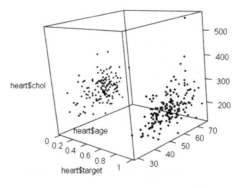

图 4.48 使用函数 plot3d( )绘制交互三维图 2

参数 type="s" 表示选择点为球形，否则默认为立体式点；参数 size 用于设置点的大小；lit=F 用于关闭 3D 灯光，否则会闪闪发亮。

在 play3d( ) 中使用函数 spin3d( ) 实现三维图形的旋转。

```
> plot3d(heart$age,heart$chol,heart$target,type="s",size=0.8,lit=F)
> play3d(spin3d())
```

默认情况为图像绕着 z 轴（竖直的轴）旋转，也可以改变转轴、转速和持续时间。

```
#绕 x 轴旋转,每分钟 5 转,持续 10 秒
> play3d(spin3d(axis=c(1,0,0),rpm=5),duration=10)
```

3. 函数 persp( )

使用函数 persp( ) 在平面上绘制一个三维透视图时，需要指定观察方向等信息。函数 persp( ) 用于绘制曲面，相当于 $z=f(x, y)$ 函数绘图。

格式：

```
persp(x=seq(0,1,length.out=nrow(z)),
y=seq(0,1,length.out=ncol(z)),
z,xlim=range(x),ylim=range(y),
zlim=range(z,na.rm=TRUE),
xlab=NULL,ylab=NULL,zlab=NULL,
main=NULL,sub=NULL,
theta=0,phi=15,r=sqrt(3),d=1,
scale=TRUE,expand=1,
col="white",border=NULL,ltheta=-135,lphi=0,
shade=NA,box=TRUE,axes=TRUE,nticks=5,
ticktype="simple",…)
```

参数说明如下。

1）x、y：表示 x 和 y 坐标，必须按照升序排列，默认为从 0 到 1 等间距的数值。

2）z：为一个矩阵，表示 z 坐标。

3）theta、phi：指定观察方向，theta 指定左右角度（俯视图顺时针旋转为正），phi 指定其余纬度（上下角度，前视图顺时针旋转为正）。

4）expand：指定 z 坐标轴上的缩放系数，expand<1 表示从 z 轴方向上将图形缩小指定倍数，expand>1 表示从 z 轴方向上将图形放大指定倍数。

5）ltheta、lphi：指定打光方向，光线照射不到的地方将产生阴影。

6）ticktype：指定坐标轴类型，默认为"simple"，表示仅仅绘制一个箭头，沿箭头方向数值逐渐增大。

98

7）box=FALSE 则不显示坐标轴。

8）nticks：指定坐标轴刻度线数量（大约数量），若 ticktype = "simple"则失效。

【例4-48】使用函数 persp( )绘制三维地形图，如图 4.49 所示。

```
#安装 ggforce 包
> devtools::install_github('thomasp85/ggforce')
> install.packages("plot3D")
> require(plot3D)
#三维地图模型可视化
> class(volcano)
> dim(volcano)
> z<-3*volcano                #放大高度坐标
> x<-10*(1:nrow(z))           #相当于从南到北
> y<-10*(1:ncol(z))           #相当于从东到西
> par(bg="white")             #设置背景颜色为白色
#显示曲面网格,网格边线颜色为洋红,显示 box 框线
> persp(x, y, z, theta=135, phi=30, col="green3", scale=FALSE,
ltheta=-120,shade=0.75,border="magenta",box=TRUE)
```

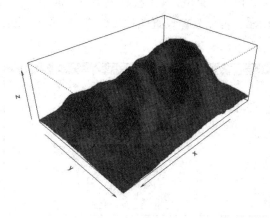

图 4.49　三维地形图

#不显示曲面网格，设置 border=NA；不显示 box 边框，设置 box=FALSE；放大 z 轴，设置 expand>1，如图 4.50 所示。

```
> persp(x,y,z,theta=135,phi=30,col="yellow3",expand=1.5,
  scale=FALSE,ltheta=-120,shade=0.75,border=NA,box=F)
```

数据分析与R语言

图 4.50　修改函数 persp( )的选项设置后的三维地形图

4.3　保存和输出图形

图形的存储格式有多种，如.png、.jpg、.pdf、.bmp 和.tiff 等图形文件。

1. 菜单方式

在 RStudio 中，选择"Plots"菜单，其下拉列表中有"Save as Image"和"Save as PDF"两个选项，如图 4.51 所示。可以具体设置图片文件格式、保存目录和文件名，此外还可以设置图片的宽和高。

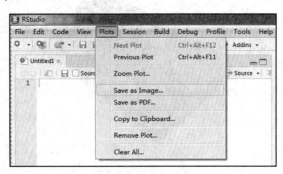

图 4.51　"Plots"下拉列表

2. 命令方法

如果希望使用代码保存和导出图形，必须要了解代码的工作机制。首先，在生成图形之前打开适合所选格式的图形设备。调用 png( )、jpeg( )、pdf( )、bmp( )、tiff( )等函数，使 R 启动相应的图形设备，便于随后运行的图形命令指向该设备。默认为屏幕显示。若已选择了不同的图形设备，则图形不会在屏幕上显示。例如：

```
> png(file="myplot.png")
> plot(rnorm(100,mean=0,sd=1))
> dev.off()
```

图形文件保存在当前目录下。可以设置参数选项对图片格式进行调整，常用的参数介绍如下。

1）filename：输出文件名，在需要的情况下用于指定文件保存路径。

2）width：宽度。

3）height：高度。

4）unit：指定高度和宽度时，可以指定单位，如 px（像素，此为默认值）、in（英寸）、cm 或 mm。

5）pointsize：图形中文本的字体大小。

6）bg：背景颜色。

7）res：分辨率。

```
> png("myplot.png",height=3,width=3, pointsize=6,unit="in", res=600)
> plot(density(rnorm(100,mean=0,sd=1)))
> dev.off()
```

第 5 章 高 级 绘 图

一张统计图就是从数据到几何对象 geom（geometric object）的一个映射，几何对象包括点、线、形状等的图形属性 aes（aesthetic attributes），以及颜色、形状、大小等。图形中还可能包含数据的统计变换 stats（statistical transformation），最后绘制在某个特定的坐标系 coord（coordinate system）中。此外，可以采用分面将数据的不同子集在不同子窗口中显示出来。第 4 章主要实现了基础图形绘制，与之相比，本章主要介绍其他图形库（如 ggplot2）的使用方法，实现对图形的高级控制。尽管使用基本库也可以生成高级图，但是附加库可用较少的代码实现相同的图形效果。

5.1　qplot 绘图

ggplot2 是一款绘制统计图形的 R 软件包，由一套图形语法支持，可利用网格图形系统进行作图，并在底层对图形的外观进行控制。使用 ggplot2 之前需要先安装，可从 http://r-project.org 网站下载安装，也可使用如下命令进行安装。

```
> install.packages('ggplot2')
```

qplot（quick plot）是 ggplot2 中的一个快速作图函数。函数 qplot( )的语法与基础绘图系统类似，但其可通过更为强大的 ggplot( )函数实现绘图的等价解决方案，并且可以方便地创建各种复杂的图形。可通过命令?qplot 来获取帮助。

1. 基本用法

格式：

```
qplot(x,y,data)
```

其中，**data** 为可选项，表示数据框（data.frame）类型；如果有这个参数，那么 x、y 的名称必须对应数据框中某列变量的名称。

【例 5-1】随机抽取数据集 diamonds 的 1000 行数据，绘制钻石重量（carat）与价格（price）之间的关系，如图 5.1 所示。

```
> diamonds_1000<-diamonds[sample(row(diamonds),1000),]
> qplot(carat,price,data=diamonds_1000)
```

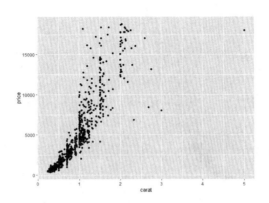

图 5.1　钻石重量（carat）与价格（price）之间的散点图

从图 5.1 中可以看出两个变量具有很强的关系，在竖直方向上出现了条纹，这种相关关系似乎是指数型的。因此，对横、纵坐标分别进行对数变换，再看两者的相关性，如图 5.2 所示。

```
> qplot(log(carat),log(price),data=diamonds_1000)
```

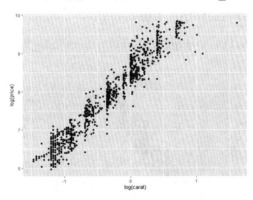

图 5.2　线性关系的散点图

从图 5.2 中可知，对数变换后的变量具有线性关系。

2. 设置颜色

函数 qplot( )可以使用参数 colour 自动生成不同色彩的图例,展示数据取值与图形属性之间的对应关系。

【例 5-2】以 diamonds_1000 中的 clarity 属性作为图例，自动添加不同的色彩，如图 5.3 所示。

```
> qplot(carat,price,data=diamonds_1000,colour=clarity)
```

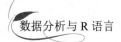

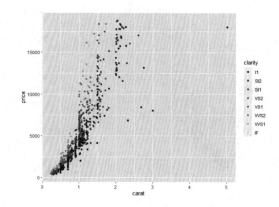

图 5.3　设置散点图的颜色

可以使用 I( )来设置颜色，如 colour=I("blue")。

3. 设置形状

函数 qplot( )可使用参数 shape 按照某个属性自动生成不同形状的图例。
【例 5-3】生成不同形状的图例，如图 5.4 所示。

```
> qplot(log(carat),log(price),data=diamonds_1000,color=clarity,
  shape=cut)
```

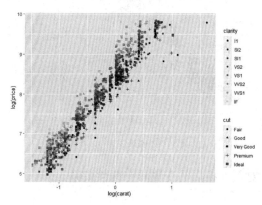

图 5.4　根据分类变量设置颜色和形状属性

从图 5.4 中可以看出，分类变量适用于对颜色和形状属性的设置。

4. 设置大小

函数 qplot( )可使用参数 size 来设置点的大小。

【例5-4】设置点的大小，如图5.5所示。

```
> qplot(price,x*y*z,data=diamonds_1000,colour=color,size=I(2))
```

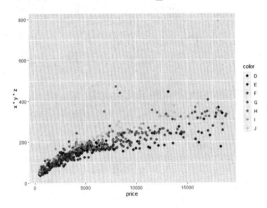

图5.5　设置点的大小

5. 设置透明度

对于大数据，图形元素重叠现象较多，通过参数 alpha 可使用半透明的颜色减轻图形元素的重叠效果，取值从 0（完全透明）到 1（完全不透明）。通常透明度可以用分数来表示，分母表示经过多少次重叠后颜色将变得不透明。由此，可以更加清楚地显示重叠多的点的位置。

【例5-5】设置透明度，如图5.6所示。

```
> qplot(carat,price,data=diamonds_1000,alpha=I(1/2),colour=cut)
> qplot(carat,price,data=diamonds_1000,alpha=I(1/10),colour=cut)
```

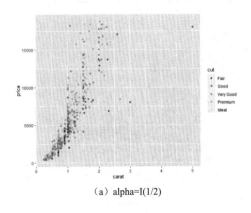

（a）alpha=I(1/2)

图5.6　设置透明度

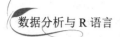

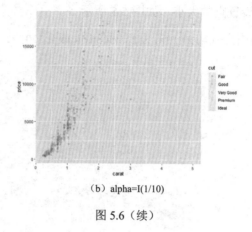

（b）alpha=I(1/10)

图 5.6（续）

6. 几何对象

通过改变几何对象，函数 qplot( )可画出各种类型的图形。

（1）拟合曲线

散点图中呈现出非常多的数据点，数据趋势的展示并不明显，由此可以考虑向图中添加一条平滑曲线。通过 geom="smooth"实现拟合曲线，可将曲线和标准误展示在图中。函数 c( )可将多个几何对象组成一个向量传递给 geom，通常散点图与拟合曲线同时呈现。使用 se=FALSE 可去除标准误。

【例 5-6】对 heartCsv.csv 文件中的 age 和 chol 两个变量绘制散点图及拟合曲线，如图 5.7 所示。

```
> heart<-read.csv(file="heartCsv.csv")
> qplot(age,chol,data=heart,geom=c("point","smooth"),size=I(2))
> qplot(age,chol,data=heart,geom=c("point","smooth"),se=F,size=I(2))
```

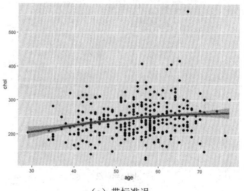

（a）带标准误

图 5.7　拟合曲线

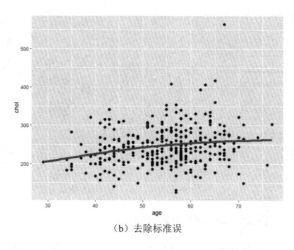

（b）去除标准误

图 5.7（续）

（2）箱线图和扰动点图

如果一个数据集中包含了一个分类变量和一个（或多个）连续变量，那么箱线图和扰动点图分别提供了展示连续变量随分类变量水平变化的方法，较易实现多组之间的比较。箱线图使用 geom="boxplot"，扰动点图使用 geom="jitter"。

【例 5-7】绘制数据集 iris 中 Species 和 Sepal.Length 变量的箱线图及扰动点图，如图 5.8 所示。

```
> qplot(Species,Sepal.Length, data=iris, geom='boxplot',size=I(1))
> qplot(Species,Sepal.Length, data=iris, geom='jitter',size=I(2))
```

如图 5.8 所示，箱线图只用了 5 个数字对分布进行概括，而扰动点图将所有点都呈现在图中，如果存在图形重叠问题，可使用 alpha=I( )来解决。对于扰动点图，可以使用 size、colour 和 shape 参数。对于箱线图，可以使用 colour 控制外框线的颜色，使用 fill 设置填充颜色，使用 size 调节线的粗细。

```
> qplot(Species,Sepal.Length, data=iris,geom='boxplot',fill=Species,
    size=I(0.5))
```

（3）直方图和密度曲线图

直方图和密度曲线图主要用于展示单个变量的分布情况，不适用于多组间的比较，如显示最高心率的直方图（组数为 10）和密度曲线图。

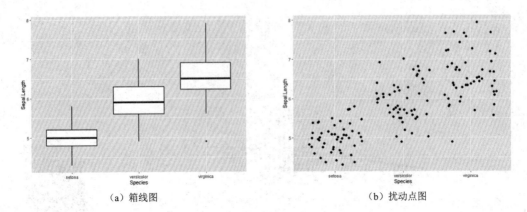

| （a）箱线图 | （b）扰动点图 |

图 5.8　箱线图和扰动点图

【例 5-8】绘制 heartCsv.csv 中 thalach 变量的直方图和密度曲线图，如图 5.9 所示。

```
> qplot(thalach,data=heart,bins=10,geom='histogram',colour=I("black"),
  fill=I("white"), size=I(1))
> qplot(thalach,data=heart,geom='density',size=I(2))
```

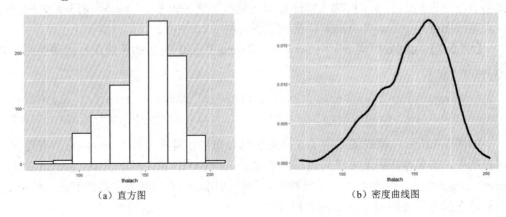

| （a）直方图 | （b）密度曲线图 |

图 5.9　直方图和密度曲线图

直方图和密度曲线图可以调整曲线的平滑度，直方图中采用参数 binwidth，其值越小，曲线越平滑；密度曲线图中采用参数 adjust，其值越大，曲线越平滑。

【例 5-9】使用参数 adjust 调整平滑度，如图 5.10 所示。

```
> qplot(thalach,data=heart,geom='density',size=I(1),adjust=0.1)
> qplot(thalach,data=heart,geom='density',size=I(1),adjust=1)
> qplot(thalach,data=heart,geom='density',size=I(1),adjust=2)
```

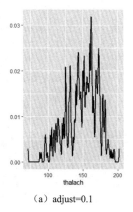 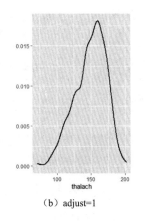 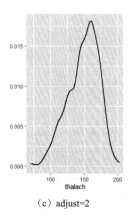

（a）adjust=0.1　　　　　　　（b）adjust=1　　　　　　　（c）adjust=2

图 5.10　使用参数 adjust 调整平滑度

【例 5-10】使用参数 binwidth 调整平滑度，如图 5.11 所示。

```
> qplot(thalach,data=heart,binwidth=1,geom='histogram',colour="red")
> qplot(thalach,data=heart,binwidth=10,geom='histogram',colour="red",
  fill=I("white"))
> qplot(thalach,data=heart,binwidth=20,geom='histogram',colour="red",
  fill=I("white"))
```

当一个分类变量被映射到某个图形属性上时，几何对象会自动按分类变量进行拆分，如按 target 取值的不同绘制密度曲线图。heart 中的 target 属性类型为 numeric，需要将其转换成分类属性。

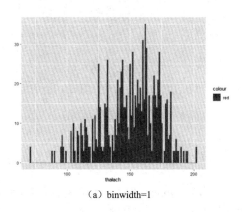 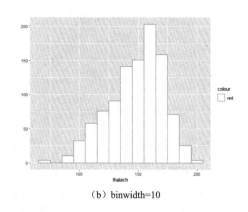

（a）binwidth=1　　　　　　　　　　　　（b）binwidth=10

图 5.11　使用参数 binwidth 调整平滑度

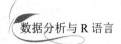

数据分析与 R 语言

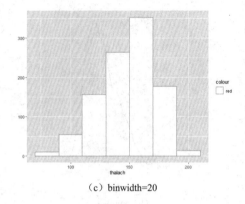

（c）binwidth=20

图 5.11（续）

【例 5-11】设置颜色，如图 5.12 所示。

```
> for(i in 1:1025){if(heart$target[i]==1) heart$target[i]="T" else
  heart$target[i]="F"}
> qplot(trestbps,data=heart, geom="density",colour=target,size=I(2),
  lty=target)
> qplot(chol,data=heart,binwidth=30,geom="histogram",fill=I("white"),
  color=target,lty=target)
```

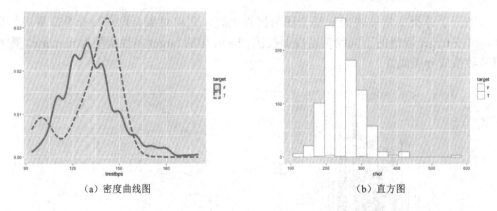

（a）密度曲线图   （b）直方图

图 5.12　设置颜色

（4）条形图

在离散变量的情形下，条形图与直方图类似，使用 geom='bar'。条形图几何对象会计算每一个水平下观察的数量，无须预先对数据进行汇总，如图 5.13（a）所示。

```
> qplot(color,data=diamonds,geom='bar',fill=color)
```

如果数据已经进行了汇总，或者采用加权方式对数据进行分组处理，则条形图如

110

图 5.13（b）所示。

```
> qplot(color,data=diamonds,geom='bar',fill=color,weight=carat)+
  scale_y_continuous('carat')
```

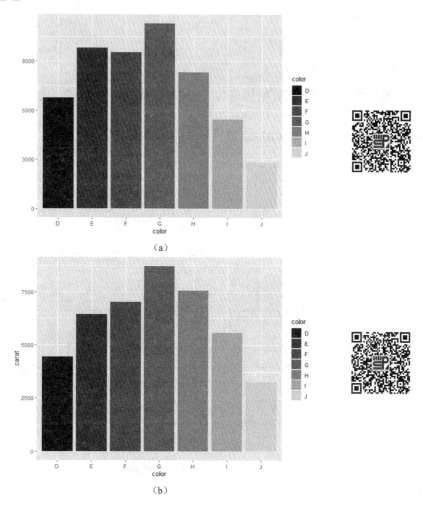

（a）

（b）

图 5.13　条形图

7. 分面

分面可将数据分割成若干子集，然后创建一个图形矩阵，将每一个子集绘制到图形矩形的窗格中。所有子图采用相同的图形类型。qplot 中默认的分面方法通过形如 row_var～col_var 的表达式来指定窗格的拆分。可以指定任意数量的行变量和列变量，但变量数过多时，生成的图形非常大。可以使用占位符 "." 来表示某一行或某一列。

【例 5-12】根据 heart 中的 thal 取值对 thalach 进行分面。

```
#将 heart 中的 thal 属性转换为字符型,即分类变量
> thal<-as.character(heart$thal)
> table(thal)
thal
0   1   2   3
7  64  544  410
```

从函数 table( )的统计结果可知,thal 分为 4 类,即 0~3。使用函数 as.factor( )也可以转换为分类变量。

根据 thal 的取值对 thalach 进行分面,如图 5.14 所示。

```
> qplot(thalach,data=heart, facets=thal~., bins=20,geom='histogram',
  fill=I("white"),colour=I("black"))
```

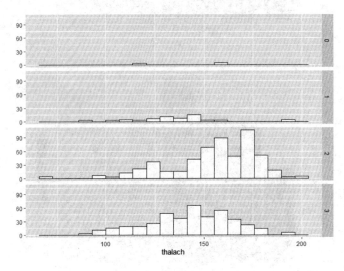

图 5.14　分面显示

8. 其他选项

函数 qplot( )中还有一些用于控制图形外观的选项,其作用与函数 plot( )中的参数作用相同。

1)xlim、ylim:设置 x 轴与 y 轴的显示区间。

2)log:指定哪个坐标轴取对数,如 log='x',表示对 x 轴取对数;log='xy',表示对 x 轴和 y 轴同时取对数。例如,qplot(carat,price,data=diamonds,log='xy')与 qplot(log (carat), log(price),data=diamonds)等价。

3)main:图形的主标题,放置在图形的顶端,以大字号显示。

4）xlab、ylab：设置 x 轴和 y 轴的标签文字。

【例5-13】设置标签和主题，如图 5.15 所示。

```
> qplot(chol,thalach,data=heart,xlab="chol(mg/dl)",ylab="thalach",
  main="chol-thalach relationship")
```

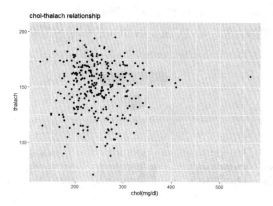

图 5.15　设置标签和主题

【例5-14】设置颜色和坐标轴标签，如图 5.16 所示。

```
> qplot(chol,thalach,data=heart,
  xlab="chol(mg/dl)",ylab="thalach",
  main="chol-thalach relationship",
  xlim=c(150,300),ylim=c(100,200),
  colour=slope,size=I(2))
```

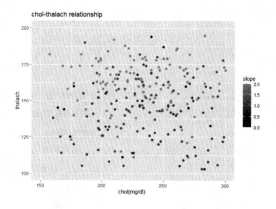

图 5.16　设置颜色和坐标轴标签

5.2　ggplot2 绘图

ggplot2 采用了结构化的图层设计方式，将表征数据和图形细节分开，可快速将图形表现出来，且更易于实现创造性绘图。有明确的起始（ggplot 开始）与终止（一句话一个图层），图层间的叠加靠"+"实现，后添加的图层位置处于上方。ggplot2 语法框架如图 5.17 所示。

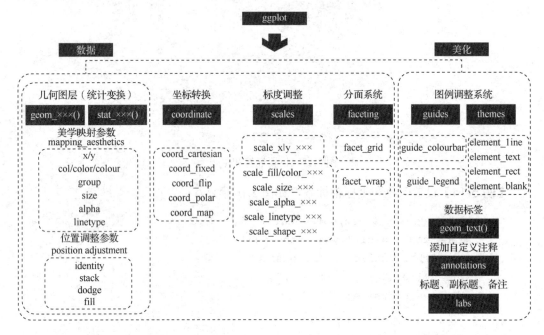

图 5.17　ggplot2 语法框架

绘制命令：

```
ggplot(data,aes(x=,y=))+          #基础图层,不出现任何图形元素
geom_xxx()|stat_xxx()+           #几何图层或统计变换,出现图形元素
coord_xxx()+                     #坐标变换,默认笛卡儿坐标系
scale_xxx()+                     #标度调整,调整具体的标度
facet_xxx()+                     #分面,将其中一个变量进行分面变换
guides()+                        #图例调整
theme()                          #主题系统
```

5.2.1　图层构建图像

图形最初不会显示，只有添加图层（至少一个图层）后图形才会显示出来。一个图

层由 5 个部分组成：①数据；②一组图形属性映射，用来设定数据集中的变量如何映射到该图层的图形属性；③几何对象，用于决定一组可用的图形属性；④统计变换；⑤位置调整。

1. 创建绘图对象

使用函数 ggplot( )创建图形对象，需要有两个主要参数：数据和图形属性映射。其中，数据必须是一个数据框；图形属性映射只需要将图形属性和变量名放到函数 aes( )中即可。图层使用 "+" 进行添加。

函数 ggplot( )中提供了一组具有相同形式的快捷函数，以 geom_或 stat_开头：

```
geom_xxx(mapping,data,…,stat,position)
stat_xxx(mapping,data,…,geom,position)
```

1）mapping 是一组图形属性映射，可通过函数 aes( )来设定。

2）data 为一个数据集，当对不同的数据集使用相同的代码进行绘图时，只需要改变数据集即可。使用%+%来添加新的数据集以代替原来的数据集。

【例 5-15】绘制数据 mtcars 的散点图。

```
> p<-ggplot(mtcars,aes(x=mpg,y=wt,colour=cyl))+geom_point()
> p
> mtcars<-transform(mtcars,mpg=mpg^2)
> p%+%mtcars
```

函数 transform( )可以为原数据框添加新列,改变原变量列的值,以及通过赋值 NULL 删除列变量。例如：

```
#将数据集 mtcars 中的 mpg 列数值减 100,增加一个名为 newcol 的新列
> newmtcars<-transform(mtcars,mpg=mpg-100,newcol=rep(1,nrow(mtcars)))
#删除 newmtcars 中的 newcol 列
> del<-transform(newmtcars,newcol=NULL)
```

2. 图形属性映射

函数 aes( )用来将数据变量映射到图形中，从而使变量成为可以被感知的图形属性。格式：

```
aes(x, y,…)
```

函数 aes( )中的前两个参数可省略名称。默认的图形属性映射可以在图形对象初始化时设定，或者使用 "+" 修改。

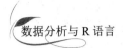

【例 5-16】使用函数 aes( )实现图形属性映射。

```
#对数据集 iris,将 x 坐标映射到 Sepal.Length,将 y 坐标映射到 Sepal.Width
> p<-ggplot(iris,aes(x=Sepal.Length,y=Sepal.Width))
#添加图层,绘制散点图
> p+geom_point()
#图形对象 p 中默认的映射可以在新图层中进行扩充或修改, 如图 5.18 所示
#使用 facor()修改颜色,使用 Petal.Length 修改 y 坐标
> p+geom_point(aes(colour=factor(Species)))
> p+geom_point(aes(y=Petal.Length))
```

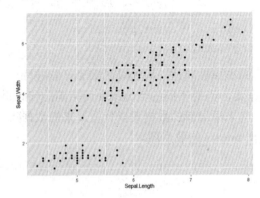

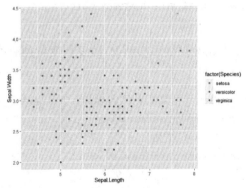

图 5.18　修改图的属性

3. 设定和映射

除可以将一个图形属性映射到一个变量外，还可以在图层的参数中将其设定为一个单一值。图形属性可以根据观测的不同而变化，但参数不可以。

【例 5-17】图形映射。

```
> p<-ggplot(mtcars,aes(mpg,wt))
```

```
#设置背景色
> p<-p+theme(panel.background=element_rect(fill='white', color="black"))
#使用图层中的 colour 参数设定点颜色为深蓝色
> p+geom_point(colour='darkblue')
#将 colour 映射到"darkblue"颜色,实际上是先创建了一个只含有字符"darkblue"
#的变量,然后将 colour 映射到这个新变量上
> p+geom_point(aes(colour='darkblue'))
```

因为新变量的值是离散型的,所以默认的颜色标度将用色轮上等间距的颜色,并且此处新变量只有一个值,因此这个颜色是桃红色,如图 5.19 所示。

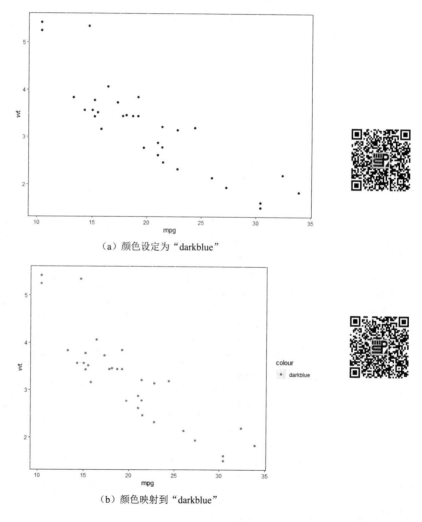

（a）颜色设定为"darkblue"

（b）颜色映射到"darkblue"

图 5.19　设定和映射的区别

数据分析与 R 语言

5.2.2　几何对象和统计变换

几何对象可实现图层的实际渲染功能，控制着生成的图像类型。表 5.1 列出了 ggplot2 中所有可用的几何对象。每个几何对象都有一组它能识别的图形属性和一组绘图所需的值。

表 5.1　ggplot2 中的几何对象及描述

名称	图形属性	描述
abline	colour, linetype,size	线，由斜率和截距决定
area	colour, fill,linetype,size,x,y	面积图
bar	colour, fill,linetype,size,width,x	条形图，以 x 轴为底的矩形
bin2d	colour, fill,linetype,size,binwidth,xmax,xmin,ymax,ymin	二维热图
blank	—	空白，什么也不画
boxplot	colour, fill,lower,middle,size,upper,width,x,ymax,ymin	箱线图
contour	colour, linetype,size,width,x,y	等高线图
crossbar	colour, fill,linetype,size, x,y,ymax,ymin	带有水平中心线的盒子图
density	colour, fill,linetype,size,width, x,y	光滑密度曲线图
density2d	colour, linetype,size, width,x,y	二维密度等高线图
dotplot	colour, fill, x,y	"点直方图"，用点来表示观测值的个数
errorbar	colour, linetype,size,width,x,ymax,ymin	误差棒
errorbarh	colour, linetype,size,width,y,ymax,ymin	水平的误差棒
freqpoly	colour, linetype,size	频率多边形图
hex	colour, fill,size, x,y	用六边形表示的二维热图
histogram	colour, fill,linetype,size, width,x	直方图
hline	colour,linetype,size	水平线
jitter	colour,fill,shape,size,x,y	给点添加扰动，减轻图形重叠的问题
line	colour,linetype,size,x,y	按照 x 坐标的大小顺序依次连接各个观测值
linerange	colour,linetype,size,x,ymax,ymin	一条代表一个区间的竖直线
map	colour,fill,linetype,size,x,y,map_id	基准地图中的多边形
path	colour,linetype,size,x,y	按数据的原始顺序连接各个观测值
point	colour,fill,shape,size,x,y	散点图
pointrange	colour,fill,linetype,shape,size,x,y,ymax,ymin	用一条中间带点的竖直线代表一个区间
polygon	colour,fill,linetype,size,x,y	多边形，相当于一个有填充的路径
quantile	colour,linetype,size,width,x,y	添加分位数回归线
raster	colour,fill,linetype,size,x,y	高效的矩形瓦片图
rect	colour,fill,linetype,size,xmax,xmin,ymax,ymin	二维的矩形
ribbon	colour,fill,linetype,size,x,ymax,ymin	色带图，连续的 x 值所对应的 y 的范围
rug	colour,linetype,size	边际地毯图
segment	colour,linetype,size,x,xend,y,yend	添加线段或箭头
smooth	alpha,colour,fill,linetype,size,width,x,y	添加光滑的条件均值线

118

名称	图形属性	描述
step	colour,linetype,size,x,y	以阶梯形式连接各个观测值
text	angle,colour,hjust,label,size,vjust,x,y	文本注释
tile	colour,fill,linetype,size,x,y	瓦片图
violin	width,colour,fill,size,linetype,x,y	小提琴图
vline	colour,linetype,size	竖直线

统计变换简称为 stat，即对数据进行统计变换，它通常以某种方式对数据信息进行汇总。ggplot2 中的统计变换如表 5.2 所示。

表 5.2　ggplot2 中的统计变换

名称	描述
bin	计算封箱数据
bindot	计算"点直方图"的封箱数据
binhex	计算六边形热图的封箱数据
boxplot	计算组成箱线图的各种元素值
contour	三维数据的等高线
density	一维密度估计
density2d	二维密度估计
function	添加新函数
qq	计算 qq 图的相关值
quantile	计算连续的分位数
smooth	添加光滑曲线
spoke	将角度和半径转换为 xend 和 yend
sum	计算每个单一值的频数
summary	对每个 x 所对应的 y 值进行统计描述
summary2d	对二维矩形封箱设定函数
summaryhex	对二维六边形封箱设定函数
unique	删除重复值
ydensity	小提琴图，计算一维 y 轴方向的核密度函数估计值

统计变换可将输入的数据集作为输入，将返回的数据集作为输出。因此，统计变换可以向原数据集中插入新的变量。例如，常被用来绘制直方图的 stat_bin 进行统计变换后会生成如下变量。

1）count：每个组中观测值的数目。

2）density：每个组中观测值的密度（占整体的百分数/组宽）。

3）x：组的中心位置。

这些生成变量可直接被调用。

【例 5-18】绘制直方图，直方图默认将条形的高度赋值为观测值的计数值（count），如图 5.20 所示。

```
> ggplot(diamonds,aes(carat))+geom_histogram(colour="black",fill=
  "white")
```

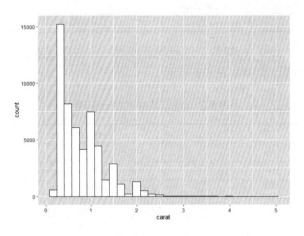

图 5.20　直方图

可用密度（density）来代替频率，生成变量的名称必须用".."围起来，表示是由统计变换生成的，避免原数据集中的变量和生成变量重名时造成混淆。

【例 5-19】直方图统计变换，如图 5.21 所示。

```
> ggplot(diamonds,aes(carat))+geom_histogram(aes(y=..density..),bg=
  "white",colour="black")
```

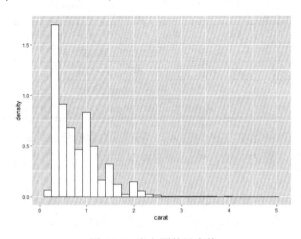

图 5.21　直方图统计变换

5.3 绘制图形

5.3.1 直方图

使用函数 geom_histogram( )映射一个连续变量到参数 x。

【例 5-20】绘制直方图，如图 5.22 所示。

```
> gene<-read.csv("genes.csv")
> ggplot(gene,aes(x=Gene1))+geom_histogram(bg="blue")
```

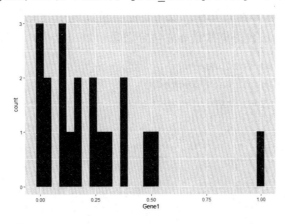

图 5.22 直方图

函数 geom_histogram( )需要数据框的一列或一个列向量作为数据对象。如果想对非数据框中的数据绘制直方图，可将数据框参数设置为 NULL，将数据先存储于一个向量中。

```
> g1<-gene$Gene1
> ggplot(NULL,aes(x=g1))+geom_histogram()
```

函数 geom_histogram( )默认组数为 30，可通过参数 binwidth 来设置每组的宽度，即组距。此值大小应根据实际数据的取值范围来确定；或者用 bins 指定一个组数。直方图默认填充色是无框线的黑色，为了使图形更清晰，建议使用参数 fill 改变填充色，使用参数 colour 改变边框颜色。

```
> ggplot(gene,aes(x=Gene1))+geom_histogram(binwidth=0.1,fill="red",
  colour="black")
> ggplot(gene,aes(x=Gene1))+geom_histogram(bins=15,fill="white",
  colour="black")
```

将 Gene1 的取值划分为 10 组，函数 range( )返回给定参数的最小值和最大值，函数 diff( )为差分函数。

```
> binsize<-diff(range(gene$Gene1))/10
> ggplot(gene,aes(x=Gene1))+geom_histogram(binwidth=binsize,fill=
  "white",colour="black")
```

可通过条形图的统计变换 stat="bin"达到一样的效果。

```
> ggplot(gene,aes(x=Gene1))+geom_bar(stat="bin",fill="white",colour=
  "black")
```

若需要绘制数据的多组直方图，则需要使用函数 facet_grid( )。

【例 5-21】对 heart 数据集按照 thal 值分组显示 chol 结果，如图 5.23 所示。

```
> heart<-read.csv("heartCsv.csv",sep=',')
> h<-ggplot(heart,aes(x=chol))
> h+geom_histogram(fill="white",colour="black")+facet_grid(thal~.)
```

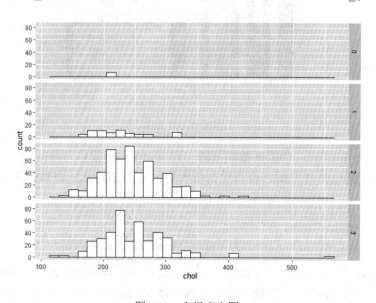

图 5.23　多组直方图

在分面显示时，若分组的数据标签为 0，1，…，则可通过改变因子水平的名称来更改其标签。

【例 5-22】分面显示，如图 5.24 所示。

```
#复制一个数据副本
> heart1<-heart
```

```
#将 sex 转化为因子
> heart1$sex<-factor(heart1$sex)
> levels(heart1$sex)
[1] "0" "1"
#调用 plyr 包
> library(plyr)
#使用函数 revalue()更改因子水平的名称
> heart1$sex<-revalue(heart1$sex,c("0"="female","1"="male"))
> levels(heart1$sex)
[1] "female" "male"
> h1<-ggplot(heart1,aes(x=chol))
> h1+geom_histogram(fill="white",colour="black")+facet_grid(heart1
  $sex~.)
```

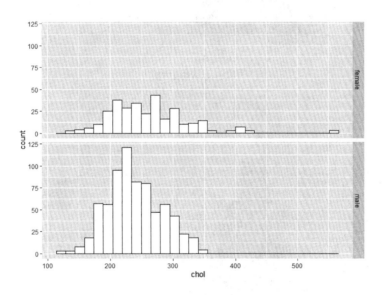

图 5.24　设置多组直方图的标签

　　分面绘图的各分面 y 轴标度相同，可以设置参数 scales="free"单独改变各分面 y 轴的标度，但 x 轴标度是固定不变的。

```
> h1+geom_histogram(fill="white",colour="black")+
  facet_grid(heart1$sex~.,scales="free")
```

　　若不设置参数 position='identity'，函数 ggplot()会将直方条垂直堆叠在一起，这使查看每个组的分布非常困难，如图 5.25（a）所示。设置 position='identity'后，图形清楚，如图 5.25（b）所示。

```
> ggplot(heart1,aes(x=chol,fill=sex))+geom_histogram()
> ggplot(heart1,aes(x=chol,fill=sex))+geom_histogram(position='identity',
  alpha=0.6)
```

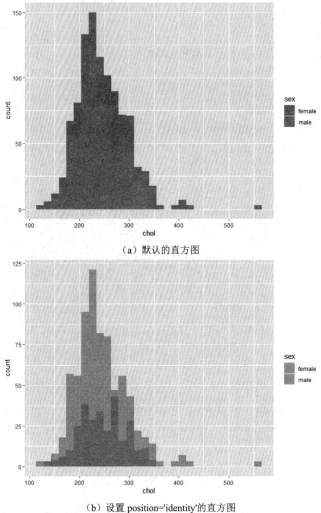

（a）默认的直方图

（b）设置 position='identity'的直方图

图 5.25　堆叠直方图

5.3.2　密度曲线图

使用函数 geom_density( )映射一个连续变量到 x。

【例 5-23】绘制密度曲线图，如图 5.26 所示。

```
> ggplot(heart,aes(x=chol,size=I(1)))+geom_density()
```

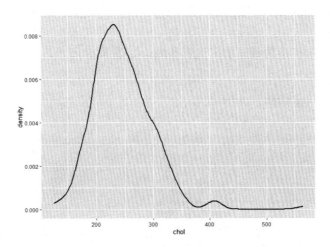

图 5.26　密度曲线图

可以使用函数 geom_line( )的统计变换"density"来绘制密度曲线图。

密度曲线的平滑程度由 bandwidth 决定，bandwidth 值越大，曲线越平滑。bandwidth 由参数 adjust 设定，默认值为 1。

【例 5-24】使用参数 adjust 调整密度曲线的平滑度，如图 5.27 所示。

```
> ggplot(heart,aes(x=chol))+
  geom_line(stat="density",adjust=.5,colour="red",size=I(1))+
  geom_line(stat="density",size=I(1))+
  geom_line(stat="density",adjust=2,colour="blue",size=I(1))
```

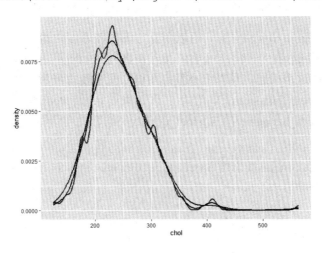

图 5.27　使用参数 adjust 调整密度曲线的平滑度

可以将函数 geom_line( )与 geom_density( )结合在一起,绘制出密度曲线下的多边形区域。

【例 5-25】绘制密度曲线下的多边形区域,如图 5.28 所示。

```
> ggplot(heart,aes(x=trestbps))+
geom_line(stat="density")+
geom_density(fill="blue",alpha=0.2)+
xlim(90,180)
```

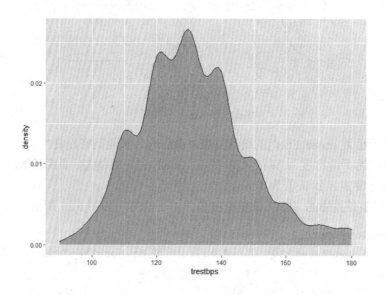

图 5.28　函数 geom_line( )与 geom_density( )结合使用

为了比较理论分布和观测分布,可以用直方图覆盖密度曲线。由于密度曲线的 y 值很小(曲线下的区域总和为 1),如果将其覆盖在直方图上而不进行任何变换,则几乎看不到它。为了解决这个问题,可以缩小直方图以匹配密度曲线和映射 y=..density..密度。因此,首先添加 geom_histogram( ),然后在顶部添加 geom_density( )。

【例 5-26】geom_histogram( )与 geom_density( )结合使用示例,如图 5.29 所示。

```
> ggplot(heart,aes(x=trestbps,y=..density..))+
geom_histogram(fill="white",colour="grey",size=1)+
geom_density()
```

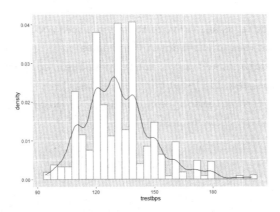

图 5.29　geom_histogram( )与 geom_density( )结合

5.3.3　箱线图

使用函数 geom_boxplot( )，分别映射一个连续型变量和一个离散型变量到 y 和 x，需要载入的包文件如下。

```
> library(ggplot2)
> library(reshape2)
```

【例 5-27】绘制不带选项的箱线图，如图 5.30 所示。

```
> data_m<-melt(heart)
> head(data_m)
```

variable 和 value 分别为数据框 melt 后的两列的名称，属于内部变量，variable 代表新变量的名称，value 代表对应的值。

```
> p<-ggplot(data_m,aes(x=variable,y=value),color=variable)+geom_boxplot()
> p
```

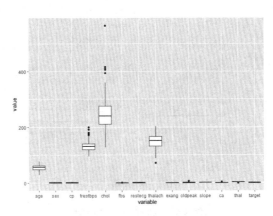

图 5.30　不带选项的箱线图

```
> p<-ggplot(data_m,aes(x=variable,y=value),color=variable)+
  geom_boxplot(aes(fill=factor(variable)))
> p<-ggplot(data_m,aes(x=variable,y=value),color=variable)+
  geom_boxplot(aes(fill=factor(variable)))+
  theme(axis.text=element_text(angle=50,hjust=0.5,vjust=0.5))+
  theme(legend.position='none')
> p  #如图 5.31 所示
```

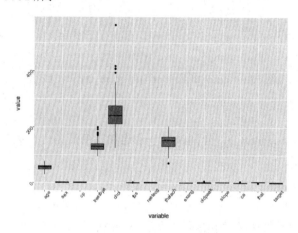

图 5.31　带有选项的箱线图

　　向箱线图添加槽口（notch），易于查看不同分布的中位数是否有差异性。若槽口位置不重合，则表示各中位数存在差异。参数 notch=T 为带槽口，如图 5.32 所示。

```
> ggplot(heart,aes(x=factor(target),y=chol))+geom_boxplot(notch=T)
```

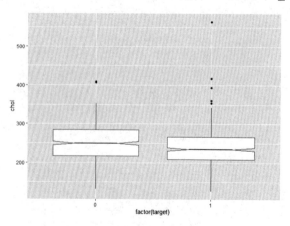

图 5.32　带槽口的箱线图

可使用函数 stat_summary( )向箱线图中添加均值。

#默认情况如图 5.33(a)所示
```
> ggplot(heart,aes(x=factor(target),y=chol))+geom_boxplot()+stat_
  summary()
```
#改变点的形状、大小及颜色,如图 5.33(b)所示
```
> ggplot(heart,aes(x=factor(target),y=chol))+geom_boxplot()+
  stat_summary(fun.y="mean",geom="point",shape=23,size=3,fill="red")
```

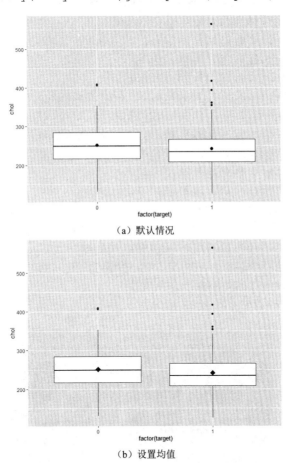

（a）默认情况

（b）设置均值

图 5.33　向箱线图中添加均值标记

 注意

　　箱线图中的水平线表示的是中位数，而不是均值。正态分布的数据，其中位数与均值较为接近；偏态分布的数据，其中位数会偏离均值。

5.3.4　小提琴图

使用函数 geom_violin( )绘制小提琴图。

【例 5-28】假设有一个基因表达矩阵，第一列为基因名称，后面几列为样品名称。

```
> library(ggplot2)
> library(reshape2)
> profile<-data.frame(Name=c("A","B","C","D","E","F","G","H","I",
  "J","L","M","N","O"),
  "2cell_1"=c(4,6,8,10,12,14:22),
  "2cell_2"=c(6,8,10,12,14,16:24),
  "2cell_3"=c(7,9,11,13,15,17:25),
  "4cell_1"=c(3.2,5.2,7.2,9.2,11.2,13.2:21.2),
  "4cell_2"=c(5.2,7.2,9.2,11.2,13.2,15.2:23.2),
  "4cell_3"=c(5.6,7.6,9.6,11.6,13.6,15.6:23.6),
  "zygote_1"=c(2,4,6,8,10,12:20),
  "zygote_2"=c(seq(4,14,2),15:22),
  "zygote_3"=c(seq(3,13,2),14:21))
> data_m<-melt(profile)
> p<-ggplot(data_m,aes(x=variable,y=value),color=variable)+
  geom_violin(aes(fill=factor(variable)))+
  theme(axis.text.x=element_text(angle=50,hjust=0.5,vjust=0.5))+
  theme(legend.position = "none")
> p  #如图 5.34 所示
```

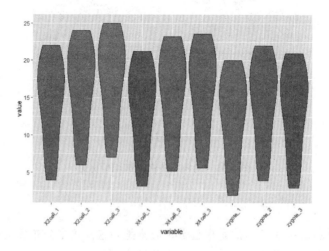

图 5.34　小提琴图

小提琴图默认的坐标范围是数据的最小值到最大值，扁平的尾部是在这两个位置处被截断。若想保留小提琴的尾部，可以通过设置 trim=F 来实现，如图 5.35 所示。

```
> heart<-read.csv("heartCsv.csv",sep=',')
> p<-ggplot(heart,aes(x=as.factor(target),y=age))
> p+geom_violin(trim=F)
```

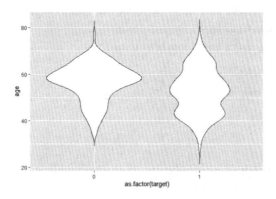

图 5.35　带尾部的小提琴图

可以在小提琴中间叠加一个较窄的箱线图，并用一个白圆圈表示中位数。若不想显示异常点，可设置 outlier.colour=NA，如图 5.36 所示。

```
> p<-ggplot(heart,aes(x=as.factor(target),y=age))
> p+geom_violin()+
  geom_boxplot(width=.1,fill="black",outlier.color=NA)+
  stat_summary(fun=median,geom="point",fill="white",shape=21,size=2.5)
```

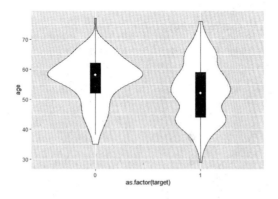

图 5.36　叠加箱线图的小提琴图

默认情况下，系统对小提琴图进行标准化，这使各组数据对应的图形面积相同，如

图 5.37（a）所示。可以通过设置 scale="count"使图形面积与每组观测数目成正比，如图 5.37（b）所示。

```
> table(as.factor(heart$sex))
  0    1
 312  713
> p<-ggplot(heart,aes(x=as.factor(sex),y=target))
> p+geom_violin(trim=F)
> p+geom_violin(trim=F,scale="count")
```

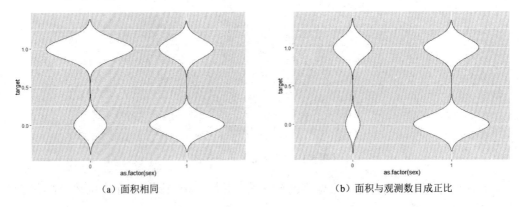

（a）面积相同　　　　　　　　　　（b）面积与观测数目成正比

图 5.37　设置图形面积的小提琴图

若想调整小提琴图的平滑度，可以通过设置参数 adjust 的大小来实现，如图 5.38 所示。该参数默认值为 1，值越大，曲线越平滑。

```
> p<-ggplot(heart,aes(x=as.factor(target),y=age))
> p+geom_violin(adjust=0.5)
> p+geom_violin(adjust=2.5)
```

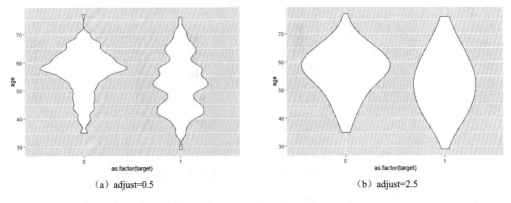

（a）adjust=0.5　　　　　　　　　　（b）adjust=2.5

图 5.38　设置小提琴图的平滑度

5.3.5 火山图

火山图主要用于展示基因差异表达的分布，常常出现在芯片、测序等组学检测技术的结果中。通常情况下，纵轴值与横轴及中心位点的偏离度呈正相关性，因此呈现火山喷发的形状。

【例 5-29】采用数据 volcano.txt 绘制火山图，共有 5 列，含义如下。

1）id：基因名称。

2）log2FoldChange：差异倍数的对数。

3）padj：多重假设检验矫正过的差异显著性 p 值。

4）significant：标记哪些基因是上调、下调和无差异。

5）label：一般用于在图中标记出感兴趣的基因名称。

```
#读数据
> data<-read.table(file="volcano.txt",head=T,row.names=1,sep='\t')
> head(data, n=4)
       log2FoldChange       padj        significant    label
E00007     4.282380    0.000000e+00     EHBIO_UP       A
E00008    -1.103600    4.764668e-01     Unchanged      -
E00009    -0.274368    1.000000e+00     Unchanged      -
E00010     4.623470    7.376061e-103    EHBIO_UP       -
```

显著性是指 p 值差异表达，一般以 Fold Change(倍数变化)$\geqslant 2.0$ 作为标准。当获得基因表达的 p 值和倍数后，为了用火山图展示结果，一般需要把倍数进行 log2 的转化，对 p 值进行-log10 的转化。由于 p 值越小，表示越显著，通过-log10(p value)转化后，转化值越大，表示差异越显著。

```
#设置横轴和纵轴
> ro3<-ggplot(data,aes(x=log2FoldChange,y=-1*log10(padj)))
#显示火山图,如图 5.39 所示
> ro3<-ro3+geom_point()
> ro3
```

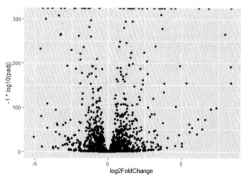

图 5.39　volcano 的火山图

#改变点的颜色,全部设置为红色,如图 5.40(a)所示
```
> ro3<-ro3+geom_point(aes(color="red"))+theme(legend.position = "none")
> ro3
```
#改变点的颜色,由 significant 确定,如图 5.40(b)所示
```
> ro3<-ro3+geom_point(aes(color=significant)); ro3
```

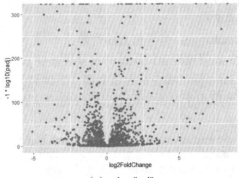

(a)color="red"

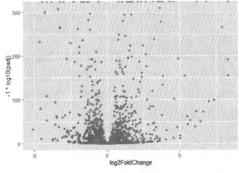

(b)color=significant

图 5.40　设置颜色的火山图

#设置坐标轴的范围和标题,如图 5.41 所示
```
> ro3xy<-ro3+xlim(-4,4)+ylim(0,30)+
  labs(title="volcanoplot",x=expression(log2FoldChange),y=expression
  (-log10(padj)))
> ro3xy
```

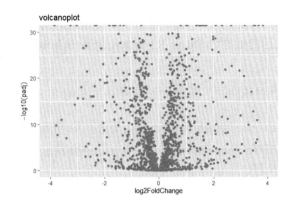

图 5.41 设置坐标轴范围和标题的火山图

#自定义颜色,要与指定颜色数量一致
```
> ro3color<-ro3xy+scale_color_manual(values=c("green","black",
  "yellow", "red"))
> ro3color
```
#添加阈值线,如图 5.42 所示
```
> addline<-ro3color+geom_hline(yintercept=1.3)+
  geom_vline(xintercept=c(-1,1))
> addline
```

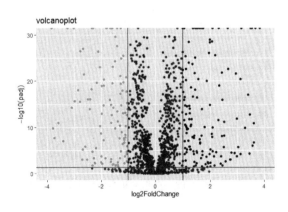

图 5.42 添加阈值线的火山图

#保存图片
```
> ggsave("volcano.pdf",ro3color,width=8,height=8)
```

5.3.6 富集分析气泡图

气泡图与散点图类似,绘制时将一个变量放在横轴,将另一个变量放在纵轴,而第

三个变量则用气泡的大小来表示，可用于展示 3 个变量之间的关系。

【例 5-30】此处采用的数据为 R0-vs-R3.path.richFactor.head20.tsv。

```
#读数据
> pathway<-read.table("R0-vs-R3.path.richFactor.head20.tsv",header
  =T,sep='\t')
#横坐标为 richFactor,纵坐标为 Pathway,如图 5.43 所示
> pp<-ggplot(pathway,aes(richFactor,Pathway))
> pp<-pp+geom_point()
> pp
```

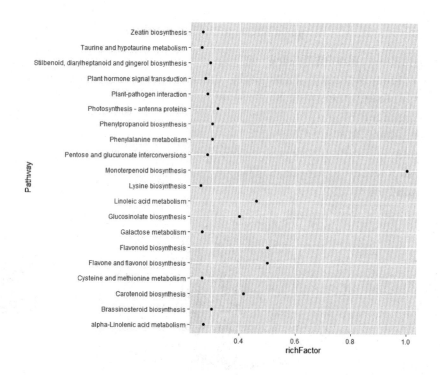

图 5.43   富集分析气泡图

```
#按列变量 R0vsR3 的值改变点的大小
> pp<-pp+geom_point(aes(size=R0vsR3))
> pp
#四维数据的展示
> pbubble<-pp+geom_point(aes(color=-1*log10(Qvalue)))
#自定义渐变色
> pbubble<-pbubble+scale_color_gradient(low="green",high="red")
```

```
> pbubble
#改变主题样式
> pr<-pbubble+labs(color=expression(-log[10](Qvalue)),
  size="Gene number",x="Rich Factor",y="Pathway name",
  title="Top20 of pathway enrichment")+theme_bw()
> pr #如图 5.44 所示
#保存图片
> ggsave("pbubble.jpg")
```

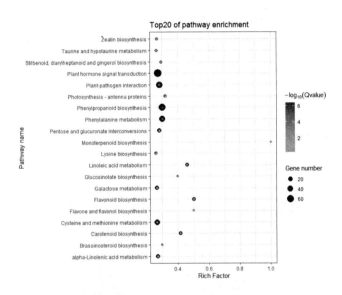

图 5.44　设置选项的富集分析气泡图

5.3.7　等高图/等高线

等高线是指地形图上高度相等的相邻各点所连成的闭合曲线。把地面上海拔相同的点连成的闭合曲线,垂直投影到一个水平面上,并按比例缩绘在图纸上,即可得到等高线。绘制二维等高线主要通过函数 stat_density( )实现。这个函数会给出一个基于数据的二维核密度估计值,然后基于这个估计值来判断各样本点的"等高"性。

【例 5-31】绘制等高线,如图 5.45 所示。

```
> library(ggplot2)
> p<-ggplot(faithful,aes(x=eruptions,y=waiting))
> p+geom_point()+stat_density2d()
```

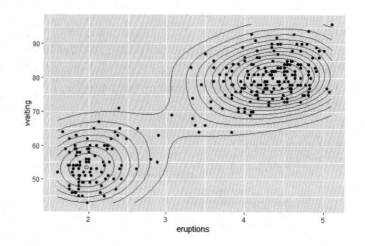

图 5.45　等高线

【例 5-32】使用参数给不同密度的等高线着色，如图 5.46 所示。

```
> p+stat_density2d(aes(colour=..level..))
```

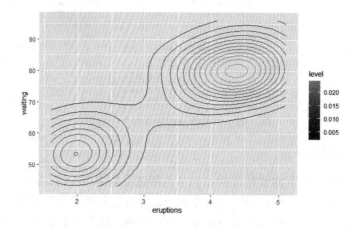

图 5.46　给不同密度的等高线着色

【例 5-33】绘制 wpbc.data 中 V3 和 V4 等高线，并用 V2 值着色，如图 5.47 所示。

```
> wpbc<-read.table("wpbc.data",sep=',')
> p<-ggplot(wpbc,aes(V3,V4,colour=V2))
> p<-p+geom_point()+stat_density2d()
> p
```

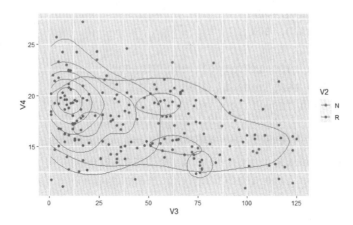

图 5.47 wpbc 数据集的等高线

等高线图也是密度图的一种,因此绘制密度图和绘制等高线图使用的是同一个函数——stat_density( ),只是它们传入的参数不同。下面绘制经典栅格密度图。

【例 5-34】绘制栅格密度图,如图 5.48 所示。

```
> p<-ggplot(wpbc,aes(V3,V4,colour=V2))
> p<-p+geom_point(alpha=0.5,stroke=2,shape=20)
> p+stat_density2d(aes(alpha=..density..),geom="raster",contour=F)
```

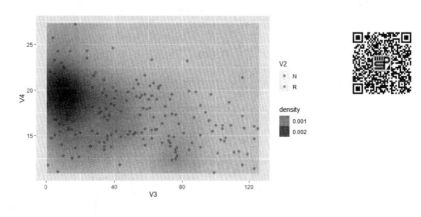

图 5.48 栅格密度图

说明:image(x,y,z,···)用于绘制三维图形的映像;contour(x,y,z,···)用于绘制三维图形的等值线;persp(x,y,z,···)用于绘制三维图形的表面曲线。其中,x、y 是数值型向量,z 是 x 和 y 对应的矩阵(z 的行数是 x 的维数,z 的列数是 y 的维数)。

【例 5-35】绘制三维图形的等值线和三维图形的表面曲线,如图 5.49 和图 5.50 所示。

```
> x<-seq(0,2800,400)
> y<-seq(0,2400,400)
> z<-scan()
1: 1180 1320 1450 1420 1400 1300 700 900
9: 1230 1390 1500 1500 1400 900 1100 1060
17: 1270 1500 1200 1100 1350 1450 1200 1150
25: 1370 1500 1200 1100 1550 1600 1550 1380
33: 1460 1500 1550 1600 1550 1600 1600 1600
41: 1450 1480 1500 1550 1510 1430 1300 1200
49: 1430 1450 1470 1320 1280 1200 1080 940
57:
Read 56 items
> z<-matrix(z,nrow=8)
> contour(x,y,z,levels=seq(min(z),max(z),by=80))  #如图 5.49 所示
```

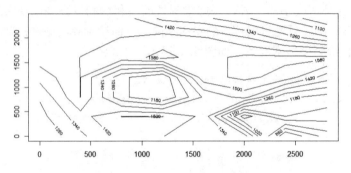

图 5.49　三维图形的等值线

```
> persp(x,y,z)  #如图 5.50 所示
```

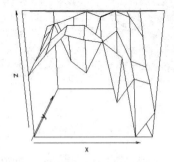

图 5.50　三维图形的表面曲线

【例 5-36】在$[-2\pi,2\pi] \times [-2\pi,2\pi]$的正方形区域内绘制函数 $z=\sin(x)\sin(y)$的等值线和三维曲面图，如图 5.51 和图 5.52 所示。

```
> x<-y<-seq(-2*pi, 2*pi, pi/15)
> f<-function(x,y) sin(x)*sin(y)
> z<-outer(x, y, f)
> contour(x,y,z,col="blue")  #如图 5.51 所示
```

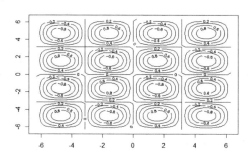

图 5.51　$z=\sin(x)\sin(y)$的等值线

```
> persp(x,y,z,theta=30, phi=30, expand=0.7,col="lightblue")
#如图 5.52 所示
```

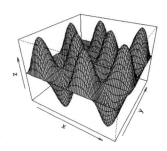

图 5.52　$z=\sin(x)\sin(y)$的三维曲面图

第 3 部分

统 计 分 析

　　统计分析是运用统计方法与分析对象有关的知识，实现定量与定性的结合研究。统计分析在现实工作中具有非常重要的意义，能够完整地反映出被调查对象在某一时期的客观状态，体现某一领域在某个方面的状况，统计分析结果为决策提供了科学依据。统计分析大致分为 5 步：描述数据、研究数据关系、创建数据模型、证明模型的有效性和预测分析。

第6章 统 计 描 述

统计描述和统计推断是统计方法的两个组成部分。其中，统计描述是整个统计学的基础，统计描述可收集可靠的统计数据，并为统计推断提供有效的样本信息。

6.1 描述统计量

根据研究目的确定的同质观察单位的全体称为总体，也就是统计所要研究的事物全体，由具有某种共同属性或特征的众多个体组成。在研究中为了节省人力、物力和时间，通常采取抽样研究方法，即从总体中抽取样本，根据样本信息来推断总体特征。

已知从总体 X 中抽取一组样本数据，即 x_1，x_2，$\cdots$，x_n。对 n 个样本数据进行分析，提取其中的有用信息，即分析数据的主要特征，包括数据的集中趋势、离散趋势和数据分布形状等。

6.1.1 集中趋势

分布集中趋势的测度反映数据一般水平的代表值或数据分布的中心值。常用的有均值（mean）、中位数（median）、分位数等。

1. 均值

均值又称为算术平均数，是数据集中趋势的主要测度值。均值记为 $\bar{x}$，公式为

$$\bar{x} = \frac{x_1 + x_2 + \cdots + x_n}{n} = \frac{1}{n}\sum_{i=1}^{n} x_i \tag{6.1}$$

式中，x_1，x_2，$\cdots$，x_n——样本数据；

n——样本数目。

在 R 软件中，计算样本均值的函数为 mean( )。

格式：

```
mean(x,trim=0,na.rm=FALSE,…)
```

函数 mean( )的返回值是对象 x 的均值。

参数说明如下。

1）x：表示对象（如向量、矩阵、数组）。

2）trim：表示计算均值前去掉与均值差较大数据的比例，默认值为 0，表示全部数据。

3）na.rm：表示是否允许有缺失数据，默认值 FALSE 表示不允许有缺失数据。

【例 6-1】读入数据表 heartCsv.csv 的前 10 行数据，如表 6.1 所示，分别计算 oldpeak 和 thalach 两个属性的均值。

表 6.1　数据表 heartCsv.csv 的前 10 行数据

行号	age	sex	cp	trestbps	chol	fbs	restecg	thalach	exang	oldpeak	slope	ca	thal	target
1	52	1	0	125	212	0	1	168	0	1.0	2	2	3	0
2	53	1	0	140	203	1	0	155	1	3.1	0	0	3	0
3	70	1	0	145	174	0	1	125	1	2.6	0	0	3	0
4	61	1	0	148	203	0	1	161	0	0.0	2	1	3	0
5	62	0	0	138	294	1	1	106	0	1.9	1	3	2	0
6	58	0	0	100	248	0	0	122	0	1.0	1	0	2	1
7	58	1	0	114	318	0	2	140	0	4.4	0	3	1	0
8	55	1	0	160	289	0	0	145	1	0.8	1	1	3	0
9	46	1	0	120	249	0	0	144	0	0.8	2	0	3	0
10	54	1	0	122	286	0	0	116	1	3.2	1	2	2	0

```
> heart<-read.csv("heartCsv.csv",sep=',')
> heart10<-heart[1:10,]
> mean(heart10$thalach)
[1] 138.2
> mean(heart10$oldpeak)
[1] 1.88
```

使用函数 mean( )时需要注意以下几点。

1）当 x 是矩阵（或数组）时，函数 mean( )的返回值为全部数据的平均值。

```
> age<-as.matrix(heart10$age)
> dim(age)<-c(2,5)
> age
     [,1]  [,2]  [,3]  [,4]  [,5]
[1,]   52    70    62    58    46
[2,]   53    61    58    55    54
> mean(age)
[1] 56.9
```

2）当 x 是数据框时，函数 mean( )的返回值会报错。

```
> mean(heart)
```

```
[1] NA
Warning message:
In mean.default(heart)：参数不是数值也不是逻辑值：返回 NA
```

3）当 x 是矩阵（或数组）时，若想计算矩阵各行或各列的均值，需要使用函数 apply( )。

```
> apply(age,1,mean)    #1 表示对行求均值
[1] 57.6  56.2
> apply(age,2,mean)    #2 表示对列求均值
[1] 52.5  65.5  60.0  56.5  50.0
```

4）若统计数据时发生数据采集错误与测量错误或存在变异数据，则会出现离群值或异常值。为了避免异常值影响样本均值，可设置参数 trim，在计算均值前按一定比例去掉异常值，trim 的取值范围为[0,0.5]。

```
> age[1,5]<-200
> mean(age)
[1] 72.3
> mean(age,trim=0.1)
[1] 58.875
```

5）若样本数据中存在缺失值，则需要设置参数 na.rm=TRUE，否则无法得到正确结果。

```
> age[1,5]<-NA
> mean(age)
[1] NA
> mean(age,na.rm=TRUE)
[1] 58.11111
```

2. 几何平均数

几何平均数用于反映一组经对数转换后呈对称分布或数据之间呈倍数关系或近似倍数关系的资料的平均水平。医学研究中常用于表示平均滴度、平均抗体效价等。几何平均数用 G 来表示，公式为

$$G = \sqrt[n]{x_1 \cdots x_n} = e^{\left(\frac{1}{n}\sum_{i=1}^{n}\ln(x_i)\right)} \tag{6.2}$$

R 软件没有提供单独计算几何平均数的函数，用户可以通过自定义函数来实现。

```
> mean_fun<-function(x){g<-exp(mean(log(x),na.rm=T)); return(g)}
```

【例 6-2】10 名易感儿童注射麻疹疫苗 30 天后，测定其血液中血凝抑制剂抗体滴度，

测量值分别为 1∶8、1∶16、1∶64、1∶16、1∶128、1∶64、1∶32、1∶8、1∶64、1∶32，计算其平均抗体滴度水平。

```
> x<-c(8,16,64,16,128,64,32,8,64,32)
> mean_fun(x)
[1] 29.85706
```

因此，该疫苗平均抗体滴度为 1∶29.86。

3. 中位数

中位数是数据排序后，位置在最中间的数值。中位数记为 m_e，公式为

$$m_e = \begin{cases} x_{\left(\frac{n+1}{2}\right)}, & n\text{为奇数} \\ \left(x_{\left(\frac{n}{2}\right)} + x_{\left(\frac{n}{2}+1\right)}\right)/2, & n\text{为偶数} \end{cases} \tag{6.3}$$

在计算中位数前必须保证数据是有序的，即为顺序统计量，$x_1 \leqslant x_2 \leqslant \cdots \leqslant x_n$。在 R 软件中，函数 sort( )用于生成样本的顺序统计量。

格式：

```
sort(x,na.last=NA,decreasing=FALSE,index.return=FALSE,…)
```

参数说明如下。

1）x：表示向量。

2）na.last：控制缺失数据的参数。缺省时表示不处理缺失数据；值为 TRUE 时，缺失数据排在最后；值为 FALSE 时，缺失数据排在最前。

3）decreasing：表示排列的顺序。默认值为 FALSE，表示升序；值为 TRUE 时，表示降序。

4）index.return：控制排序下标的返回值。取值为 FALSE 时，不返回索引向量；取值为 TRUE 时，函数结果返回一个列表，列表的第一个变量$x 是排序的顺序，第二个变量$ix 是排序顺序的下标对应值。

```
> sort(age,decreasing=T,index.return=T)
$x
[1] 70 62 61 58 58 55 54 53 52
$ix
[1] 3 5 4 6 7 8 9 2 1
```

在 R 软件中，函数 median( )用于计算中位数。

格式：

```
median(x,na.rm=FALSE)
```

```
> chol<-heart10$chol
> sort(chol)
[1] 174 203 203 212 248 249 286 289 294 318
> median(chol)
[1] 248.5
```

4. 分位数

分位数是指将一个随机变量的概率分布范围分为几个等份的数值点，常用的有中位数（即二分位数）、四分位数、百分位数等。在实际应用中，上四分位数和下四分位数较为重要。在 R 软件中，函数 quantile( )用于计算观测量的百分位数。

格式：

```
quantile(x, probs=seq(0, 1, 0.25),na.rm=FALSE,names=TRUE,…)
```

参数说明如下。

1）x：表示数值向量，数值向量中不允许使用 NA 和 NaN 值，除非 na.rm=TRUE。

2）probs：指定百分位数，值为[0,1]中的概率数值向量。

3）names：为逻辑值。若取值为 TRUE，则结果具有 names 属性；若取值为 FALSE，则仅显示 probs 的具体结果。

```
> quantile(heart10$chol)  #默认为四分位数
   0%     25%     50%     75%    100%
174.00  205.25  248.50  288.25  318.00
> quantile(heart10$chol,names=F)  #不显示名称
[1] 174.00 205.25 248.50 288.25 318.00
> quantile(heart10$chol,probs=seq(0,1,0.1))  #十分位数
  0%    10%    20%    30%    40%    50%    60%    70%    80%    90%   100%
174.0  200.1  203.0  209.3  233.6  248.5  263.8  286.9  290.0  296.4  318.0
```

5. 五数总括

五数总括法用 5 个数来概括数据：最小值（min）、下四分位数（Q_1）、中位数（m_e）、上四分位数（Q_3）、最大值（max）。在 R 软件中，使用函数 fivenum( )计算样本的五数总括。

格式：

```
fivenum(x,na.rm=TRUE)
```

参数说明如下。

x 是数值向量，允许有缺失值（NA）和+/-Inf。

```
> fivenum(heart$chol)
[1] 126 211 240 275 564
> x<-c(1:10)
> length(x)
[1] 10
> fivenum(x)
[1] 1.0  3.0  5.5  8.0  10.0
> y<-c(1:10,NA)
> length(y)
[1] 11
> fivenum(y)
[1] 1.0  3.0  5.5  8.0  10.0
> z<-c(1:10,NA,-Inf)
> length(z)
[1] 12
> fivenum(z)
[1] -Inf  2.5  5.0  7.5 10.0
```

6.1.2 离散趋势

离散趋势描述的是一组数据靠近其集中趋势的程度，即反映分布离散和差异程度。统计指标有极差（range）、四分位差、方差、标准差和变异系数。

1. 极差和四分位差

极差又称为全距，是数据最大值与最小值之差。极差用 R 表示，公式为

$$R = \max(x) - \min(x) \tag{6.4}$$

式中，$\max(x)$——样本最大值；

  $\min(x)$——样本最小值。

若 $x_{(n)}$ 和 $x_{(1)}$ 是用顺序统计量表示的最大值和最小值，则

$$R = x_{(n)} - x_{(1)} \tag{6.5}$$

样本上四分位数（Q_3）与下四分位数（Q_1）的差称为四分位差（或称为半极差），记为 R_1，即

$$R_1 = Q_3 - Q_1 \tag{6.6}$$

自定义极差函数和四分位差函数如下。

```
> R<-function(x){return(max(x)-min(x))}  #定义极差函数 R
> R(heart10$age)
[1] 24
```

```
> R1<-function(x){ #定义四分位差函数 R1
  return(quantile(x,seq(0,1,0.25),names=F)[4]-quantile(x,seq(0,1,
  0.25),names=F)[2])}
> R1(heart10$age)
[1] 7
```

还可以使用函数 range( )来定义极差。

```
> R<-function(x){return(range(x)[2]-range(x)[1])}
```

2. 方差和标准差

方差是描述所有观测观察值与均值的平均离散程度的指标，表示一组数据的平均离散程度。方差越大，意味着数据间离散程度越大，变异程度越大。总体方差用 σ^2 表示，样本方差用 s^2 表示，公式为

$$\sigma^2 = \frac{1}{N}\sum_{i=1}^{N}(x_i - \mu)^2$$

$$s^2 = \frac{1}{n-1}\sum_{i=1}^{n}(x_i - \overline{x})^2 \tag{6.7}$$

式中，$n-1$——自由度，反映分布或数据中与均值离差信息的个数。

样本标准差是样本方差的平方根，记为 s，即

$$s = \sqrt{s^2} = \sqrt{\frac{1}{n-1}\sum_{i=1}^{n}(x_i - \overline{x})^2} \tag{6.8}$$

在 R 软件中，使用函数 vax( )计算样本方差，使用函数 sd( )计算样本标准差。

```
> var(heart10$chol)
[1] 2329.156
> sd(heart10$chol)
[1] 48.26133
```

3. 变异系数

变异系数多用于观察指标单位不同或均值相差较大的情况，是两组数据差异程度的相对比较。变异系数用 CV 表示，公式为

$$CV = \frac{s}{\overline{x}} \tag{6.9}$$

式中，s——样本标准差；

　　　$\overline{x}$——样本均值。

CV 的计算可用公式法实现。

【例 6-3】某地区 10 岁男童的身高平均数为 140.8cm，标准差为 7.0cm；体重平均数为 35.6kg，标准差为 7.0kg。试比较其变异程度的大小。

```
> cv1<-7/140.8; cv1
[1] 0.04971591
> cv2<-7/35.6; cv2
[1] 0.1966292
```

结论：该地 10 岁男童体重的变异程度较身高大。

【例 6-4】自定义变异系数函数 cv，求 heart10 的 chol 变异系数。

```
> cv<-function(x){return(sd(x)/mean(x))}
> cv(heart10$chol)
[1] 0.1949165
```

6.1.3 分布形状的度量

对于正态分布，只要知道均值和方差就可以确定分布。但对于未知分布，需要全面了解数据的特点，不仅要掌握数据的集中趋势和离散趋势，还要知道数据分布的形状是否对称、偏斜程度及分布的扁平程度等。偏态和峰度就是对分布形状的测度。

偏态是对分布偏斜方向及程度的测度，需要计算偏态系数（skewness），记为 SK，公式为

$$SK = \frac{n}{(n-1)(n-2)s^3} \sum_{i=1}^{n} (x_i - \overline{x})^3 \qquad (6.10)$$

式中，s——样本标准差；

$\overline{x}$——样本均值；

n——样本数目。

当分布对称时，离差 3 次方后正负离差可以相互抵消，因而 SK=0。当分布不对称时，SK>0 表示正偏或右偏，即有一条长尾巴拖在右侧，数据右端有较多的极端值，数据均值右侧的离散程度强；反之，为负偏或左偏。SK 值越大，表示偏斜的程度越大。自定义偏态计算函数如下。

```
> SK<-function(x){
 n<-length(x)
 m<-mean(x)
 s<-sd(x)
 return((n/((n-1)*(n-2)*s^3))*sum((x-m)^3))}
```

【例 6-5】通过自定义函数测试 heart10 数据集中的 age 偏态情况，如图 6.1 所示。

```
> SK(heart10$age)
[1] 0.4676662
> plot(heart10$age)
> lines(heart10$age)
```

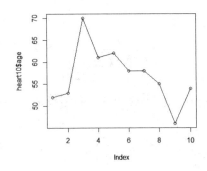

图 6.1 heart10 数据集中的 age 偏态情况

从结果可知，偏度系数大于 0，说明是右偏，与绘制出的图形相符合。

峰度（kurtosis）是对数据分布平峰或尖峰程度的测度。如果一组数据服从标准正态分布，则峰度系数为 0；峰度系数大于 0 表示该总体数据分布与正态分布相比较为陡峭，为尖顶峰；峰度系数小于 0 表示该总体数据分布与正态分布相比较为平坦，为平顶峰。峰度系数记为 K，公式为

$$K = \frac{n(n+1)}{(n-1)(n-2)(n-3)s^4} \sum_{i=1}^{n} \left((x_i - \overline{x})^4 - 3\frac{(n-1)^2}{(n-2)(n-3)} \right) \tag{6.11}$$

自定义峰度计算函数如下。

```
> K<-function(x){
  n<-length(x)
  m<-mean(x)
  s<-sd(x)
  return((n*(n+1))/((n-1)*(n-2)*(n-3)*s^4))*sum((x-m)^4-(3*(n-1)^2)/
  ((n-2)*(n-3)))
```

6.2 数据常用分布、随机抽样及正态性检验

了解数据的总体分布情况，有助于把握样本的基本特征。在抽样过程中，随机变量可服从某种分布来产生随机数。下面通过随机数的产生来了解数据分布。R 软件提供了典型分布的计算函数。

6.2.1 数据常用分布

1. 均匀分布

均匀分布是最简单的连续随机变量，它表示在区间$[a,b]$的任意等长度区间内事件出

现的概率相同。概率密度函数为

$$f(x)=\begin{cases}\dfrac{1}{b-a}, & a\leqslant x\leqslant b\\ 0, & 其他\end{cases}\qquad(6.12)$$

在 R 软件中，使用函数 runif( )生成均匀分布随机数。

格式：

```
runif(n,min=0,max=1)
```

参数说明如下。

1）n：生成的随机数数量。

2）min 和 max：分别表示均匀分布的下限和上限，默认为[0,1]区间上的均匀分布。

【例 6-6】生成均匀分布数据。

```
> u<-runif(100,100,200)    #均匀分布区间为[100,200]
> plot(density(u))         #绘制密度曲线图,如图 6.2(a)所示
> u<-runif(100000)         #默认均匀分布区间为[0,1]
> plot(density(u))         #绘制密度曲线图,如图 6.2(b)所示
```

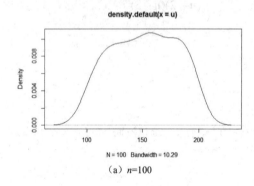
（a）n=100
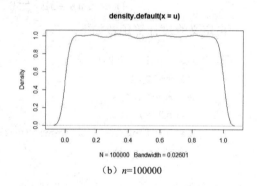
（b）n=100000

图 6.2 均匀分布

通过两个服从均匀分布的随机数的密度曲线可以看出，随机产生的数据越多，分布越均匀。

2. 二项分布

二项分布指每次试验只有两种可能结果，如药物毒理试验（生存、死亡）、新药疗效（有效、无效）、生化检测（阴性、阳性）、调查疾病情况（患病、未患病）等。概率密度函数为

$$f(x\,|\,n,p) = \binom{n}{p} p^x (1-p)^{n-x}, \quad x=0,1,\cdots,n \qquad (6.13)$$

式中，n——试验次数；

x——试验成功次数；

p——一次试验中成功的概率。

在 R 软件中，生成二项分布随机数的函数是 rbinom( )。

格式：

```
rbinom(n,size,prob)
```

参数说明如下。

1）n：生成的随机数数量。

2）size：进行伯努利试验的次数。

3）prob：一次伯努利试验成功的概率。

【例6-7】生成 10 个随机数，每个随机数为 100 次试验中成功概率为 0.5 的次数。

```
> rbinom(10,100,0.5)
 [1] 50 52 57 52 45 50 56 45 48 47
```

【例6-8】分别绘制 10 次试验中成功概率为 0.5，生成随机数为 10、100、1000 的直方图，进行比较分析，如图 6.3 所示。

```
> hist(rbinom(10,10,0.5))
> hist(rbinom(100,10,0.5))
> hist(rbinom(1000,10,0.5))
```

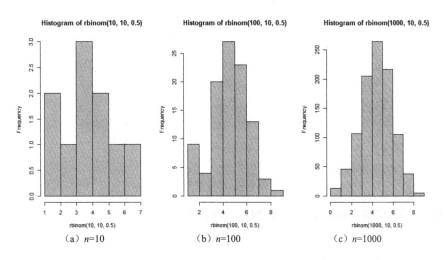

（a）n=10 （b）n=100 （c）n=1000

图 6.3 不同随机数的二项分布直方图

从图 6.3 中可以看出，随着试验次数的增加，二项分布越来越接近于正态分布。

3. 泊松分布

泊松分布属于一种离散型分布，用以描述单位时间、面积、空间范围内某种罕见事件发生的次数。服从泊松分布的医学现象有单位时间内接收到的放射性物质的发射线数、单位容积水中大肠杆菌的数量、粉尘在单位空间的分布等。概率密度函数为

$$f(x) = \frac{e^{-\lambda}\lambda^x}{x!}, \quad x = 0,1,2,\cdots n \qquad (6.14)$$

在 R 软件中，使用函数 rpois( ) 生成泊松分布随机数。

格式：

```
rpois(n,lambda)
```

参数说明如下。

1）n：生成的随机数数量。

2）lambda：随机事件发生的平均次数。

【例 6-9】生成服从泊松分布的数据，如图 6.4 所示。

```
> lambda<-5
> n<-seq(0,50)
> plot(n,dpois(n,lambda),type='h',main='Poisson distribution,
  lambda=5',xlab='n')
```

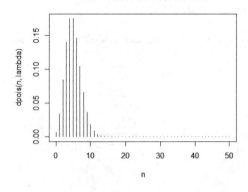

图 6.4　泊松分布 1

【例 6-10】生成服从泊松分布的数据，如图 6.5 所示。

```
> x<-1:50
> y<-rpois(x,25)
```

```
> plot(x,y,type='l')        #如图6.5(a)所示
> plot(x,dpois(x,25))       #如图6.5(b)所示
```

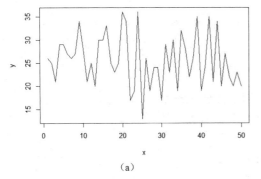
（a）

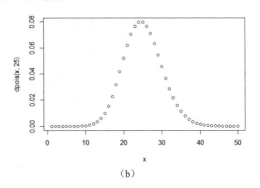
（b）

图 6.5　泊松分布 2

4. 指数分布

因为指数分布只可能取非负实数，所以它被用作各种"寿命"分布的近似分布，如电子元器件的寿命、随机服务系统中的服务时间等。概率密度函数为

$$f(x;\lambda)=\begin{cases}\lambda e^{-\lambda x}, & x\geqslant 0 \\ 0, & x<0\end{cases} \tag{6.15}$$

式中，λ——参数。

在 R 软件中，使用函数 rexp( )生成指数分布随机数。

格式：

```
rexp(n,rate=1)
```

参数说明如下。

1）n：生成的随机数数量。

2）rate：速率，rate=1/mean（mean 为指数分布的均值）。

【例6-11】生成 100 个均值为 10 的指数分布随机数，如图 6.6 所示。

```
> x=rexp(100,1/10)         #生成 100 个均值为 10 的指数分布随机数
> hist(x,prob=T,col=gray(0.9),main="均值为 10 的指数分布随机数")
> curve(dexp(x,1/10),add=T) #添加指数分布密度线，如图 6.6 所示
```

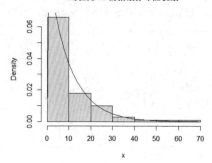

图 6.6　指数分布

5. 正态分布

正态分布是最常见、最重要的概率分布。现实生活中许多常见的随机现象均服从或近似服从正态分布。其分布图形如倒立的钟形且呈对称分布。概率密度函数为

$$f(x) = \frac{-1}{\sqrt{2\pi}\sigma} e^{-\frac{(x-\mu)^2}{2\sigma^2}} \tag{6.16}$$

式中，μ——均值；

σ^2——方差。

在 R 软件中，使用函数 rnorm( ) 生成正态分布随机数。

格式：

```
rnorm(n, mean=0, sd=1)
```

参数说明如下。

1）n：生成的随机数数量。

2）mean：正态分布的均值。

3）sd：正态分布的标准差。

【例 6-12】根据 3 组不同的均值和标准差（mean=0, sd=0.5；mean=0, sd=1；mean=2, sd=0.5），分别绘制正态分布概率密度函数图，如图 6.7 所示。

```
> plot(density(rnorm(100000,0,0.5)),xlim=c(-5,5))
> lines(density(rnorm(100000,0,1)),col="red")
> lines(density(rnorm(100000,2,0.5)),col="blue")
> abline(v=c(0,2),lty=3)
```

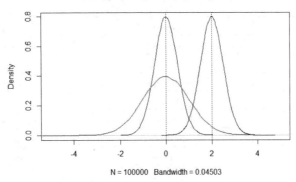

图 6.7 正态分布

从图 6.7 中可知：改变均值使正态分布图形发生水平方向的偏移，不会改变它的形状；改变标准差，则位置不变，形状会发生变化。

如果给定一种概率分布，通常会有 4 类计算问题：随机模拟 random(r)、概率密度 density(d)、概率分布 probability(p)、分位数 quantile(q)。其函数代号及作用如表 6.2 所示。

表 6.2 与分布相关的函数代号及作用

函数代号	函数作用
r-	生成相应分布的随机数
d-	生成相应分布的密度函数
p-	生成相应分布的累积概率密度函数
q-	生成相应分布的分位数函数

注：表中的"-"可替换为任意函数名。

R 中常见的函数、分布和参数如表 6.3 所示。

表 6.3 R 中常见的函数、分布和参数

R 函数	分布	参数
beta	beta	shape1,shape2
binom	binomial	sample,size,probability
cauchy	Cauchy	location,scale
exp	exponential	rate(optional)
chisq	Chi-squared	degrees of freedom
f	Fisher'F	df1,df2
gamma	gamma	shape
geom	geometric	shape

R 函数	分布	参数
hyper	hypergeometric	probability
lnorm	lognormal	mean,standard deviation
logis	logistic	location,scale
nbinom	negative binomial	size,probability
pois	Poisson	mean
signrank	Wilcoxon signed ran	k sample size n
t	Student's t	degree of freedom
unif	uniform	minimum, maximum
weibull	Weibull	shape
wilcox	Wilcoxon rank sum	m,n

6.2.2　随机抽样

在收集数据的过程中，绝大多数情况下是采取抽样方法抽取若干代表性样本进行数据分析，然后再次采用抽样技术选取训练集和测试集。有 3 种基本抽样方法，即简单随机抽样、分层抽样和整群抽样。每种抽样方法都有自己的函数和软件包，如表 6.4 所示。

表 6.4　抽样方法用到的软件包和函数

软件包	函数	函数意义
base（无须下载）	sample( )	简单随机抽样
sampling（要下载）	stratr( )	分层抽样
	cluster( )	整群抽样

1．简单随机抽样

随机抽样可由函数 sample( )来实现，分为等可能的放回、不等可能的放回和不放回 3 种随机抽样情况。

格式：

```
sample(x,n,replace=F,prob=NULL)
```

参数说明如下。

1）x：要抽取的向量，可以是数值向量、字符向量、逻辑向量。

2）n：样本容量。

3）replace：表示有/无放回，默认为无放回抽样，replace=TRUE 表示有放回抽样。

4）prob：可以设置各个抽样单元的概率，默认为等概率抽样。

【例 6-13】 简单随机抽取示例。

```
#从 1～20 中随机抽取 5 个数,以下两种命令均可
> sample(1:20,5)
> sample(20,5)
#从 1～54 中有放回地随机抽取 10 个数
> sample(1:54,10,replace=T)
[1] 37 20 39 26 33 29 15 24 29 37
#某疾病患病率为 30%,模拟 100 次患者的患病（A）和未患病（C）情况
> x<-sample(c('A','C'),100,replace=T,prob=c(0.3,0.7))
> table(x)  #统计抽样 x 的频数
 x
  A   C
 29  71
#从数据集 heart 的总观测数中无放回地随机抽取 10 行序号
> sub1<-sample(nrow(heart),10)
> sub1
 [1] 270  921  38  274  250  329  135  6  761  276
#输出抽取到的 10 行数据
> heart[sub1,]
#从数据集 heart 中无放回地随机抽取 5 行数据
> heart[sample(nrow(heart),5),]
    age sex cp trestbps chol fbs restecg thalach exang oldpeak slope ca thal target
305  52   0  2    136    196   0    0       169     0     0.1    1    0   2     1
537  50   0  2    120    219   0    1       158     0     1.6    1    0   2     1
130  57   1  0    140    192   0    1       148     0     0.4    1    0   1     1
681  42   1  1    120    295   0    1       162     0     0.0    2    0   2     1
143  61   1  3    134    234   0    1       145     0     2.6    1    2   2     0
```

bootstrap 重抽样是一种重复抽样（resampling）方法，基本思想是在原始数据的范围内做有放回的再抽样，样本含量仍为 n，原始数据中每个观察单位每次被抽到的概率相等，为 $1/n$，所得样本称为 bootstrap 样本。

【例 6-14】 以 heart 数据集为例进行 bootstrap 重抽样。

```
> attach(heart)
> sample1<-sample(chol,100,replace=T)
> sample2<-sample(chol,500,replace=T)
> par(mfrow=c(1,3))
> hist(chol,breaks=20,main='chol',probability=T,col='lightblue')
> lines(density(chol),col='red',lwd=2)        #如图 6.8（a）所示
```

```
> hist(sample2,breaks=20,main='chol',probability=T,col='lightblue')
> lines(density(sample2),col='red',lwd=2)    #如图 6.8（b）所示
> hist(sample1,breaks=20,main='chol',probability=T,col='lightblue')
> lines(density(sample1),col='red',lwd=2)    #如图 6.8（c）所示
```

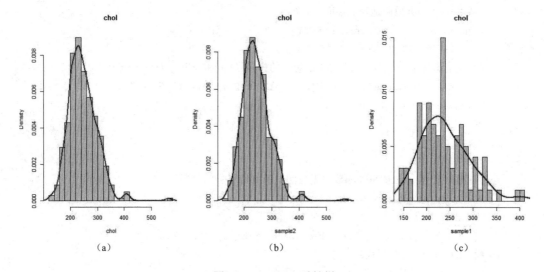

图 6.8　bootstrap 重抽样

从图 6.8 中可知，抽样数量越大，其分布越接近总体情况。

2. 分层抽样

分层抽样指将调查的总体按照某种特征分成若干层，然后在每层中进行随机抽样的方法。需要先安装 sampling 包。

```
> install.packages("sampling")
> library(sampling)
```

分层抽样通过函数 strata( )来实现。
格式：

```
strata(data,stratanames=NULL,size,method=c("srswor","srswr","poisson",
"systematic"),pik,description=FALSE)
```

参数说明如下。
1）data：待抽样数据集。
2）stratanames：在其中放置进行分层所依据的变量名称。

3）size：用于设置各层中将要抽出的观测样本数，其顺序应当与数据集中该变量各水平出现顺序一致，且在使用该函数前，应当首先对数据集按照该变量进行升序排序。

4）method：用于选择其中列出的 4 种抽样方法，分别为无放回（srswor）、有放回（srswr）、泊松（poisson）、系统抽样（systematic），默认为 srswor。

5）pik：用于设置各层中各样本的抽样概率。

6）description：用于选择是否输出含有各层基本信息的结果。

【例 6-15】对数据集 heart 按照 target 变量进行分层抽样，且 0 与 1 两种情况分别抽取 5 和 10 个样本。

```
> sub<-strata(heart,stratanames="target",size=c(5,10),method='srswor')
> sub
```

	target	ID_unit	Prob	Stratum
255	0	255	0.01002004	1
590	0	590	0.01002004	1
712	0	712	0.01002004	1
768	0	768	0.01002004	1
1022	0	1022	0.01002004	1
87	1	87	0.01901141	2
204	1	204	0.01901141	2
342	1	342	0.01901141	2
416	1	416	0.01901141	2
469	1	469	0.01901141	2
591	1	591	0.01901141	2
648	1	648	0.01901141	2
708	1	708	0.01901141	2
775	1	775	0.01901141	2
784	1	784	0.01901141	2

从结果可知，每层中每个样本被抽取的概率是相等的。最后一列 Stratum 为该样本所属的层号。

```
#通过函数 getdata()可获取分层抽样所得的数据集
> sub_data<-getdata(heart,sub[1:3])
#显示前三行的内容
> sub_data[1:3,]
    age sex cp trestbps chol fbs restecg thalach exang oldpeak slope ca thal target
255  35   1  0      120  198   0       1     130     1     1.6     1  0    3      0
590  54   1  0      122  286   0       0     116     1     3.2     1  2    2      0
712  35   1  0      120  198   0       1     130     1     1.6     1  0    3      0
```

163

数据分析与 R 语言

	ID_unit	Prob	Stratum
255	255	0.01002004	1
590	590	0.01002004	1
712	712	0.01002004	1

3. 整群抽样

整群抽样是将总体分成若干群，以群组为抽样单位进行随机抽样，被抽到的群组中的全部个体作为调查对象。

使用函数 cluster( )实现整群抽样。

格式：

```
cluster(data,clustername,size,method=c("srswor","srswr","poisson",
"systematic"),pik,description=FALSE)
```

参数说明如下。

1）clustername：用于指定分群的变量名称。

2）size：需要抽取的群数。

【例 6-16】整群抽样示例。

```
> c<-cluster(heart,clustername="thal",size=2,method="srswor",
description=T)
 Number of selected clusters:2
 Number of units in the population and number of selected units: 1025 71
```

从结果可知，抽取 2 个整群，包括 1025 行数据中的 71 行。

```
> getdata(heart,c) #显示具体数据集信息
```

由于从 4 个群中选取 2 个，因此等概率抽样为 0.5。若从 4 个群中选择 3 个，则概率为 0.75。

```
#进行系统抽样,指定每个群的抽样概率
> d<-cluster(heart,clustername="thal",size=3,method='systematic',
  pik=c(0.1,0.2,0.3,0.4),description=T)
Number of selected clusters: 3
Number of units in the population and number of selected units: 1025 474
```

【例 6-17】 指定种子的随机抽样。

```
> set.seed(123)
> sample1<-rnorm(5)
> sample1
[1] -0.56047565  -0.23017749  1.55870831  0.07050839  0.12928774
> set.seed(123)
> sample2<-rnorm(5)
> sample2
[1] -0.56047565  -0.23017749  1.55870831  0.07050839  0.12928774
```

> 注意

　　如果不设置种子，生成的随机数就无法重现，即每次随机结果都不相同。若想让结果具有可重复性，可采用函数 set.seed( )在随机抽样前先设置生成随机数的种子。只要种子相同，生成的随机数就是相同的。

　　函数 set.seed( )只对运行该命令后的第一次随机产生结果有效。所以，每次随机前都要设置相同的种子数才能获得相同的随机数。

6.2.3　正态性检验

　　很多时候，我们无法获得总体信息，因此需要用单一样本中获取的样本信息来估计总体的参数信息，但在执行相关推断之前，需要验证一些假定是否满足。通常数据分析假设有随机的、独立的、正态分布、等方差、稳定。下面介绍两种正态性检验方法。

1. QQ 图法

　　QQ 图用于检验样本是否服从某种分布状态，样本越是服从某种分布规则，绘制的QQ 图越会趋于一条直线。函数 qqnorm( )用于绘制正态分布的 QQ 图，函数 qqline( )用于绘制 QQ 图的近似直线。

　　【例 6-18】 随机生成一组服从正态分布的数据，进行正态性检验，如图 6.9 所示。

```
> x<-rnorm(1000)
> plot(density(x),lwd=2)          #如图 6.9（a）所示
> qqnorm(x)
> qqline(x,col='red',lwd=3)       #如图 6.9（b）所示
```

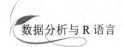

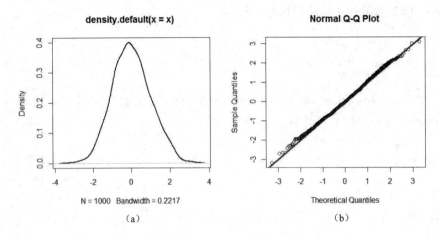

图 6.9　正态性检验 1

【例 6-19】以 iris 数据集中的 Petal.Width 属性为例，检验其正态性，如图 6.10 所示。

```
> plot(density(iris$Petal.Width))          #如图 6.10（a）所示
> qqnorm(iris$Petal.Width)
> qqline(iris$Petal.Width,lwd=2,col="red")   #如图 6.10（b）所示
```

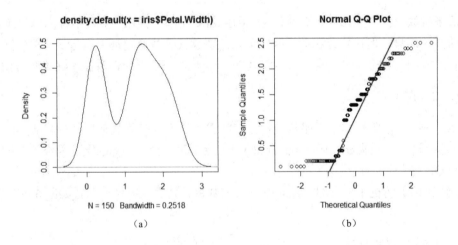

图 6.10　正态性检验 2

对图 6.9 和图 6.10 进行比较发现：QQ 图中的散点构成的直线与 $y=x$ 直线吻合程度越高，说明正态性越好；反之，偏离较大，说明不符合正态分布。

2. Shapiro-Wilk 检验方法

Shapiro-Wilk 检验是由 Samuel Shapiro 和 Martin Wilk 提出的，又称为 W 检验，主要检验研究对象是否符合正态分布。类似于线性回归方法，检验其与回归曲线的残差。该方法只适用于小样本场合（$3 \leqslant n \leqslant 50$）。利用 Shapiro-Wilk 的 W 统计量进行正态性检验，统计量 W 的计算公式为

$$W = \frac{\left(\sum\limits_{i=1}^{n} a_i x_i \right)^2}{\sum\limits_{i=1}^{n} (x_i - \overline{x})^2} \tag{6.17}$$

统计量 W 最大值为 1，越接近 1，表示样本与正态分布越匹配。

在 R 软件中，函数 shapiro.test( ) 提供 W 统计量和相应的 p 值。

格式：

```
shapiro.test(x)
```

参数说明如下。

x 是数据向量。

根据结果进行分析，当 $p < \alpha$（$\alpha = 0.05$）时，认为样本不是来自正态分布的总体，否则为正态分布。

【例 6-20】 分别对例 6-18 中的向量 x 和例 6-19 中的 Petal.Width 变量使用 Shapiro-Wilk 检验的 W 统计量进行正态性检验。

```
> shapiro.test(x)
 Shapiro-Wilk normality test
 data: x
 W=0.978, p-value=0.9493
> shapiro.test(iris$Petal.Width)
 Shapiro-Wilk normality test
 data: iris$Petal.Width
 W=0.90183, p-value=1.68e-08
```

x 的 p-value=0.9493>0.05，说明符合正态分布；iris\$Petal.Width 的 p-value=1.68×10^{-8}< 0.05，说明不符合正态分布。结论与 QQ 图相同。

6.3 多元数据分布

单组数据的分布可以使用直方图、茎叶图和箱线图来描述。它们都是基于一元总体 X，而在实际工作中，许多数据来自多元数据总体，即 $(X_1, X_2, \cdots, X_p)^T$，因此，需要进行多元数据（即各个分量）间的相关分析。

6.3.1 二元变量数据分析

设二元变量数据为 (X^T, Y^T)，其样本观测矩阵为

$$\begin{bmatrix} x_1 & y_1 \\ \vdots & \vdots \\ x_n & y_n \end{bmatrix}$$

均值向量为 $(\bar{x}, \bar{y})$，其中：

$$\bar{x} = \frac{1}{n} \sum_{i=1}^{n} x_i, \quad \bar{y} = \frac{1}{n} \sum_{i=1}^{n} y_i \tag{6.18}$$

变量 X 和 Y 的协方差矩阵为

$$S = \begin{bmatrix} S_{xx} & S_{xy} \\ S_{xy} & S_{yy} \end{bmatrix} \tag{6.19}$$

式中，S_{xx}——变量 X 的方差，$S_{xx} = \frac{1}{n-1} \sum_{i=1}^{n} (x_i - \bar{x})^2$；

S_{yy}——变量 Y 的方差，$S_{yy} = \frac{1}{n-1} \sum_{i=1}^{n} (y_i - \bar{y})^2$；

S_{xy}——X 和 Y 的协方差，$S_{xy} = \frac{1}{n-1} \sum_{i=1}^{n} (x_i - \bar{x})(y_i - \bar{y})$。

相关系数用 r 表示，即

$$r = \frac{S_{xy}}{\sqrt{S_{xx}} \sqrt{S_{yy}}} \tag{6.20}$$

在 R 软件中，使用函数 cov( ) 计算协方差矩阵。

格式：

```
cov(x,y=NULL,use="everything",method=c("pearson","kendall","spearman"))
```

使用函数 cor( ) 计算相关系数。

格式：

```
cor(x,y=NULL,use="everything",method=c("pearson","kendall","spearman"))
```

其中，x 和 y 是数值型向量、矩阵或数据框，两者的维数相同，y 可以省略。

【例 6-21】 以数据集 heart 和 iris 为例，使用图形说明二元变量间的相关性，如图 6.11 所示。

```
> par(mfrow=c(1,2))
> plot(heart$age,heart$chol)  #如图 6.11（a）所示
> plot(iris$Petal.Length,iris$Petal.Width)  #如图 6.11（b）所示
```

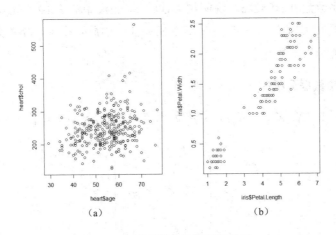

(a)　　　　　　　　　(b)

图 6.11　使用散点图探寻相关性

相关性越强，直线关系越明显。由此，从散点图 6.11 中可以观察到数据集 heart 中的 age 与 chol 两个属性的相关性较弱，而数据集 iris 中的 Petal.Length 与 Petal.Width 两个属性的相关性较强。

【例 6-22】以数据集 heart 和 iris 为例，使用相关系数说明二元变量间的相关性。

```
> heartXY<-data.frame(heart$age,heart$chol)
> heartXY<-as.matrix(heartXY)
> cov(heartXY)  #协方差矩阵
            heart.age  heart.chol
heart.age    82.30645   102.8906
heart.chol  102.89062  2661.7871
> cor(heartXY)  #相关系数
```

169

```
                 heart.age     heart.chol
heart.age      1.0000000     0.2198225
heart.chol     0.2198225     1.0000000
> irisXY<-as.matrix(data.frame(iris$Petal.Length,iris$Petal.Width))
> cor(irisXY)
                      iris.Petal.Length      iris.Petal.Width
iris.Petal.Length         1.0000000              0.9628654
iris.Petal.Width          0.9628654              1.0000000
```

相关系数越接近 1，相关性越高，反之亦然。从结果可知，heart 中的 chol 与 age 两个变量的相关系数为 0.2198225，说明相关性较低。iris 中的 Petal.Length 与 Petal.Width 两个变量的相关系数为 0.9628654，呈高度相关性。由此可得出，相关系数的结论与散点图的图形呈现结果一致。

6.3.2　多元变量数据分析

对于 p 元总体 $(X_1, X_2, \cdots, X_n)$，其第 i 个样本为 $(x_{i1}, x_{i2}, \cdots, x_{ip})^{\mathrm{T}}$（$i = 1, 2, \cdots, n$），样本的协方差矩阵为

$$S = \begin{bmatrix} s_{11} & s_{12} & \cdots & s_{1p} \\ s_{21} & s_{22} & \cdots & s_{2p} \\ \vdots & \vdots & & \vdots \\ s_{p1} & s_{p2} & \cdots & s_{pp} \end{bmatrix} \tag{6.21}$$

样本的第 j 个分量与第 k 个分量的相关系数定义为

$$r_{jk} = \frac{s_{jk}}{\sqrt{s_{jj}}\sqrt{s_{kk}}}, \qquad j, k = 1, 2, \cdots, p \tag{6.22}$$

多元数据与二元数据相同，采用数据框的输入方式，可以使用函数 mean( )、cov( )、cor( )求样本的均值、协方差和相关矩阵。

【例 6-23】绘制 wpbc.data 数据的散点图矩阵，显示其相关矩阵和相关系数，如图 6.12 所示。

```
> wpbc<-read.table("wpbc.data",sep=',')
> wpbcmul<-data.frame(wpbc$V3,wpbc$V4,wpbc$V5,wpbc$V6,wpbc$V7)
> plot(wpbcmul) #或 pairs(wpbcmul)
```

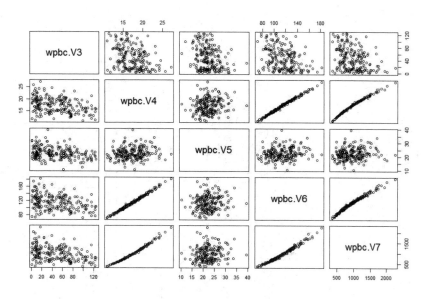

图 6.12 散点图矩阵

```
> cov(wpbcmul)
             wpbc.V3        wpbc.V4      wpbc.V5       wpbc.V6       wpbc.V7
wpbc.V3   1187.68941   -37.561101   -39.206150   -255.03778   -4175.1880
wpbc.V4    -37.56110     9.996193     1.949533     67.33239    1105.4268
wpbc.V5    -39.20615     1.949533    18.475295     13.05457     212.5759
wpbc.V6   -255.03778    67.332389    13.054565    457.24986    7460.1086
wpbc.V7  -4175.18798  1105.426818   212.575925   7460.10865  124009.0697
> cor(wpbcmul)
             wpbc.V3       wpbc.V4      wpbc.V5       wpbc.V6       wpbc.V7
wpbc.V3    1.0000000   -0.3447224   -0.2646714   -0.3460798   -0.3440312
wpbc.V4   -0.3447224    1.0000000    0.1434556    0.9959326    0.9928553
wpbc.V5   -0.2646714    0.1434556    1.0000000    0.1420332    0.1404403
wpbc.V6   -0.3460798    0.9959326    0.1420332    1.0000000    0.9906988
wpbc.V7   -0.3440312    0.9928553    0.1404403    0.9906988    1.0000000
```

从散点图矩阵、相关矩阵和相关系数结果都可以得出，V4 与 V6、V7 及 V6 与 V7 具有极高的正相关性。V3 和 V4、V5、V6 都是负相关。

6.3.3 探索数据分布

了解样本数据的总体分布情况，不仅需要了解特征统计量，还需要了解数据的分布情况。经验分布函数是指根据样本构造的概率分布函数，由 Glivenko-Cantelli 定理可知，当样本数足够大时，经验分布函数是总体分布函数的一个良好近似，对数据分布的探索可参考图 6.13。

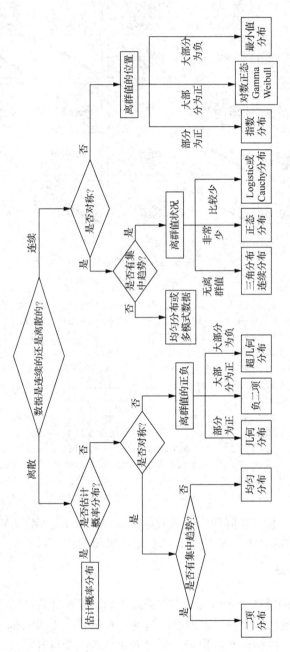

图 6.13 数据分布探索决策树

6.4　参数估计

参数估计是指用样本指标（统计量）估计总体指标（参数）。在此重点介绍点估计的几种方法。

6.4.1　极大似然估计

极大似然估计是建立在极大似然原理基础上的一种统计方法，它提供了一种给定观察数据来评估模型参数的方法，即"模型已定，参数未知"。通过若干次试验，观察其结果，利用试验结果得到能够使样本出现最大概率的某个参数值，称为极大似然估计。概率与似然是两个不同的概念，概率是在特定环境下某件事情发生的可能性，如疾病诊断，判断某人是否患病，只能根据化验结果判断患病的可能性。似然是在确定结果下推测产生这个结果的可能参数，即患者化验为阳性结果的概率。

已知样本集 $D=\{x_1, x_2, \cdots, x_N\}$，联合概率密度函数 $p(D|\theta)$ 称为相对于 D 的 θ 的似然函数。由于样本集中的样本都是独立同分布的，则似然函数为

$$l(\theta) = p(D|\theta) = p(x_1, x_2, \cdots, x_N|\theta) = \prod_{i=1}^{N} p(x_i|\theta) \tag{6.23}$$

若 $\hat{\theta}$ 是参数空间中使似然函数 $l(\theta)$ 为最大值的参数，则 $\hat{\theta}$ 就是 θ 的极大似然估计量，即

$$\hat{\theta} = \underset{\theta}{\arg\max}\, l(\theta) = \underset{\theta}{\arg\max} \prod_{i=1}^{N} p(x_i|\theta) \tag{6.24}$$

考虑一个医疗诊断问题，患者有患癌症和未患癌症两种结果，其化验结果可能为阳性（+）或阴性（−）。假设已知患癌症概率为 0.008，即 $p(\text{cancer})=0.008$；若确实患病化验为阳性的可能性为 98%，即 $p(+|\text{cancer})=0.98$；若无病化验为阴性的可能性为 97%，即 $p(-|\neg\text{cancer})=0.97$。假定现有一例新患者，化验测试返回结果为阳性，则此患者是否患癌症？

$$p(\text{cancer}|+) = p(+|\text{cancer})p(\text{cancer}) = 0.98 \times 0.008 \approx 0.0078$$

$$p(\neg\text{cancer}|+) = p(+|\neg\text{cancer})p(\neg\text{cancer}) = (1-0.97) \times (1-0.008) \approx 0.0298$$

由于 0.0298>0.0078，因此，结论为此患者未患癌症。

【例 6-24】使用 MASS 包中的 geyser 数据。

第 1 步：查看数据，确定数据分布函数。

```
> library(MASS)
> head(geyser) #查看 geyser 数据
```

```
       waiting   duration
  1       80     4.016667
  2       71     2.150000
  3       57     4.000000
  4       80     4.000000
  5       75     4.000000
  6       77     2.000000
```

该数据采集自美国黄石公园内的一个名为 Old Faithful 的喷泉。变量 waiting 是喷泉两次喷发的间隔时间，变量 duration 是指每次喷发的持续时间。

绘制 waiting 的密度及曲线图，如图 6.14 所示。

```
> hist(geyser$waiting,freq=F)
> lines(density(geyser$waiting))
```

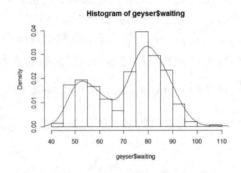

图 6.14　geyser$waiting 的直方图及密度曲线图

从图 6.14 中可看出 waiting 服从两个正态分布，所以用两个不同的均值和方差的正态分布函数来描述该数据，即

$$f(x) = pN(x_i; \mu_1, \sigma_1) + (1-p)N(x_i; \mu_2, \sigma_2) \qquad (6.25)$$

该函数中有 5 个未知参数，分别为 p、μ_1、σ_1、μ_2、σ_2。$f(x)$的对数极大似然函数为

$$l = \sum_{i=1}^{N} \log\{pN(x_i; \mu_1, \sigma_1) + (1-p)N(x_i; \mu_2, \sigma_2)\} \qquad (6.26)$$

第 2 步：在 R 中定义对数似然函数。

定义 log-likelihood 函数，函数名为 LL。函数中有两个参数：参数 params 是一个向量，依次包含 5 个参数，即 p、μ_1、σ_1、μ_2、σ_2；参数 data 是观测数据。

```
> LL<-function(params,data)
  {
#用函数 dnorm() 生成均值为 μ₁、方差为 σ₁ 的正态密度函数
```

```
t1<-dnorm(data,params[2],params[3])
#用函数dnorm()生成均值为μ₂、方差为σ₂的正态密度函数
t2<-dnorm(data,params[4],params[5])
#似然函数公式
f<-params[1]*t1+(1-params[1])*t2
#混合密度函数,log-likelihood函数
ll<-sum(log(f))
#nlminb()函数是最小化一个函数的值,而我们的目标是要最大化
#log-likelihood函数,所以需要对"ll"取负数
return(-ll)
}
```

第3步：参数估计。

设定初始值为 p=0.5，μ_1=50，σ_1=10，μ_2=80，σ_2=10。采用非线性最小化函数nlminb( )实现参数估计。

格式：

```
nlminb(start,objective,gradient=NULL,hessian=NULL,...,scale=1,control=
list(),lower=-Inf,upper=Inf)
```

参数说明如下。

1）start：数值向量，用于设置参数的初始值。

2）objective：指定要优化的函数。

3）gradient 和 hessian：用于设置对数似然的梯度，通常采用默认状态。

4）control：一个控制参数的列表。

5）lower 和 upper：设置参数的下限和上限；如果未指定，则假设所有参数都不受约束。

```
> geyser.res<-nlminb(c(0.5,50,10,80,10),LL,#参数的初始值向量和优化的函数LL
  data=geyser$waiting,
  lower=c(0.0001,-Inf,0.0001,-Inf,0.0001),    #参数的上界
  upper=c(0.9999,Inf,Inf,Inf,Inf))            #参数的下界
```

第4步：估计结果。

```
#查看拟合的参数
> geyser.res$par
[1] 0.3075937 54.2026518 4.9520026 80.3603085 7.5076330
#拟合的效果
> X<-seq(40,120,length=100)
#读出估计的参数
```

```
> p<-geyser.res$par[1]
> mu1<-geyser.res$par[2]
> sig1<-geyser.res$par[3]
> mu2<-geyser.res$par[4]
> sig2<-geyser.res$par[5]
#将估计的参数函数代入原密度函数
> f<-p*dnorm(X,mu1,sig1)+(1-p)*dnorm(X,mu2,sig2)
#作出数据的直方图,如图 6.15 所示
> hist(geyser$waiting,probability=T,col=0,ylab="Density",ylim=c(0,0.04),
xlab="Eruption waiting times")
#画出拟合的曲线
>lines(X,f)
#补充密度曲线作对比
>lines(density(geyser$waiting),col='red')
```

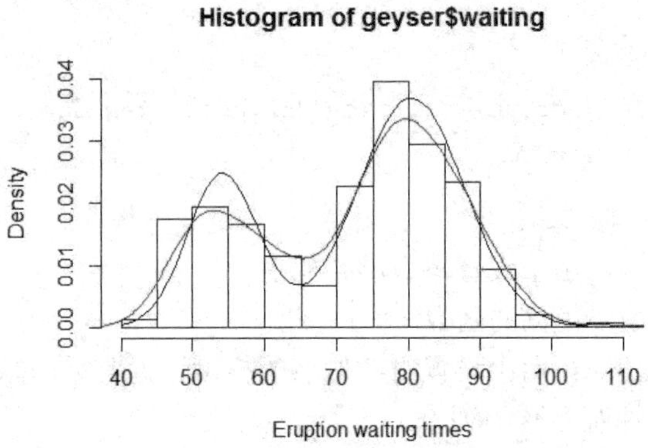

图 6.15   geyser$waiting 的密度曲线及拟合曲线图

6.4.2   最小二乘法

一般假设数据满足正态分布函数的特性，在这种情况下，极大似然估计和最小二乘估计是等价的。也就是说，估计结果是相同的，但是原理不同。极大似然法是以最大化目标值的似然概率函数为目标函数，最小二乘法以估计值与观测值之差的平方和作为损失函数，即从模型总体随机抽取 n 组样本观测值后，最合理的参数估计量应该使模型能最好地拟合样本数据，也就是估计值和观测值之差的平方和最小。

【例6-25】以线性回归中的最小二乘法为例。

```
> x<-c(6.19,2.51,7.29,7.01,5.7,2.66,3.98,2.5,9.1,4.2)
> y<-c(5.25,2.83,6.41,6.71,5.1,4.23,5.05,1.98,10.5,6.3)
> lm(y~x)$coefficients
```

```
(Intercept)            x
 0.8310557      0.9004584
> plot(x,y)
> abline(lm(y~x)$coefficients, col="red")  #如图 6.16 所示
```

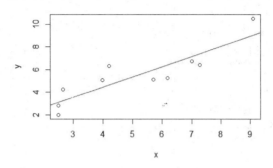

图 6.16　线性回归最小二乘法的拟合曲线

6.4.3　EM 算法

在现实应用中往往会遇到"不完整"的训练样本，这种情形下可采用期望最大（expectation maximization，EM）算法实现模型参数估计。将未观测变量称为隐变量，令 X 表示已观测变量集，Z 表示隐变量集，θ 表示模型参数。若对 θ 进行极大似然估计，则应最大化对数似然 $\ln p(X,Z|\theta)$。但由于 Z 为隐变量，无法直接求解，所以通过对 Z 计算期望来最大化已观测数据的对数"边际似然"。

EM 算法又称为期望最大化，基本思想是：若参数 θ 已知，则可根据训练数据推断出最优隐变量 Z 的值（E 步）；若隐变量 Z 的值已知，则对参数 θ 做极大似然估计（M 步）。

【例 6-26】使用 mixtools 包中的 normalmixEM( )函数实现 EM 算法。

```
> library(segmented)
> library(kernlab)        #mixtools 包中的依赖包 segmented 和包 kernlab
> library(mixtools)       #R 版本 4.0.2 以上
>sim.x<-c()
>sim.y<-c()
#用循环产生 2000 个点
for(i in 1:2000){
    #rmultinom 产生随机多元分布函数,3 个概率值分别为 0.1、0.5 和 0.9,所以第 3 个
    #位置产生的 1 最多
    first.draw=rmultinom(1,1,c(0.1,0.5,0.9))[,1]
    y=which(first.draw==1)  #把取值为 1 的下标赋值给 y
    sim.y[i]=y
    #根据不同 y 值产生服从不同均值与方差的正态分布的 x 值
```

```
    if(y==1) {
        x=rnorm(1,mean=0,sd=1)
        sim.x[i]=x
    }
    if (y==2) {
        x=rnorm(1,mean=10,sd=5)
        sim.x[i]=x
    }
    if (y==3) {
        x=rnorm(1,mean=-10,sd=1)
        sim.x[i]=x
    }
}
```

#绘制 sim.x 的密度曲线图,如图 6.17 所示
```
> plot(density(sim.x),main="Density plot of sim.x")
```

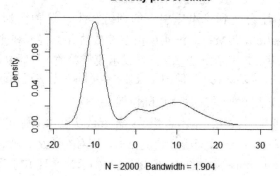

图 6.17　sim.x 的密度曲线图

#normalmixEM 函数是利用 EM 算法得出的正态混合模型,其在 mixtools 包中
```
> mix.model<-normalmixEM(sim.x,lambda=c(0.3,0.3,0.4),mu=c(-20,0,20),
sigma=c(1,1,1),k=3)
#number of iterations=48
> summary(mix.model)
summary of normalmixEM object:
           comp1        comp2       comp3
lambda   0.606748   0.0619138   0.331338
 mu     -10.010533  -0.1707708  9.761341
 sigma    0.965127   0.9389654  5.118621
 loglik at estimate:  -5465.929
```

```
> plot(mix.model,which=2,density=TRUE)  #如图 6.18 所示
```

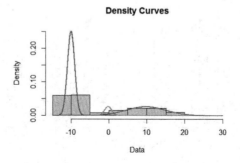

图 6.18　正态混合模型图

【例6-27】生成 1000 个服从正态分布的随机数，并绘制直方图和密度曲线图，如图 6.19 和图 6.20 所示。

```
> a=rnorm(1000)
> b=rnorm(1000,mean=10,sd=1.4)
> par(mfrow=c(1,2))
> hist(a);hist(b)  #如图 6.19 所示
> d=c(a,b)
> out<-normalmixEM(d,arbvar=FALSE,epsilon=1e-03)
  number of iterations=3
> hist(d);plot(out,2)  #如图 6.20 所示
```

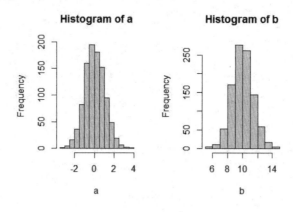

图 6.19　直方图

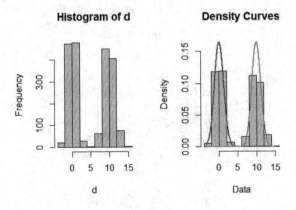

图 6.20　直方图和密度曲线图

第 7 章 假 设 检 验

假设检验是统计推断中的另一重要内容，虽然与参数估计类似，但角度不同。参数估计是利用样本信息推断未知的总体参数；假设检验则是先对总体参数提出一个假设值，然后利用样本信息判断所提的假设是否成立。

7.1 基本概念

一个假设的提出总是以一定的理由为基础的，但这些理由通常是不完全充分的，因而产生了检验的需求，即判断假设的真假。例如，新药研发需要判断新药是否比原有药物疗效更好，医药器械的合格率是否达标，等等。

假设检验中需要提出两种假设：原假设和备择假设。原假设通常是研究者想收集证据予以反对的假设，也称为零假设，用 H_0 表示。备择假设通常是研究者想收集证据予以支持的假设，也称为研究假设，用 H_1 或 H_a 表示。例如，科学家研发了一款新药来提高疗效，而研究者想证明这款药物疗效得到了显著提高（这是想支持的假设），所以将其作为备择假设。原假设与备择假设是相互对立的，在建立假设时，因为备择假设是人们所关心的，比较清楚，容易确定，所以通常先确定备择假设，再确定原假设。

在假设检验中，等号 "=" 总是放在原假设上。例如，设假设的总体真值为 μ_0，原假设 H_0 表示 $\mu = \mu_0$，或表示 $\mu \geq \mu_0$，或表示 $\mu \leq \mu_0$；相应地，备择假设为 H_1 表示 $\mu \neq \mu_0$，或 H_1 表示 $\mu < \mu_0$，或 H_1 表示 $\mu > \mu_0$。假设检验的目的主要是收集证据来拒绝原假设，即利用了反证法思想。

在假设检验中，如果备择假设具有特定的方向性，则被称为单侧检验或单尾检验。单侧检验根据研究者感兴趣的方向不同，又可被分为左侧检验（方向为 "<"）和右侧检验（方向为 ">"）。如果研究者感兴趣的备择假设没有特定的方向，只是关心备择假设 H_1 是否不同于原假设 H_0，则该检验被称为双侧检验或双尾检验。设 μ 为总体参数（均值），μ_0 为假设参数的具体数值，可将假设检验的基本形式概括为如表 7.1 所示的形式。

表 7.1 假设检验的基本形式

假设	双侧检验	单侧检验	
		左侧检验	右侧检验
原假设	H_0：$\mu = \mu_0$	H_0：$\mu \geq \mu_0$	H_0：$\mu \leq \mu_0$
备择假设	H_1：$\mu \neq \mu_0$	H_1：$\mu < \mu_0$	H_1：$\mu > \mu_0$

显著性水平（α）是指当原假设实际上正确时，检验统计量落在拒绝域的概率。在实际应用中，显著性水平是人们事先给出的一个值，但究竟确定一个多大的显著性水平值合适呢？著名的英国统计学家 Ronald Fisher 提出把小概率的标准定为 0.05，所以作为一个普遍适用的原则，人们通常选择显著性水平为 0.05 或更小的概率。常用的显著性水平为 0.01、0.05。p 值是指当原假设正确时，得到所观测数据的概率。当假设检验得到的 p 值小于等于显著性水平 α 值时，则拒绝原假设，否则接受原假设。

假设检验的具体步骤如下。

第 1 步：陈述原假设 H_0 和备择假设 H_1。

第 2 步：从所研究的总体中抽出一个随机样本。

第 3 步：确定一个适当的检验统计量，并利用样本数据算出其具体数值。

第 4 步：确定一个适当的显著性水平 α，并计算出临界值，指定拒绝域。

第 5 步：将统计量的值与临界值进行比较或利用 p 值，做出决策：若统计量的值落在拒绝域内，则拒绝原假设；否则接受原假设。

▌ 7.2　参数假设检验

当研究一个总体时，要检验的参数主要是总体均值 μ、总体比率 π 和总体方差 σ^2。

7.2.1　总体均值的检验

对总体均值进行假设检验时，需要考虑样本含量的大小、是否服从正态分布、是否已知总体方差等情况。

1. 单个总体情况

在大样本情况下，样本均值的抽样分布近似服从正态分布，样本均值经标准化后服从标准正态分布，因此采用正态分布的检验统计量。假设样本数为 n，样本均值为 $\bar{x}$，总体均值为 μ_0，当总体方差 σ^2 已知时，总体均值检验的统计量为

$$z = \frac{\bar{x} - \mu_0}{\dfrac{\sigma}{\sqrt{n}}} \sim N(0,1) \tag{7.1}$$

在 R 软件中，采用 BSDA 包中的函数 z.test( ) 实现总体均值检验。

格式：

```
z.test(x,y=NULL,alternative="two.sided",mu=0,
    sigma.x=NULL,sigma.y=NULL,conf.level=0.95)
```

参数说明如下。

1）x 和 y：数值向量，默认 y=NULL，即进行单样本的假设检验。

2）alternative：用于指定备择假设所求的置信区间类型，默认为 two.sided，表示求双尾的置信区间（双侧检验）；less 为求置信上限（左侧检验）；greater 为求置信下限（右侧检验）。

3）mu：表示均值，默认为 0。

4）sigma.x 和 sigma.y：指定两个样本总体的标准差。

5）conf.level：设定置信区间。

当总体方差未知时，可采用样本方差 S^2 来近似代替总体方差 σ^2，检验统计量为

$$t = \frac{\bar{x} - \mu_0}{\frac{S}{\sqrt{n}}} \sim t(n-1) \tag{7.2}$$

在 R 软件中，采用函数 t.test( ) 实现总体均值检验。

格式：

```
t.test(x,y=NULL,alternative=c("two.sided","less","greater"),
       mu=0,paired=FALSE,var.equal=FALSE,conf.level=0.95,…)
```

参数说明如下。

1）x：样本数据，若仅出现 x，则进行单样本 t 检验；若 x 和 y 同时输入，则进行双样本 t 检验。

2）paired：逻辑值，表示是否进行配对样本 t 检验，默认为不配对。

3）var.equal：逻辑值，表示双样本检验时两个总体的方差是否相等。

4）alternative、mu 与 conf.level 参数的定义与函数 z.test( ) 中的定义相同，这里不再赘述。

【例 7-1】某药厂生产了一批新的药品，规定直径为 10mm、方差为 0.4。为了检验机器的性能是否良好，随机抽取了 25 件产品。假设生产的药品直径服从正态分布，问在显著性水平 0.05 时，该机器的性能是否良好。测得药品直径为 9.30，9.32，10.41，9.06，10.21，9.31，9.96，9.03，10.22，9.19，10.36，9.67，10.43，10.36，9.83，10.67，10.38，9.29，9.74，9.99，9.98，9.89，9.52，9.88，9.67。

```
#装载包
> library(e1071)
> library(BSDA)
#提出假设：H₀ 表示μ=μ₀=10；H₁ 表示μ≠μ₀
#方差已知，所以采用 z 检验
> x<- c(9.30,9.32,10.41,9.06,10.21,9.31,9.96,9.03,10.22, 9.19,10.36,
    9.67,10.43,10.36,9.83,10.67,10.38,9.29,9.74,9.99,9.98,9.89,9.52,
```

```
9.88,9.67)
> z.test(x,sigma.x=0.4,mu=10,alternative="two.sided")

    One-sample z-Test
data: x
z=-2.165,p-value=0.03039
alternative hypothesis: true mean is not equal to 10
95 percent confidence interval:
 9.670003 9.983597
sample estimates:
mean of x
  9.8268
```

由于 p-value=0.03039<0.05，因此拒绝原假设。得出结论：机器性能不太良好。

【例 7-2】一种机床加工的零件尺寸绝对平均误差为 1.35mm。生产厂家现采用一种新的机床进行加工，以期进一步降低误差。为检验新机床加工的零件平均误差与旧机床相比是否有显著降低，随机抽取 50 个零件进行检验，50 个零件尺寸的误差数据如表 7.2 所示。

表 7.2　50 个零件尺寸的误差数据 　　　　　　　　　　　　　　　　单位：mm

零件尺寸误差数据	1.26	1.19	1.31	0.97	1.81	1.13	0.96	1.06	1.00	0.94
	0.98	1.10	1.12	1.03	1.16	1.12	1.12	0.95	1.02	1.13
	1.23	0.74	1.50	0.50	0.59	0.99	1.45	1.24	1.01	2.03
	1.98	1.97	0.91	1.22	1.06	1.11	1.54	1.08	1.10	1.64
	1.70	2.37	1.38	1.60	1.26	1.17	1.12	1.23	0.82	0.86

关心的问题为检验新机床加工的零件平均误差与旧机床相比是否有显著降低，即误差小于平均误差，所以提出假设：H_0 表示 $\mu \geqslant 1.35$；H_1 表示 $\mu < 1.35$。

方差未知，采用 t 检验。

```
> x<-scan()
1: 1.26 1.19 1.31 0.97 1.81 1.13 0.96 1.06 1.00 0.94
11: 0.98 1.10 1.12 1.03 1.16 1.12 1.12 0.95 1.02 1.13
21: 1.23 0.74 1.50 0.50 0.59 0.99 1.45 1.24 1.01 2.03
31: 1.98 1.97 0.91 1.22 1.06 1.11 1.54 1.08 1.10 1.64
41: 1.70 2.37 1.38 1.60 1.26 1.17 1.12 1.23 0.82 0.86
51:
Read 50 items
> t.test(x,mu=1.35,alternative="less")
```

```
   One Sample t-test
data:  x
t=-2.6061,df=49,p-value=0.006048
alternative hypothesis: true mean is less than 1.35
95 percent confidence interval:
    -Inf 1.301919
sample estimates:
mean of x
   1.2152
```

由于 p-value=0.006048<0.05，因此拒绝原假设。得出结论：新机床加工的零件尺寸的平均误差与旧机床相比有显著降低。

2. 两个总体情况

在实际研究中，常需要比较两个总体的差异，如两个平行班的学习成绩的差异性，新药与旧药的疗效差异性，等等。假设有两个总体 X 和 Y，其中，$X \sim N(\mu_1, \sigma_1)$，$Y \sim N(\mu_2, \sigma_2)$，且两个样本相互独立，两个总体均值之差（$\mu_1 - \mu_2$）有 3 种基本假设检验形式。

1）双边检验：H_0 表示 $\mu_1 - \mu_2 = 0$；H_1 表示 $\mu_1 - \mu_2 \neq 0$。

2）左侧检验：H_0 表示 $\mu_1 - \mu_2 \geq 0$；H_1 表示 $\mu_1 - \mu_2 < 0$。

3）右侧检验：H_0 表示 $\mu_1 - \mu_2 \leq 0$；H_1 表示 $\mu_1 - \mu_2 > 0$。

两个总体为正态分布，方差已知，检验统计量为

$$z = \frac{(x_1 - x_2) - (\mu_1 - \mu_2)}{\sqrt{\dfrac{\sigma_1^2}{n_1} + \dfrac{\sigma_2^2}{n_2}}} \sim N(0,1) \tag{7.3}$$

两个总体为正态分布，方差未知，检验统计量为

$$T = \frac{(x_1 - x_2) - (\mu_1 - \mu_2)}{\sqrt{\dfrac{S_1^2}{n_1} + \dfrac{S_2^2}{n_1}}} \sim t(n_1 + n_2 - 2) \tag{7.4}$$

两个总体均值的检验分为独立样本和匹配样本两种形式。

（1）独立样本

【例 7-3】 制药厂试制某种安定神经的新药，两台仪器制造药品的直径服从正态分布。从各自加工药品中分别取若干个测量其直径，两组直径如下。

A 组：20.5，19.8，19.7，20.4，20.1，20.0，19.0，19.9。

B 组：20.7，19.8，19.5，20.8，20.4，19.6，20.2。

并且有 $\sigma_1^2 = \sigma_2^2$。问两台仪器的加工精度有无显著差异。

提出假设：H_0 表示 $\mu_1 - \mu_2 = 0$；H_1 表示 $\mu_1 - \mu_2 \neq 0$。

```
#方差未知,采用 t 检验
> x<-c(20.5,19.8,19.7,20.4,20.1,20.0,19.0,19.9)
> y<-c(20.7,19.8,19.5,20.8,20.4,19.6,20.2)
> t.test(x,y,var.equal=TRUE)

    Two Sample t-test
data:  x and y
t=-0.85485,df=13,p-value=0.4081
alternative hypothesis: true difference in means is not equal to 0
95 percent confidence interval:
 -0.7684249  0.3327106
sample estimates:
mean of x mean of y
 19.92500  20.14286
```

由于 p-value$=0.4081>0.05$，因此接受原假设。得出结论：两台仪器的加工精度无显著差异。

【例 7-4】为估计两种方法组装产品所需时间的差异，分别针对两种不同的组装方法随机安排 12 个工人，每个工人组装一件产品所需的时间如表 7.3 所示。

表 7.3　两种方法每个工人组装一件产品所需的时间　　　　　单位：min

方法 1	28.3	30.1	29.0	37.6	32.1	28.8	36.0	37.2	38.5	34.4	28.0	30.0
方法 2	27.6	22.2	31.0	33.8	20.0	30.2	31.7	26.0	32.0	31.2	33.4	26.5

假设两种方法组装产品的时间服从正态分布，但方差未知且不相等，取显著性水平为 0.05，能否认为方法 1 组装产品的平均时间显著高于方法 2？

提出假设：H_0 表示 $\mu_1 - \mu_2 \leqslant 0$；$H_1$ 表示 $\mu_1 - \mu_2 > 0$。

```
> x<-c(28.3,30.1,29.0,37.6,32.1,28.8,36.0,37.2,38.5,34.4,28.0,30.0)
> y<-c(27.6,22.2,31.0,33.8,20.0,30.2,31.7,26.0,32.0,31.2,33.4,26.5)
> t.test(x,y,var.equal=F,alternative="greater")

    Welch Two Sample t-test
data:  x and y
t=2.1556,df=21.803,p-value=0.02121
alternative hypothesis: true difference in means is greater than 0
95 percent confidence interval:
 0.7514309      Inf
sample estimates:
mean of x mean of y
```

```
        32.5      28.8
```

由于 *p*-value=0.02121<0.05，因此拒绝原假设。得出结论：方法 1 组装产品的平均时间显著高于方法 2。

（2）匹配样本

独立样本提供的数据值可能因为样本个体"不同质"，对总体均值的信息产生干扰，由此考虑选用匹配样本。匹配样本是指两个样本值之间是一一对应的，样本容量相同，需要进行成对 *t* 检验，即令 $Z_i = Z_i - Y_i (i = 1, 2, \cdots, n)$，对 Z 进行单样本均值检验。

【**例 7-5**】某饮料公司开发研制出一种新产品，随机抽选一组让消费者分别品尝新旧两种饮料，两种饮料的品尝顺序是随机的，然后每个消费者要对两种饮料分别进行评分（0～10 分），评分结果如表 7.4 所示。

表 7.4　两种饮料的评分结果

消费者编号		1	2	3	4	5	6	7	8
评价等级	旧款饮料	5	4	7	3	5	8	5	6
	新款饮料	6	6	7	4	3	9	7	6

提出假设：H_0 表示 $\mu_1 - \mu_2 = 0$；H_1 表示 $\mu_1 - \mu_2 \neq 0$。

```
> x<-c(5,4,7,3,5,8,5,6)
> y<-c(6,6,7,4,3,9,7,6)
> t.test(x-y)

One Sample t-test
data: x-y
t=-1.3572,df=7,p-value=0.2168
alternative hypothesis: true mean is not equal to 0
95 percent confidence interval:
 -1.7138923  0.4638923
sample estimates:
mean of x
   -0.625
```

因为 *p*-value = 0.2168>0.05，所以接受原假设。得出结论：没有足够证据支持消费者对新旧饮料的评分有显著性差异。

7.2.2　总体方差的检验

总体方差的检验是假设检验的重要内容之一，一个产品的总体方差大表示其质量或性能不稳定。

对于两个总体，分别用 σ_1^2 和 σ_2^2 表示总体方差。总体方差的假设检验有以下 3 种基本形式。

1）双侧检验：H_0 表示 $\sigma_1^2 = \sigma_2^2$；H_1 表示 $\sigma_1^2 \neq \sigma_2^2$。

2）左侧检验：H_0 表示 $\sigma_1^2 \geqslant \sigma_2^2$；$H_1$ 表示 $\sigma_1^2 < \sigma_2^2$。

3）右侧检验：H_0 表示 $\sigma_1^2 \leqslant \sigma_2^2$；$H_1$ 表示 $\sigma_1^2 > \sigma_2^2$。

在 R 软件中，使用函数 var.test( ) 实现两个总体的方差检验。

格式：

```
var.test(x,y,ratio=1,alternative=c("two.sided","less","greater"),
conf.level=0.95,…)
```

参数说明如下。

ratio 为 x 和 y 总体方差的假设比率，默认值为 1。

【例 7-6】一家房地产开发公司准备购进一批灯泡，两家供货商生产的灯泡平均使用寿命差别不大，价格也很相近，两家供货商提供的样品数据如下。

供货商 1：650　569　622　630　596　637　628　706　617　624
　　　　　563　580　711　480　688　723　651　569　709　632

供货商 2：568　681　636　607　555　496　540　539　529　562
　　　　　589　646　596　617　584

以 $\alpha = 0.05$ 的显著性水平检验两家供货商的灯泡使用寿命的方差是否有显著差异。

提出假设：H_0 表示 $\sigma_1^2 = \sigma_2^2$；H_1 表示 $\sigma_1^2 \neq \sigma_2^2$。

```
> x<-scan()
1: 650  569  622  630  596  637  628  706  617  624
11: 563  580  711  480  688  723  651  569  709  632
21:
Read 20 items
> y<-scan()
1: 568  681  636  607  555  496  540  539  529  562
11: 589  646  596  617  584
16:
Read 15 items
> var.test(x,y)

    F test to compare two variances
data:  x and y
F=1.5116,num df=19,denom df=14,p-value=0.4351
alternative hypothesis: true ratio of variances is not equal to 1
```

```
95 percent confidence interval:
 0.5284144 4.0012194
sample estimates:
ratio of variances
        1.511647
```

由于 *p*-value = 0.4351>0.05，因此接受原假设。得出结论：两家供货商生产的灯泡的使用寿命总体的方差无显著差异。

7.3 非参数假设检验

在许多实际问题中，因为很难对总体分布做出正确假设，所以非参数检验不考虑总体分布是否已知，尽量从数据（或样本）本身来获得所需要的信息。

7.3.1 Pearson 拟合度 χ^2 检验

若理论分布完全已知，某样本 X 服从 F 分布，则提出假设，H_0 表示 X 具有 F 分布；H_1 表示 X 不具有 F 分布。

对 X 进行 n 次观察，可以得到 Pearson χ^2 统计量，即

$$K = \sum_{i=1}^{m} \frac{(n_i - np_i)^2}{np_i} \tag{7.5}$$

当 $n \to \infty$ 时，K 分布收敛于自由度为 $m-1$ 的 χ^2 分布。

在 R 软件中，采用 chisq.test( ) 函数实现 Pearson 拟合度 χ^2 检验。

格式：

```
chisq.test(x,y=NULL,correct=TRUE,p=rep(1/length(x),length(x)),
rescale.p=FALSE,simulate.p.value=FALSE,B=2000)
```

参数说明如下。

1）x：数值向量或矩阵，x 和 y 可同时为因子。如果 x 是一个因子，则 y 应该是一个长度相同的因子。当 x 为矩阵时忽略 y。

2）correct：为一个逻辑值，用于设置计算检验统计量时是否进行连续修正，默认为 TRUE。

3）p：原假设落在区间内的理论概率，默认为均匀分布，其为与 x 等长的概率向量。如果 p 的任何项为负，则会报错。

4）rescale.p：设置为 TRUE 时，概率之和不等于 1 将报错，会重新计算 p；设置为 FALSE 时，不做此要求。

5）simulate.p.value：设置为 TRUE 时，采用仿真方法计算 p 值。

【例 7-7】某健康管理中心对健康人群的饮食习惯进行统计分析，数据如表 7.5 所示。试判断不同饮食习惯的人数有无明显差异。

表 7.5　不同饮食习惯的频数

饮食习惯	甜食 A	烧烤 B	海鲜 C	清淡 D	鱼肉 E
人数 X	150	322	70	80	120

提出假设：H_0 表示 X 具有均匀分布；H_1 表示 X 不具有均匀分布。

```
> x<-c(150,322,70,80,120)
> chisq.test(x)

    Chi-squared test for given probabilities
data:  x
X-squared=281.48,df=4,p-value<2.2e-16
```

由于 $p\text{-value} < 2.2×10^{-16} < 0.05$，因此拒绝原假设。得出结论：不同饮食习惯的人数不服从均匀分布。

【例 7-8】用 Pearson 拟合优度卡方检验法检验学生成绩是否服从正态分布。

提出假设：H_0 表示学生成绩服从正态分布；H_1 表示学生成绩不服从正态分布。

```
#产生 50 个学生成绩数据
> stu<-round(rnorm(50,80,15))
#将大于 100 的成绩改为 100
> stu[stu>100]<-100
> stu
[1]  90  100  47  76  66  65  100  72  64  77  84  68  80  85  75  58  73
[18] 44  70  77  54  87  56  71  89  95  56  91  71  70  88  91  92  85
[35] 93  82  85  74  94  79  97  90  52  58  67  54  80  58  55  76
#对 50 个学生成绩数据进行分组,统计各组的频数,其中:
#A₁={stu<60},A₂={60≤stu<70},A₃={70≤stu<80},
#A₄={80≤stu<90},A₅={90≤stu≤100}
#调用函数 cut() 和函数 table() 进行分组和计数
> A<-table(cut(stu,br=c(0,59,69,79,89,100)))
> A
  (0,59]  (59,69]  (69,79]  (79,89]  (89,100]
     3        9       12       14        12
```

函数 cut( ) 将一列点划分到各自的区间中。

格式：

```
cut(x,breaks,labels=NULL,include.lowest=FALSE,right=TRUE,
    dig.lab=3,ordered_result=FALSE,…)
```

参数说明如下。

breaks：两个或更多个唯一切割点或单个数值（大于或等于 2）的数字向量，给出 x 被切割的间隔的个数。

```
#构造理论分布
> p<-pnorm(c(60,70,80,90,100),mean(stu),sd(stu))
> p
[1] 0.0774242 0.2388890 0.5011374 0.7628755 0.9233994
> p<-c(p[1],p[2]-p[1],p[3]-p[2],p[4]-p[3],1-p[4])
> p
[1] 0.0774242 0.1614648 0.2622484 0.2617382 0.2371245
#进行检验
> chisq.test(p)
    Chi-squared test for given probabilities
data: p
X-squared=0.12787,df=4,p-value=0.998
```

由于 p-value=0.998>0.05，因此接受原假设。得出结论：学生成绩服从正态分布。

【例 7-9】为研究电话总机在某段时间内接到的呼叫次数是否服从 Poisson 分布，现收集了 42 个数据，如表 7.6 所示。通过数据分析，问能否确认在某段时间内接到的呼叫次数服从 Poisson 分布（α=0.1）。

表 7.6　电话总机在某段时间内接到的呼叫次数的频数

接到的呼叫次数	0	1	2	3	4	5	6
出现的频数	7	10	12	8	3	2	0

提出假设：H_0 表示呼叫次数服从 Poisson 分布；H_1 表示呼叫次数不服从 Poisson 分布。

```
> x<-0:6
> y<-c(7,10,12,8,3,2,0)
#计算理论分布
> q<-ppois(x,mean(rep(x,y)))
> q
[1] 0.1488581 0.4323973 0.7024346 0.8738869 0.9555308 0.9866333
0.9965071
```

```
> n<-length(y)
> p[1]<-q[1];p[n]<-1-q[n-1]
> for(i in 2:(n-1)){p[i]<-q[i]-q[i-1]}
> chisq.test(y,p=p)

    Chi-squared test for given probabilities
data: y
X-squared=1.5057,df=6,p-value=0.9591
Warning message:
In chisq.test(y,p=p):Chi-squared 近似算法有可能不准
```

由于 $p\text{-value} = 0.9591 > 0.05$，因此接受原假设。得出结论：呼叫次数服从 Poisson 分布。出现警告信息是因为分组后出现频数小于 5 的组。

7.3.2 Kolmogorov-Smirnov 检验

Kolmogorov-Smirnov 检验是比较一个频率分布 $f(x)$ 与理论分布 $g(x)$ 或两个观测值分布的检验方法。原假设为两个数据分布一致或数据符合理论分布。检验统计量为

$$Z = \sqrt{n}\max_i\left(\left|F_n(x_{i-1} - F(x_i))\right|, \left|F_n(x_i - F(x_i))\right|\right) \tag{7.6}$$

Kolmogorov-Smirnov 检验简称 KS 检验，其分为单样本检验和双样本检验两种情况。在 R 软件中，采用函数 ks.test( )进行检验。

格式：

```
ks.test(x, y,…, alternative=c("two.sided", "less", "greater"), exact=
NULL)
```

参数说明如下。

1）x：数据向量。

2）y：可以是另一个数据向量，也可以是用字符串作为分布名称指定一个分布（如 pexp 为指数分布，pnorm 为正态分布），还可以是实际的累积分布函数或 ecdf 函数对象。

3）…：给出 y 分布指定的参数。

1. 单样本检验

【例 7-10】请用 Kolmogorov-Smirnov 检验判断患者的某项临床检验值是否服从正态分布。数据如下：9.66，35.42，39.24，32.00，6.63，27.96，20.79，17.81，19.97，13.03，35.93，13.30，32.39，23.21，31.35，16.98，20.56，16.94，35.21，23.33。

提出假设：H_0 表示临床检验值服从正态分布；H_1 表示临床检验值不服从正态分布。

```
> x<-c(9.66,35.42,39.24,32.00,6.63,27.96,20.79,17.81,19.97,13.03,
35.93,13.30,32.39,23.21,31.35,16.98,20.56,16.94,35.21,23.33)
```

```
> ks.test(x,mean(x),sd(x))

     Two-sample Kolmogorov-Smirnov test

data: x and mean(x)
D=0.6,p-value=0.8571
alternative hypothesis: two-sided
```

由于 p-value = 0.8571>0.05，因此接受原假设。得出结论：临床检验值服从正态分布。

【例 7-11】对一台设备进行使用寿命检验，记录 10 次无故障工作时间，并按从小到大的次序排列如下：420，500，920，1380，1510，1650，1760，2100，2300，2350。检验此设备无故障工作时间是否符合 λ=1/1500 的指数分布。

提出假设：H_0 表示设备无故障工作时间服从指数分布；H_1 表示设备无故障工作时间不服从指数分布。

```
> X<-c(420,500,920,1380,1510,1650,1760,2100,2300,2350)
> ks.test(X,"pexp",1/1500)

     One-sample Kolmogorov-Smirnov test

data: X
D=0.30148,p-value=0.2654
alternative hypothesis: two-sided
```

由于 p-value = 0.2654>0.05，因此接受原假设。得出结论，设备无故障工作时间服从指数分布。

【例 7-12】检验由随机正态函数和随机均匀分布产生的 1000 个数是否符合正态分布。

提出假设：H_0 表示服从正态分布；H_1 表示不服从正态分布。

```
> x=rnorm(1000)
> ks.test(x,"pnorm")

     One-sample Kolmogorov-Smirnov test

data: x
D=0.033414,p-value=0.2142
alternative hypothesis: two-sided
```

由于 p-value = 0.2142>0.05，因此接受原假设。得出结论：由函数 rnorm( )产生的 1000 个数符合正态分布。

```
> x=runif(1000)
> ks.test(x,"pnorm")

     One-sample Kolmogorov-Smirnov test
```

```
data: x
D=0.50008,p-value<2.2e-16
alternative hypothesis: two-sided
```

由于 $p\text{-value} = 2.2 \times 10^{-16} < 0.05$，因此拒绝原假设。得出结论：由函数 runif( )产生的 1000 个数不符合正态分布。

2. 双样本检验

假设样本 X 来自分布为 $F(x)$ 总体的样本，样本 Y 来自分布为 $G(x)$ 总体的样本。假定 $F(x)$ 和 $G(x)$ 均为连续分布函数，使用 Kolmogorov-Smirnov 检验两个分布是否相同。

提出假设：H_0 表示 $F(x)=G(x)$；H_1 表示 $F(x) \neq G(x)$。

【例 7-13】测定两组患者尿液中的尿胆原（URO），请检验 A 组和 B 组是否相同。

A 组：2.13、13.91、15.65、12.34、0.74、10.49、7.22、5.86、6.84、3.67。

B 组：4.62、6.16、0.52、4.79、0.21、3.69、3.46、3.42、5.67、2.83。

提出假设：H_0 表示 $F(A)=G(B)$；H_1 表示 $F(A) \neq G(B)$。

```
> A<-c(2.13,13.91,15.65,12.34,0.74,10.49,7.22,5.86,6.84,3.67)
> B<-c(4.62,6.16,0.52,4.79,0.21,3.69,3.46,3.42,5.67,2.83)
#绘制箱线图,如图 7.1 所示
> boxplot(A,B,horizontal=T,names=c("A","B"))
> ks.test(A,B)

    Two-sample Kolmogorov-Smirnov test
data: A and B
D=0.6,p-value=0.05245
alternative hypothesis: two-sided
```

由于 $p\text{-value} = 0.05245 > 0.05$，因此接受原假设。得出结论：两组患者尿液中的尿胆原分布相同。

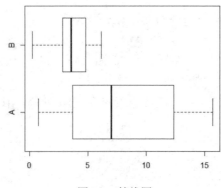

图 7.1 箱线图

【例7-14】使用 Kolmogorov-Smirnov 检验生成均匀分布样本数据是否分布相同。
提出假设：H_0 表示 $F(x)=G(y)$；H_1 表示 $F(x) \neq G(y)$。

```
> set.seed(3)
> x=rnorm(n=20)
> y=runif(n=20,min=0,max=20)
> ks.test(x,y)

    Two-sample Kolmogorov-Smirnov test
data: x and y
D=0.95,p-value=5.804e-10
alternative hypothesis: two-sided
> plot(ecdf(x),do.points=FALSE,verticals=T,xlim=c(0,20))
> lines(ecdf(y),lty=3,do.points=FALSE,verticals=T)  #如图7.2所示
```

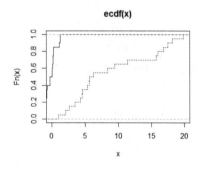

图 7.2　累积分布图

由于 $p\text{-value} = 5.804 \times 10^{-10} < 0.05$，因此双方累积分布差异显著。

7.3.3　列联表的独立性检验

当需要判断两个分类变量之间是否存在联系时，通常采用 χ^2 检验判断两组或多组资料是否独立或相关。此类问题处理称为独立性检验。

列联表是两个以上的变量交叉分类的频数分布表。行变量的类别用 r 表示；列变量的类别用 c 表示。一个 I 行 J 列的列联表称为 $I \times J$ 列联表，其一般结构如表 7.7 所示。

表 7.7　列联表结构

行	列			合计（r_i）
	$j=1$	$j=2$	…	
$i=1$	f_{11}	f_{12}	…	r_1
$i=2$	f_{21}	f_{22}	…	r_2
⋮	⋮	⋮	⋮	⋮
合计（c_j）	c_1	c_2	…	n

数据分析与 R 语言

1. Pearson χ^2 检验

在 I 行 J 列的列联表中，统计量为

$$K = \sum_{i=1}^{I} \sum_{j=1}^{J} \frac{(nf_{ij} - r_i c_j)^2}{nr_i c_j} \tag{7.7}$$

式中，I——总行数；

$\quad\quad J$——总列数；

$\quad\quad n$——总数；

$\quad\quad r_i$——第 i 行合计频段；

$\quad\quad c_j$——第 j 列合计频段；

$\quad\quad f_{ij}$——每种组合的观察频数。

【例 7-15】使用 MASS 包中的 Cars93 数据，此数据集为不同型号汽车的销售额，判断所售的汽车类型（Type）和安全气囊类型（AirBags）之间是否存在显著相关性。

提出假设：H_0 表示 AirBags 与 Type 不相关；H_1 表示 AirBags 与 Type 相关。

```
> library(MASS)
> car.data<-data.frame(Cars93$AirBags,Cars93$Type)
> car.data<-table(Cars93$AirBags,Cars93$Type)
> car.data

                     Compact Large Midsize Small Sporty Van
  Driver & Passenger       2     4       7     0      3   0
  Driver only              9     7      11     5      8   3
  None                     5     0       4    16      3   6
> chisq.test(car.data)

    Pearson's Chi-squared test
data: car.data
X-squared=33.001,df=10,p-value=0.0002723
```

由于 p-value $= 0.0002723 < 0.05$，因此拒绝原假设。得出结论：汽车类型（Type）和安全气囊类型（AirBags）之间具有相关性。

【例 7-16】 观察高血压组与非高血压组的吸烟率是否有显著差异，数据如表 7.8 所示。

表 7.8 吸烟与高血压关系

高血压	吸烟		合计
	有	无	
有	465	884	1349
无	3012	7652	10664
合计	3477	8536	12013

提出假设：H_0 表示高血压与吸烟不相关；H_1 表示高血压与吸烟相关。

```
> x<-c(465,3012,884,7652)
> dim(x)<-c(2,2)
> chisq.test(x)

    Pearson's Chi-squared test with Yates' continuity correction
data:  x
X-squared=22.265,df=1,p-value=2.375e-06
```

由于 p-value $= 2.375 \times 10^{-6} < 0.05$，因此拒绝原假设。得出结论：高血压与吸烟具有相关性。

【例 7-17】在一次社会调查中，以问卷方式调查了工作满意程度与年收入的关系，如表 7.9 所示。

表 7.9　工作满意程度与年收入的关系

年收入/元	工作满意程度人数/人				合计人数/人
	很不满意	较不满意	基本满意	很满意	
<6000	20	24	80	82	206
6000~15000	22	38	104	125	289
15000~25000	13	28	81	113	235
>25000	7	18	54	92	171
合计	62	108	319	412	901

提出假设：H_0 表示工作满意程度与年收入不相关；H_1 表示工作满意程度与年收入相关。

```
> x<-scan()
1: 20 24 80 82
5: 22 38 104 125
9: 13 28 81 113
13: 7 18 54 92
17:
Read 16 items
> dim(x)<-c(4,4)
> x<-t(x)
> chisq.test(x)

    Pearson's Chi-squared test
data:  x
X-squared=11.989,df=9,p-value=0.214
```

由于 $p\text{-value} = 0.214 > 0.05$，因此接受原假设。得出结论：工作满意程度与年收入无关。

【例 7-18】vcd 包中的 Arthritis 数据集是一项风湿性关节炎新疗法的双盲临床试验的结果，请分析治疗措施是否与风湿性关节炎改善情况有关。

提出假设：H_0 表示治疗措施与风湿性关节炎改善情况不相关；H_1 表示治疗措施与风湿性关节炎改善情况相关。

```
> library(colorspace)
> library(zoo)
> library(vcd)
> head(Arthritis)
  ID Treatment  Sex Age Improved
1 57   Treated Male  27     Some
2 46   Treated Male  29     None
3 77   Treated Male  30     None
4 17   Treated Male  32   Marked
5 36   Treated Male  46   Marked
6 23   Treated Male  58   Marked
> mytable<-xtabs(~Treatment+Improved,data=Arthritis)
> mytable

          Improved
Treatment None Some Marked
  Placebo   29    7      7
  Treated   13    7     21
> chisq.test(mytable)

    Pearson's Chi-squared test
data: mytable
X-squared=13.055,df=2,p-value=0.001463
```

由于 $p\text{-value} = 0.001463 < 0.05$，因此拒绝原假设。得出结论：治疗措施与风湿性关节炎改善情况相关。

2. Fisher 独立性检验

在样本较小（单元的理论频数小于 5）时，需要用 Fisher 精确检验来做独立性检验。在 R 软件中，采用函数 fisher.test( )来实现。

【例 7-19】某医师为研究乙肝免疫球蛋白预防胎儿宫内感染乙型肝炎病毒（HBV）的效果，将 HBsAg 阳性孕妇随机分为预防注射组和对照组，结果如表 7.10 所示。问两组新生儿 HBV 的总体感染率有无差别。

表 7.10　两组新生儿 HBV 感染率的比较

组别	阳性	阴性	合计
预防注射组	4（6）	18（16）	22
对照组	5（3）	6（8）	11
合计	9	24	33

表 7.10 中括号内的数字为对应的理论频数，因为有单元的理论频数小于 5，所以采用 Fisher 精确概率检验。

提出假设：H_0 表示两组新生儿 HBV 的总体感染率无差别；H_1 表示两组新生儿 HBV 的总体感染率有差别。

```
> x<-matrix(c(4,5,18,6),nrow=2)
> fisher.test(x)

    Fisher's Exact Test for Count Data
data:  x
p-value=0.121
alternative hypothesis: true odds ratio is not equal to 1
95 percent confidence interval:
 0.03974151 1.76726409
sample estimates:
odds ratio
 0.2791061
```

由于 $p\text{-value} = 0.121 > 0.05$，因此接受原假设。得出结论：两组新生儿 HBV 的总体感染率无差别。

7.3.4　符号检验

若 M_0 是总体的中位数，那么来自总体的样本应该各以大约 1/2 的概率大于或小于 M_0，将大于 M_0 的样本数据的个数记为 S^+，小于 M_0 的样本数据的个数记为 S^-。若原假设（即 M_0 是总体的中位数）这一说法成立，则 S^+ 和 S^- 都应服从成功率为 1/2 的二项分布，且 S^+ 和 S^- 应该大致相同；若两者相差很远，则采用 p 值检验法做出决策。

在 R 软件中，二项分布参数检验采用函数 binom.test( ) 实现。
格式：

```
binom.test(x,n,p=0.5,alternative=c("two.sided","less","greater"),
conf.level=0.95)
```

参数说明如下。

1）x：成功的次数，或是一个由成功数和失败数组成的二维向量。

2）n：试验总数，当 x 是二维向量时，此值无效。

3）p：原假设的概率。

1. 单样本符号检验

【例7-20】试用符号检验分析，某三甲医院治疗费用（10000 元）是在中位数之上还是中位数之下。乙型脑炎病例在 25 个不同三甲医院的治疗费用（元）如下：15165，4257，25844，36779，4730，14687，2901，13964，16226，25004，37086，2193，31139，4057，34443，37572，6260，2754，18377，39357，29184，17398，9948，13938，32874。

提出假设：H_0 表示 $M \geqslant 10000$；H_1 表示 $M < 10000$。

```
> x<-c(15165,4257,25844,36779,4730,14687,2901,13964,16226,25004,
  37086,2193,31139,4057,34443,37572,6260,2754,18377,39357,29184,
  17398,9948,13938,32874)
> binom.test(sum(x>10000),n=length(x),alternative="less")

   Exact binomial test
data: sum(x>10000) and length(x)
number of successes=17,number of trials=25,p-value=0.9784
alternative hypothesis: true probability of success is less than 0.595
percent confidence interval:
 0.0000000 0.8296963
sample estimates:
probability of success
              0.68
```

由于 p-value=0.9784>0.05，因此接受原假设，可以认为样本的中位数大于 10000 元。得出结论：某三甲医院治疗费用（10000 元）在中位数之上。

2. 成对样本符号检验

【例7-21】以下为豚鼠注入肾上腺素前后的每分钟灌流滴数，试比较给药前后灌流滴数有无显著差别。

给药前：30，38，48，48，60，46，26，58，46，48，44，46。

给药后：46，50，52，52，58，64，56，54，54，58，36，54。

提出假设：H_0 表示给药前后无差别；H_1 表示给药前后有差别。

```
> x<-c(30,38,48,48,60,46,26,58,46,48,44,46)
> y<-c(46,50,52,52,58,64,56,54,54,58,36,54)
```

```
> binom.test(sum(x>y),length(x))

    Exact binomial test
data: sum(x>y) and length(x)
number of successes=3,number of trials=12,p-value=0.146
alternative hypothesis: true probability of success is not equal to 0.5
95 percent confidence interval:
0.05486064 0.57185846
sample estimates:
probability of success
                0.25
```

由于 p-value=0.146>0.05，因此接受原假设。得出结论：给药前后无差别。

7.3.5 秩检验

1. 秩相关检验

秩相关检验不要求所检验的数据来自正态分布总体。X 和 Y 为两个独立的样本总体，检验 X 和 Y 是否独立。提出假设：H_0 表示 X 与 Y 相互独立（不相关）；H_1 表示 X 与 Y 相关。

在 R 软件中，采用函数 cor.test( )实现检验，方法可以采用 Pearson、Spearman 和 Kendall 秩相关检验。

格式：

```
cor.test(x,y,alternative=c("two.sided","less","greater"),method=
c("pearson","kendall","spearman"),exact=NULL,conf.level=0.95,
continuity=FALSE,…)
```

【例7-22】两个评分员对 5 名新生儿出生 1min 和 5min 时进行阿普加（apgar）评分，试用 Spearman 秩相关检验方法检验两个评分员对等级评定有无相关关系。

甲：6，7，8，9，10。

乙：5，6，7，8，10。

提出假设：H_0 表示甲和乙不相关；H_1 表示甲和乙相关。

```
> x<-c(6,7,8,9,10)
> y<-c(5,6,7,8,10)
> cor.test(x,y,method='spearman')

    Spearman's rank correlation rho
data: x and y
S=4.4409e-15,p-value=0.01667
```

```
alternative hypothesis: true rho is not equal to 0
sample estimates:
rho
   1
```

由于 *p*-value=0.01667<0.05，因此拒绝原假设。又由于 rho=1，因此得出结论：甲和乙打分具有高度正相关性。

【例 7-23】某幼儿园对 9 对双胞胎的智力进行检验，试用 Kendall 相关检验方法检验双胞胎的智力是否相关。双胞胎的得分情况如表 7.11 所示。

表 7.11 9 对双胞胎的得分情况

编号	1	2	3	4	5	6	7	8	9
先出生的儿童（X）	86	88	68	91	70	71	85	87	63
后出生的儿童（Y）	88	76	64	96	65	80	81	72	60

提出假设：H_0 表示 X 与 Y 不相关；H_1 表示 X 与 Y 相关。

```
> X<-c(86,77,68,91,70,71,85,87,63)
> Y<-c(88,76,64,96,65,80,81,72,60)
> cor.test(X,Y,method="kendall")

    Kendall's rank correlation tau
data:  X and Y
T=31, p-value=0.005886
alternative hypothesis: true tau is not equal to 0
sample estimates:
    tau
0.7222222
```

由于 *p*-value=0.005886<0.05，因此拒绝原假设。又由于 tau=0.7222222，因此得出结论：双胞胎的智力呈正相关。

2. 单样本符号秩检验

秩又称为等级，即按照数据大小排定的顺序号。Wilcoxon 检验不仅考虑每个观察值与总体中位数 M_0 的大小关系，而且在一定程度上也考虑了相差的程度。在 R 软件中，采用函数 wilcox.test( )实现 Wilcoxon 符号秩检验。

格式：

```
wilcox.test(x,y=NULL,alternative=c("two.sided","less","greater"),
mu=0,paired=FALSE,exact=NULL,correct=TRUE,conf.int=FALSE,
```

```
conf.level=0.95,tol.root=1e-4,digits.rank=Inf,…)
```

【例7-24】某地10名儿童智力测验所测的智商（intelligence quotient，IQ）如下：99、131、118、112、128、136、120、107、134、122。这10名儿童的智商是否小于等于当地智商的中位数110？

提出假设：H_0 表示10名儿童的智商小于等于110；H_1 表示10名儿童的智商大于110。

```
> IQ<-c(99,131,118,112,128,136,120,107,134,122)
#绘制密度曲线图,如图7.3所示
> plot(density(IQ))
```

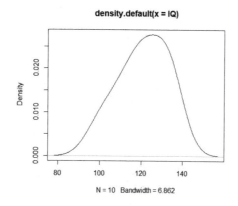

图 7.3　密度曲线图

从图7.3可知，10名儿童的智商大于110。

```
> wilcox.test(IQ,mu=110,alternative='greater')


    Wilcoxon signed rank exact test
data: IQ
V=48,p-value=0.01855
alternative hypothesis: true location is greater than 110
```

由于 p-value=0.01855＜0.05，因此拒绝原假设。得出结论：10名儿童的智商大于当地智商的中位数110。

Wilcoxon 符号秩检验可以看作一种中位数检验。

3. 两样本秩和检验

样本顺序号的和称为秩和，秩和检验就是用秩和作为统计量进行假设检验的方法。

在 R 软件中，使用函数 wilcox.test( )实现秩和检验，用法与单样本检验相似。

假定第一个样本有 m 个观测值，第二个样本有 n 个观测值。两个样本混合之后把 $m+n$ 个观测值按升幂排序，记下每个观测值在混合排序下面的秩。之后分别把两个样本所得到的秩相加。记第一个样本观测值的秩和为 W_X，而第二个样本观测值的秩和为 W_Y。这两个值可以互相推算，称为 Wilcoxon 统计量。

【例 7-25】某项研究中，经随机抽样获得甲乙两组患者的血尿素氮（BUN）mmol/L，试比较甲乙两组患者血尿素氮的含量。

甲组：4.98、3.90、4.02、0.68、4.98、5.04、1.20、2.64、6.23、3.00。

乙组：4.17、4.95、3.96、3.59、4.89、3.03、3.71、5.91、5.55、6.29、4.82、3.90、6.11。

提出假设：H_0 表示甲组患者血尿素氮含量小于等于乙组；H_1 表示甲组患者血尿素氮含量大于乙组。

```
#两组不配对的样本
> X<-scan()
1: 4.98  3.90  4.02  0.68  4.98  5.04  1.20  2.64  6.23  3.00
11:
Read 10 items
> Y<-scan()
1: 4.17  4.95  3.96  3.59  4.89  3.03  3.71  5.91  5.55  6.29  4.82
3.90  6.11
14:
Read 13 items
> wilcox.test(X,Y,alternative='greater',exact=F)

    Wilcoxon rank sum test with continuity correction
data: X and y
W=47.5,p-value=0.868
alternative hypothesis: true location shift is greater than 0
```

由于 $p\text{-value}=0.868>0.05$，因此接受原假设。得出结论：甲组患者血尿素氮的含量不大于乙组。

【例 7-26】测得 6 对小鼠的肝糖原含量（mg/100g），问：不同剂量组的小鼠肝糖原含量有无差别？

中剂量组：620.16、866.50、641.22、812.91、738.96、899.38。

高剂量组：958.47、838.42、788.90、815.20、783.17、910.92。

提出假设：H_0 表示两个剂量组无差别；H_1 表示两个剂量组有差别。

```
#X 和 Y 是配对的样本
```

```
> X<-c(620.16,866.50,641.22,812.91,738.96,899.38)
> Y<-c(958.47,838.42,788.90,815.20,783.17,910.92)
> wilcox.test(X-Y)  #或>wilcox.test(X,Y,paired=T)

    Wilcoxon signed rank exact test
data: X-Y
V=3,p-value=0.1563
alternative hypothesis: true location is not equal to 0
```

由于 p-value=0.1563>0.05，因此接受原假设。得出结论：两个剂量组无差别。

【例7-27】某医院用某种药物治疗两种类型的慢性支气管炎患者，疗效如表7.12所示。试分析该药物对两种类型的慢性支气管炎的疗效是否相同。

表7.12　治疗结果

疗效	控制	显效	改善	无效
单纯型	62	41	14	11
喘息型	20	37	16	15

提出假设：H_0 表示两种疗效相同；H_1 表示两种疗效有差别。

将各种疗效用 4 种不同的值（1 表示最好，4 表示最差）表示，如此可实现所有患者排序。

```
> x<-rep(1:4,c(62,41,14,11))
> y<-rep(1:4,c(20,37,16,15))
> wilcox.test(x,y,exact=FALSE)

    Wilcoxon rank sum test with continuity correction
data:  x and y
W=3994,p-value=0.0001242
alternative hypothesis: true location shift is not equal to 0
```

由于 p-value=0.0001242<0.05，因此拒绝原假设。得出结论：两种疗效有差别。

7.3.6　多组样本检验

1. Kruskal-Wallis 检验

Kruskal-Wallis 检验用来检验多个独立样本的位置是否一样，其与 Wilcoxon 检验的原理类似。假定有 k 个总体，先将从 k 个总体抽出来的样本混合起来排序，记各个总体观测值的秩和为 R_i（$i=1,2,\cdots,k$）。如果这些 R_i 很不相同，就可以拒绝它们位置参数相同的原假设，而接受各个位置参数不全相等的备择假设。

Kruskal-Wallis 检验统计量为

$$H = \frac{12}{N(N+1)} \sum_{i=1}^{k} n_i \left(\frac{R_i}{n_i} - \bar{R} \right)^2 = \frac{12}{N(N+1)} \sum_{i=1}^{k} \frac{R_i^2}{n_i} - 3(N+1) \tag{7.8}$$

式中，n_i——第 i 个样本量；

　　　N——各个样本量之和；

　　　$\bar{R} = (N+1)/2$ ——总的平均秩。

Kruskal-Wallis 检验仅仅要求各个总体变量有相似形状的连续分布。

【例 7-28】4 组病例测试的智商（IQ）分别打分如下。

A：99、131、118、112、128、136、120、107、134、122。

B：134、103、127、121、139、114、121、132。

C：110、123、100、131、108、114、101、128、110。

D：117、125、140、109、128、137、110、138、127、141、119、148。

试问 4 组之间的 IQ 是否有差异。

提出假设：H_0 表示 IQ 无差异；H_1 表示 IQ 有差异。

```
> A<-c(99,131,118,112,128,136,120,107,134,122)
> B<-c(134,103,127,121,139,114,121,132)
> C<-c(110,123,100,131,108,114,101,128,110)
> D<-c(117,125,140,109,128,137,110,138,127,141,119,148)
> Nj<-c(length(A), length(B), length(C), length(D))
> KWdf<-data.frame(DV=c(A,B,C,D),IV=factor(rep(1:4,Nj),labels=c("A",
"B","C","D")))
> kruskal.test(DV~IV,data=KWdf)

    Kruskal-Wallis rank sum test
data:  DV by IV
Kruskal-Wallis chi-squared=6.0595,df=3,p-value=0.1087
```

由于 p-value=0.1087>0.05，因此接受原假设。得出结论：4 组之间的 IQ 无差异。

【例 7-29】由 A、B 和 C 这 3 个人对奖学金评分，并假定评分为 5 等级制，评分为 5 则意味着最好。数据如下。

评价者 1：4、3、4、5、2、3、4、5。

评价者 2：4、4、5、5、4、5、4、4。

评价者 3：3、4、2、4、5、5、4、4。

提出假设：H_0 表示评分无差异；H_1 表示评分有差异。

```
> scores = c(4,3,4,5,2,3,4,5,4,4,5,5,4,5,4,4,3,4,2,4,5,5,4,4)
#1、2、3分别代表3个评价者的标号
> person=c(1,1,1,1,1,1,1,1,2,2,2,2,2,2,2,2,3,3,3,3,3,3,3,3)
```

#绘制并对比箱线图来比较这 3 个分布, 如图 7.4 所示
> boxplot(scores~person)

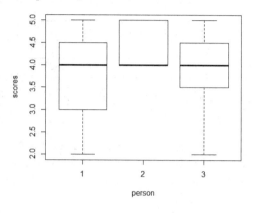

图 7.4　箱线图

从图 7.4 可看出它们的分布明显不同, 并且评价者 2 和评价者 1、3 分布有明显差异。

> kruskal.test(scores~person)

```
    Kruskal-Wallis rank sum test
data:  scores by person
Kruskal-Wallis chi-squared=1.9387,df=2,p-value=0.3793
```

由于 p-value=0.3793>0.05, 因此这意味着接受均值相等的原假设。

2. Friedman 检验

Friedman 检验是利用秩判断多个总体分布是否存在显著差异的非参数检验方法, 其原假设是, 多个配对样本来自的多个总体分布无显著差异。对多配对样本进行 Friedman 检验时, 首先以行为单位将数据按升序排序, 并求得各变量值在各自行中的秩; 然后, 分别计算各组样本下的秩总和与平均秩。

在 R 软件中, 使用函数 friedman.test( )实现 Friedman 检验, 其要求数据是向量或矩阵。

【例 7-30】现有 6 条狗服用阿司匹林, 不同时间血液中的药物浓度如表 7.13 所示。问服药后不同时间血液中的药物浓度有无差异。

表 7.13　不同时间血液中的药物浓度　　　　　　　　　　　　　单位: μg/ml

编号	0.5h	1h	6h	8h	24h	48h
1	51.6	135.2	169.8	137.2	31.9	0.4
2	49.6	101.6	158.4	133.0	18.7	0.0

续表

编号	0.5h	1h	6h	8h	24h	48h
3	40.6	88.4	142.8	126.6	18.1	2.0
4	11.2	37.2	131.8	130.3	17.5	0.2
5	17.8	48.2	118.0	124.5	18.7	1.8
6	14.4	41.6	120.8	123.5	24.8	3.0

提出假设：H_0 表示服药后不同时间血液中的药物浓度无差异；H_1 表示服药后不同时间血液中的药物浓度有差异。

```
> x<-matrix(c(51.6,49.6,40.6,11.2,17.8,14.4, 135.2,101.6,88.4,37.2,
48.2,41.6,169.8,158.4,142.8,131.8,118,120.8,137.2,133,126.6,130.3,
124.5,123.5,31.9,18.7,18.1,17.5,18.7,24.8, 0.4,0,2,0.2,1.8,3),
nrow=6,byrow=TRUE,
    dimnames=list(1:6,c("h1", "h2", "h3","h4","h5","h6")))
> friedman.test(x)

    Friedman rank sum test
data:  x
Friedman chi-squared=12.799,df=5,p-value=0.02534
```

由于 p-value=0.02534<0.05，因此拒绝原假设。得出结论：服药后不同时间血液中的药物浓度有差异。

7.4　方差分析

方差分析（analysis of variance，ANOVA）也是一种假设检验，可用于比较多个总体的均值是否相等。对全部样本观察值的差异进行分解，将某种因素下各样本观察值之间可能存在的系统性误差与随机误差加以比较，以推断各总体之间是否存在显著性差异。若存在显著性差异，则说明该因素的影响是显著的。与一次只能研究两个样本的 t 检验相比较，方差分析同时考虑所有样本，排除了错误累积的概率，从而避免拒绝一个真实的原假设。

本质上，方差分析研究的是分类型自变量对数值型因变量的影响。

由因素不同水平间差异引起的（可以由模型中因素解释的部分）方差称为模型平方和（model sum of squares，SSM），也称为组间离差平方和。各组观测值的平均值与总平均值的离差平方和反映各组样本均值之间的差异程度，包括随机误差和系统误差。由抽样过程本身所引起的部分方差称为误差平方和（error sum of squares，SSE），也称为组内离差平方和，各组观测值与其组平均值的离差平方和反映组内各观测值的离散情况，也反映了随机误差的大小。若系统误差显著大于随机误差，说明导致系统误差的某一因素的影响是显著的。

方差分析中的基本假定：每个总体是独立的，但都应服从相同方差的正态分布，即

$$x_i \sim N(\mu_i, \sigma^2), \quad i = 1, 2, \cdots, n \tag{7.9}$$

假设因素有 k 个水平，每个水平的均值分别为 μ_1，μ_2，$\cdots$，μ_k，要检验 k 个水平（总体）的均值是否相等，需要提出如下假设：H_0 表示 $\mu_1 = \mu_2 = \cdots = \mu_k$，自变量对因变量没有显著影响；$H_1$ 表示 μ_1，μ_2，$\cdots$，μ_k 不全相等，自变量对因变量有显著影响。

7.4.1 单因素方差分析

当方差分析中只涉及一个分类型自变量时，称为单因素方差分析。在 R 软件中，采用函数 oneway.test( )实现单因素方差分析。

格式：

```
oneway.test(formula,data,subset,na.action,var.equal=FALSE)
```

参数说明如下。

1）formula：指定用于方差分析的模型公式，一般为"lhs~rhs"的形式，在单因素方差分析中为"$X \sim A$"的形式，X 表示样本观测值，A 表示影响因素。

2）data：指定用于分析的数据对象。

3）subset：一个向量，指定参数 data 中需要被包含在模型中的观测数据。

4）na.action：一个函数，指定缺失数据的处理方法，若为 NULL，则使用函数 na.omit( )删除缺失数据。

5）var.equal：逻辑值，指定是否将样本观测位中的方差视为相等。若为 TRUE，则执行单因素方差分析中平均值的简单 F 检验；若为 FALSE，则执行 Welch (1951)的近似方法，默认为 FALSE。

【例7-31】对包 multcomp 中的 cholesterol 数据集进行单因素方差分析。数据集 cholesterol 是关于不同治疗方法使胆固醇降低效果的临床数据，列变量分别是治疗方法（trt）和胆固醇降低情况（response）。

提出假设：H_0 表示 5 种治疗方法无差异；H_1 表示 5 种治疗方法有差异。

```
#加载包文件
> library(multcomp)
#变量 trt 中共有 5 个水平
> table(cholesterol$trt)
 1time   2times  4times  drugD  drugE
  10      10      10      10     10
> oneway.test(response~trt,data=cholesterol,var.equal=TRUE)

    One-way analysis of means
```

```
data:  response and trt
F=32.433,num df=4,denom df=45,p-value=9.819e-13
```

由于 $p\text{-value} = 9.819\times10^{-13}<0.05$，因此拒绝均值相等的原假设，认为 5 种治疗方法有差异。

如图 7.5 所示，方差检验结果与可视化结果相同。

```
> boxplot(response~trt,data=cholesterol,col=rainbow(5))
```

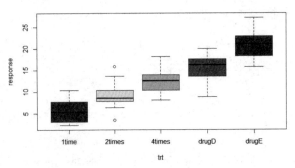

图 7.5　response～trt 箱线图

【例 7-32】为了对几个行业的服务质量进行评价，消费者协会在零售业、旅游业、航空公司、家电制造业分别抽取了不同的企业作为样本。每个行业所抽取的这些企业，在服务对象、服务内容、企业规模等方面基本是相同的，统计出最近一年中消费者对 23 家企业的投诉次数，如表 7.14 所示。

表 7.14　消费者对 4 个行业的投诉次数

观察值	投诉次数			
	零售业	旅游业	航空公司	家电制造业
1	57	68	31	44
2	66	39	49	51
3	49	29	21	65
4	40	45	34	77
5	34	56	40	58
6	53	51	—	—
7	44	—	—	—

提出假设：H_0 表示几个行业的服务质量无差异；H_1 表示几个行业的服务质量有差异。

```
> A<-c(57,66,49,40,34,53,44)
```

```
> B<-c(68,39,29,45,56,51)
> C<-c(31,49,21,34,40)
> D<-c(44,51,65,77,58)
```
#将所有值存储于同一向量中
```
> length<-c(A,B,C,D)
```
#标识每个数值所属的类别
```
> site=factor(c(rep("1",length(A)),rep("2",length(B)),
        rep("3",length(C)),rep("4",length(D))))
```
#根据值与类别创建数据框
```
> dfCRp<-data.frame(length,site)
```
#绘制箱线图,如图7.6所示
```
> boxplot(length~site,data=dfCRp,names=c("零售业","旅游业","航空公司",
"家电制造业"),xlab="行业",ylab="观察值",col=rainbow(4))
```

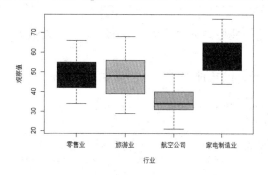

图 7.6　箱线图

#绘制一个因素的单变量效应图,如图7.7所示
```
> plot.design(length~site,fun=max,data=dfCRp,main="Group maximum")
> Plot.design(length~site,fun=min,data=dfCRp,main="Group minimum")
```

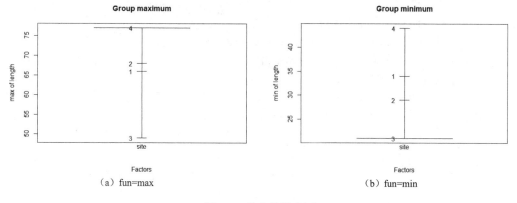

（a）fun=max　　　　　　　　　　（b）fun=min

图 7.7　单变量效应图

（1）假设检验

方差分析需要一定的假设，即数据集需要符合正态分布且各组的方差相等，可以分别用 shapiro.test 和 bartlett.test 检验的 p 值并观察是否符合这两个假设。对于不符合假设的情况，需要用非参数方法，如 Kruskal-Wallis 秩和检验。

```
> shapiro.test(dfCRp$length)

    Shapiro-Wilk normality test

data: dfCRp$length
W=0.99019,p-value=0.9972
> bartlett.test(length~site,data=dfCRp)
    Bartlett test of homogeneity of variances
data: length by site
Bartlett's K-squared=0.4301,df=3,p-value=0.934
```

正态性检验和方差齐性检验 p 值均大于 0.05，可以认为数据满足正态性和方差齐性的要求。

（2）使用函数 oneway.test( )和函数 aov( )进行方差分析

```
> aovCRp=aov(length~site,data=dfCRp)
> summary(aovCRp)
            Df  Sum Sq   Mean Sq  F value  Pr(>F)
site         3  1457     485.5    3.407    0.0388  *
Residuals   19  2708     142.5
---
Signif. codes:  0 '***' 0.001 '**' 0.01 '*' 0.05 '.' 0.1 ' ' 1
> oneway.test(length~site, data=dfCRp, var.equal=TRUE)

    One-way analysis of means

data: length and site
F=3.4066,num df=3,denom df=19,p-value=0.03876
#oneway.test()与 aov()结果基本相同
> par(mfrow=c(2,2))
> plot(aovCRp)  #如图 7.8 所示
```

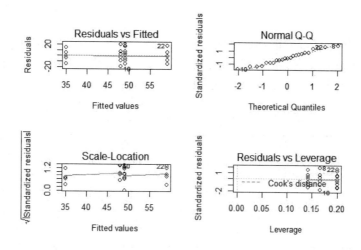

图 7.8　方差分析图

使用函数 aov( )和函数 oneway.test( )建立单因子方差模型，$p<0.05$，拒绝原假设。结论是行业对被投诉次数是有影响的，它们之间的服务质量应该有显著差异。

注意

单因子方差分析还可以使用函数 oneway.test( )，若各水平下数据的方差相等（使用选项 var.equal=TRUE），它等同于使用函数 aov( )进行一般的方差分析；若各水平下数据的方差不相等（使用选项 var.equal=FALSE），则它使用 Welch(1951)的近似方法进行方差分析。

7.4.2　双因素方差分析

双因素方差分析的基本思想和方法与单因素方差分析相似，前提条件仍然是要满足独立、正态、方差齐性。但在双因素方差分析中，有时会出现交互作用，即双因素的不同水平交叉搭配对指标产生影响。

1. 不考虑交互作用的双因素方差分析

设有 A 和 B 两个因素，因素 A 有 r 个水平 A_1，A_1，$\cdots$，A_r；因素 B 有 s 个水平 B_1，B_2，$\cdots$，B_s。在因素 A 和 B 的每一个水平组合 (A_i, B_j) 下进行一次独立试验，得到观察值 $X_{ij} \sim N(X_{ij}, \sigma^2)$，且各 X_{ij} 相互独立。

A 因素检验的假设为，$H_0(A)$ 表示 $\mu_1 = \mu_2 = \cdots = \mu_r$，$H_1(A)$ 表示 μ_i 不完全相同（$i=1$，2，$\cdots$，r）。

B 因素检验的假设为，$H_0(B)$ 表示 $\mu_1 = \mu_2 = \cdots = \mu_s$，$H_1(B)$ 表示 μ_i 不完全相同（$i=1$，

2，…，s）。

【例 7-33】有 4 个品牌的彩色电视机在 5 个地区销售，为分析彩色电视机的品牌和销售地区对销售量是否有影响，对每个品牌在各地区的销售量取得以下数据，如表 7.15 所示。试分析品牌和销售地区对彩色电视机的销售量是否有显著影响（$\alpha=0.05$）。

表 7.15　不同品牌的彩色电视机在各地区的销售量　　　　　单位：台

品牌	销售量				
	B1 地区	B2 地区	B3 地区	B4 地区	B5 地区
A1	365	350	343	340	323
A2	345	368	363	330	333
A3	358	323	353	243	308
A4	288	280	298	260	298

提出假设：H_0 表示品牌和销售地区对彩色电视机的销售量无影响；H 表示品牌和销售地区对彩色电视机的销售量有影响。

```
#读数据
> x=c(365,350,343,340,323,345,368,363,330,333,358,323,353,343,308,288,
280,298,260,298)
> A=gl(4,5)
> B=gl(5,1,20)
#绘制箱线图,如图 7.9 所示
> par(mfrow=c(1,2))
> boxplot(x~A,xlab="品牌",ylab="销量");boxplot(x~B,xlab="地区",ylab=
"销量")
> par(mfrow=c(1,1))
```

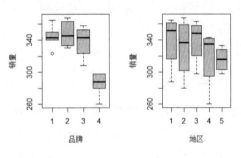

图 7.9　箱线图

```
#进行方差分析
> sell<-data.frame(x,A,B)
> sell.aov<-aov(x~A+B,data=sell)
```

```
> summary(sell.aov)
            Df  Sum Sq  Mean Sq  F value   Pr(>F)
A           3   13005   4335     18.108    9.46e-05 ***
B           4   2012    503      2.101     0.144
Residuals   12  2873    239
---
Signif. codes:  0 '***' 0.001 '**' 0.01 '*' 0.05 '.' 0.1 ' ' 1
```

由于 $p_A=9.46\times10^{-0.05}<0.05$，因此拒绝原假设，说明品牌对销售量有显著影响；由于 $p_B=0.144>0.05$，因此接受原假设，说明地区对销售量没有显著影响。

最后使用函数 bartlett.test( )分别对因素 A 和因素 B 作方差的齐性检验。

```
> bartlett.test(x~A)

    Bartlett test of homogeneity of variances
data:  x by A
Bartlett's K-squared=0.47374,df=3,p-value=0.9246
> bartlett.test(x~B)

    Bartlett test of homogeneity of variances
data:  x by B
Bartlett's K-squared=2.3405,df=4,p-value=0.6734
```

A 和 B 的 p 值均大于 0.05，接受原假设。认为因素 A 和因素 B 的各水平下的数据是等方差的。

2. 考虑交互作用的双因素方差分析

在许多情况下，因素 A 与因素 B 之间存在着一定程度的交互作用，为了考察因素间的交互作用，要求在两个因素的每一水平组合下进行重复试验。设在每种水平组合 (A_i,B_j) 下重复试验 t 次，第 k 次的观测值记为 X_{ijk}。在 R 软件中，使用函数 aov( )进行有交互作用的方差分析，其中的方差模型格式为 $X\sim A+B+A:B$。

检验因素 A 的假设为，$H_0(A)$ 表示因素 A 各水平之间的总体均值完全相等；$H_1(A)$ 表示因素 A 各水平之间的总体均值不完全相等。

检验因素 B 的假设为，$H_0(B)$ 表示因素 B 各水平之间的总体均值完全相等；$H_1(B)$ 表示因素 B 各水平之间的总体均值不完全相等。

检验因素 A、B 交互影响作用的假设为，$H_0(AB)$ 表示不存在 A、B 交互影响的作用；$H_1(AB)$ 表示存在 A、B 交互影响的作用。

【例7-34】有一个关于检验毒品强弱的试验，给 48 只老鼠注射Ⅰ、Ⅱ、Ⅲ 这 3 种毒药（因素 A），同时有 A、B、C、D 这 4 种治疗方案（因素 B），这样的试验在每一种

因素组合下都重复 4 次测试老鼠的存活时间，数据如表 7.16 所示。试分析毒药和治疗方案，以及它们的交互作用对老鼠的存活时间有无显著影响。

表 7.16　老鼠存活时间的试验报告　　　　　　　　　单位：年

毒药	存活时间							
	A 方案		B 方案		C 方案		D 方案	
I	0.31	0.45	0.82	1.10	0.43	0.45	0.45	0.71
	0.46	0.43	0.88	0.72	0.63	0.76	0.66	0.62
II	0.36	0.29	0.92	0.61	0.44	0.35	0.56	1.02
	0.40	0.23	0.49	1.24	0.31	0.40	0.71	0.38
III	0.22	0.21	0.30	0.37	0.23	0.25	0.30	0.36
	0.18	0.23	0.38	0.29	0.24	0.22	0.31	0.33

提出假设：H_0 表示毒药和治疗方案及它们的交互作用对老鼠的存活时间无影响；H_1 表示毒药和治疗方案及它们的交互作用对老鼠的存活时间有影响。

```
rats<-data.frame(
    Time=c(0.31, 0.45, 0.46, 0.43, 0.82, 1.10, 0.88, 0.72, 0.43, 0.45,
        0.63, 0.76, 0.45, 0.71, 0.66, 0.62, 0.38, 0.29, 0.40, 0.23,
        0.92, 0.61, 0.49, 1.24, 0.44, 0.35, 0.31, 0.40, 0.56, 1.02,
        0.71, 0.38, 0.22, 0.21, 0.18, 0.23, 0.30, 0.37, 0.38, 0.29,
        0.23, 0.25, 0.24, 0.22, 0.30, 0.36, 0.31, 0.33),
    Toxicant=gl(3,16,48,labels=c("I","II","III")),
    Cure=gl(4,4,48,labels=c("A","B","C","D"))
)
> par(mfrow=c(1,2))
> plot(Time~Toxicant+Cure,data=rats)  #如图 7.10 所示
```

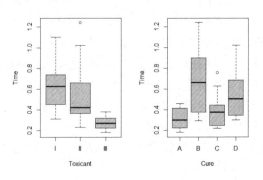

图 7.10　箱线图

```
#使用函数 interaction.plot()作出交互效应图,考察因素之间交互作用是否存在
> with(rats,interaction.plot(Toxicant,Cure,Time,trace.label="Cure"))
#如图 7.11(a)所示
> with(rats,interaction.plot(Cure,Toxicant,Time,trace.label="Toxicant"))
#如图 7.11(b)所示
```

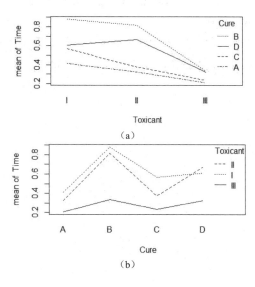

图 7.11 交互效应图

图 7.11（a）、（b）中的曲线并没有明显的相交情况出现。因此，初步认为两个因素没有交互作用。

```
> rats.aov<-aov(Time~Toxicant+Cure+Toxicant*Cure, data=rats)
> summary(rats.aov)
              Df   Sum Sq   Mean Sq   F value   Pr(>F)
Toxicant       2   1.0356   0.5178    23.225    3.33e-07 ***
Cure           3   0.9146   0.3049    13.674    4.13e-06 ***
Toxicant:Cure  6   0.2478   0.0413    1.853     0.116
Residuals     36   0.8026   0.0223
---
Signif. codes:  0 '***' 0.001 '**' 0.01 '*' 0.05 '.' 0.1 ' ' 1
```

根据 p 值可知，因素 Toxicant 和 Cure 对 Time 的影响是高度显著的，而交互作用对 Time 的影响却是不显著的。

检验因素 Toxicant 和 Cure 下的数据是否满足方差齐性的要求。

```
> bartlett.test(Time~Toxicant, data=rats)
```

```
    Bartlett test of homogeneity of variances
data:  Time by Toxicant
Bartlett's K-squared=25.806, df=2, p-value=2.49e-06
> bartlett.test(Time~Cure, data=rats)

    Bartlett test of homogeneity of variances
data:  Time by Cure
Bartlett's K-squared=13.055, df=3, p-value=0.004519
```

p 值都小于 0.05，表明两因素下的方差不满足齐性的要求。

第8章 回归分析

在探讨多个现象之间是否有依存关系时，相关分析与回归分析是两个重要的方法。相关分析主要是判断多个变量之间是否存在相关关系，并分析变量之间相关关系的形态和程度。相关分析不考虑变量间的因果关系。回归分析主要是寻求变量间的具体数学形式，即要根据自变量去估计和预测因变量。

8.1 一元线性回归

假定有两个变量 X 和 Y，X 为自变量，Y 为因变量。如果 X 和 Y 对应的散点图呈直线关系，则可以拟合成一条直线方程：

$$Y = \beta_0 + \beta_1 X + \varepsilon \qquad (8.1)$$

式中，β_0——回归常数项，是直线方程的截距；

β_1——回归系数，是直线方程的斜率；

ε——误差项，通常假定 $\varepsilon \sim N(0, \sigma^2)$。

线性回归的主要步骤有建立回归模型、求解回归模型中的参数、对回归模型进行检验等。求解回归模型参数采用最小二乘估计法。

【例8-1】以年龄和最大心率的散点图为例，如图 8.1 所示。

```
> x=c(18,23,25,35,65,54,34,56,72,19,23,42,18,39,37)
> y<-c(202,186,187,180,156,169,174,172,153,199,193,174,198,183,178)
> plot(x,y,xlab="年龄",ylab="最大心率")
> abline(lm(y~x))
```

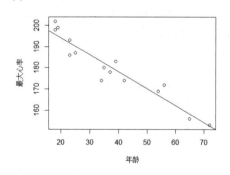

图 8.1　年龄和最大心率的散点图及拟合直线

虽然 x 与 y 之间有直线趋势存在，但并不是一一对应的。每一例实测的 y 值 y_i 与 x_i（$i=1$，2，$\cdots$，n）经回归方程估计的 $\hat{y}_i$ 值（即直线上的点）或多或少存在着某些差距，用 $(y_i - \hat{y}_i)$ 表示，称此差距为估计误差或残差。我们总是希望估计的 $\hat{y}_i$ 偏离实际观测值 y_i 的残差越小越好，即当误差平方和最小时回归模型最为理想。

$$\min(Q) = \min\sum_{i=1}^{n}(y_i - \hat{y}_i)^2 = \min\sum_{i=1}^{n}[y_i - (\beta_0 + \beta_1 x_i)]^2 \qquad (8.2)$$

为了使 Q 值达到最小，对 Q 求 β_0 和 β_1 的偏导数，并令偏导数等于 0，求解可得

$$\beta_1 = \frac{\sum_{i=1}^{n}(x_i - \overline{x})(y_i - \overline{y})}{\sum_{i=1}^{n}(x_i - \overline{x})^2} \qquad (8.3)$$

$$\beta_0 = \overline{y} - \beta_1\overline{x} \qquad (8.4)$$

式中，$\overline{x}$——样本观测值 x_i 的平均值；

$\overline{y}$——样本观测值 y_i 的平均值。

在 R 软件中，使用函数 lm( ) 求回归方程。

格式：

```
lm(formula,data,subset,weights,na.action,method="qr",model=TRUE,
x=FALSE,y=FALSE,qr=TRUE,singular.ok=TRUE,contrasts=NULL,offset,…)
```

参数说明如下。

1）formula：回归模型，为必选项。

2）data：数据框。

3）weights：用于拟合的加权向量。

4）na.action：显示数据是否包含缺失值。

更多参数设置请参见?lm( )。与回归分析有关的函数还有函数 confint( )、summary( )、anova( )、predict( )等。

【例 8-2】使用 ggplot2 包中的 diamonds 数据集，将 y 视为自变量，将 z 视为因变量，建立两者的回归方程，如图 8.2 所示。

```
> library(ggplot2)
> plot(diamonds$z~diamonds$y,xlim=c(3,10),ylim=c(2,10))
```

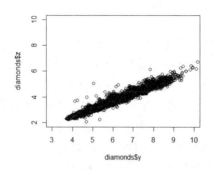

图 8.2 diamonds 的变量 y 与变量 z 的散点图

从图 8.2 中可以看出，y 与 z 呈线性关系。

```
#对数据进行线性回归
> model<-lm(z~y,data=diamonds)
#使用函数 summary()提取模型结果
> summary(model)

Call:
lm(formula=z~y,data=diamonds)

Residuals:
    Min      1Q    Median     3Q      Max
 -26.7519  -0.0525  -0.0072  0.0510  28.6051

Coefficients:
              Estimate  Std. Error  t value   Pr(>|t|)
(Intercept)  0.1655565  0.0047614    34.77    <2e-16 ***
y            0.5882225  0.0008143   722.36    <2e-16 ***
---
Signif. codes:  0 '***' 0.001 '**' 0.01 '*' 0.05 '.' 0.1 ' ' 1

Residual standard error: 0.216 on 53938 degrees of freedom
Multiple R-squared:  0.9063,Adjusted R-squared:  0.9063
F-statistic: 5.218e+05 on 1 and 53938 DF,  p-value:<2.2e-16
```

结果中，Coefficients 为模型参数结果，Intercept 表示截距。从结果可以看出，模型参数的 p 值都小于 0.05，说明截距与回归系数均具有统计学意义。模型简单评价 R^2 和校正决定系数 R^2_{adj} 均为 0.9063，校正决定系数越大表明自变量对因变量的解释程度越高。

线性模型对象调用函数 summary( )会输出大量信息，具体含义如下。

1）调用（Call）：显示调用的公式化函数。

2）残差（Residuals）：用于度量模型中每个数据点到拟合线的垂直距离。该值越小，

说明拟合性越好。

3）系数（Coefficients）：线性方程的系数估计值。

4）标准差（Std. Error）：这些系数带有误差估计，由系数表的标准误差部分给出。

5）t 值（t value）：数据相对变化差异性的度量。该值与 p 值相关联。

6）p 值（Pr(>|t|)）：显著性的统计评估。$p \leqslant 0.05$，表示其具有统计学意义。如果 $p>0.05$，则认为不具有统计学意义。旁边的星号表示显著性水平，其含义由 signif.codes 行给出解释。一般情况下，p 值在 0～0.001 之间是特别显著，用“***”号表示；在 0.001～0.01 之间是非常显著，用“**”号表示；在 0.01～0.05 之间是比较显著，用“*”号表示；在 0.05～0.1 之间是显著，通常用“.”号表示；在 0.1～1 之间是不显著。

7）残差标准差（Residual standard error）：这个误差估计值与数据的标准偏差有关。

8）多重 R^2（Multiple R-squared）：当有多个预测变量时，可以使用该 R^2 值。当向模型添加更多预测因子时，多重 R^2 值一定会上升，因为添加到模型中的某些特征无论正确与否，其必将解释部分的方差。

9）调整后的 R^2（Adjusted R-squared）：随着预测因子增多，R^2 值将不断上升，为了抵消这种偏差，当有多个特征时，调整后的 R^2 值可以更好地表示模型的准确性。

10）F 统计量（F-statistic）：模型参数的可解释方差和未解释方差之间的比率。

```
#模型置信区间估计
> confint(model)
                 2.5 %       97.5 %
(Intercept)    0.1562241   0.1748889
y              0.5866265   0.5898186
#添加模型的拟合直线，如图 8.3 所示
> abline(lm.model="red")
```

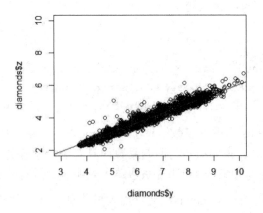

图 8.3　diamonds 的变量 y 与变量 z 的拟合图

```
#模型的残差
> res<-resid(model)
#模型参数
> parameter<-coef(model); parameter
 (Intercept)          y
 0.1655565       0.5882225
```

#使用函数 plot() 做残差正态性检验,如图 8.4 所示

```
> par(mfrow=c(2,2))
> plot(model)
```

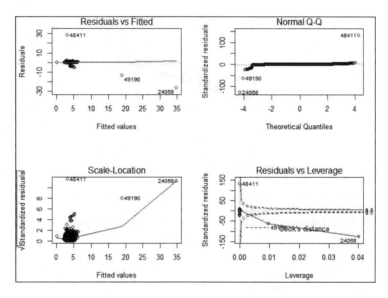

图 8.4　残差正态性检验

下面讨论预测方法。

（1）点预测

把预测变量数据保存为一个数据框，调用函数 predict( )，将数据框作为参数。

```
> point<-data.frame(y=5)
> predict(model,point)
     1
3.106669
```

当 $y=5$ 时，预测的 z 值为 3.106669。

（2）区间预测

```
> sx=sort(diamonds$y)
```

```
> pred=predict(model,data.frame(y=sx),interval="confidence")
> conf=predict(model,data.frame(y=sx),interval="prediction")
> plot(z~y,data=diamonds,xlim=c(3,10),ylim=c(2,10))
#95%置信区间线
> lines(sx,conf[,2],col="red"); lines(sx,conf[,3],col="green")
#95%预测区间线,如图 8.5 所示
> lines(sx,pred[,2],lty=3,col="yellow");lines(sx,pred[,3],lty=3,
col="blue")
```

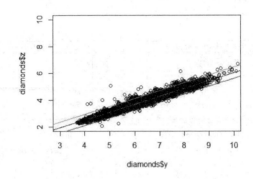

图 8.5　diamonds 数据集的置信区间预测图

可通过成分残差图判断因变量与自变量之间是否呈非线性关系，也可以看是否不同于已设定线性模型的系统偏差，图形可用 car 包中的函数 crPlots( )绘制。图形存在非线性关系，说明对预测变量的函数形式建模不够充分。

```
> library(car)
> crPlots(model) #如图 8.6 所示
```

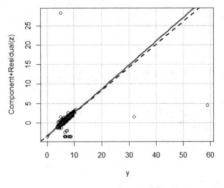

图 8.6　偏残差图

此图形呈线性关系，说明建模比较充分。

8.2 多元线性回归

一元线性回归模型只关注因变量与一个自变量之间的线性关系。但在实际问题中，影响因变量的因素往往不是只有一个，需要运用多元线性回归方法进行分析。

8.2.1 数学模型

设变量 Y 与变量 $X_1, X_2, \cdots, X_p$ 之间具有线性关系，即

$$Y = \beta_0 + \beta_1 X_1 + \cdots + \beta_p X_p + \varepsilon \tag{8.5}$$

式中，$\beta_0, \beta_1, \cdots, \beta_p$ ——回归系数。

若 n 次观测值为 $(X_{i1}, X_{i2}, \cdots, X_{ip}, Y_i)$，$i=1,2,\cdots,n$，则 n 个观测值可写为如下形式：

$$\begin{cases} y_1 = \beta_0 + \beta_1 X_{11} + \beta_2 X_{12} + \cdots + \beta_p X_{1p} + \varepsilon_1 \\ y_2 = \beta_0 + \beta_1 X_{21} + \beta_2 X_{22} + \cdots + \beta_p X_{2p} + \varepsilon_2 \\ \qquad\qquad\qquad\vdots \\ y_n = \beta_0 + \beta_1 X_{n1} + \beta_2 X_{n2} + \cdots + \beta_p X_{np} + \varepsilon_n \end{cases} \tag{8.6}$$

式中，$\varepsilon_i \in N(0, \sigma^2)$，且独立同分布。

若将方程组用矩阵表示，令

$$\boldsymbol{Y} = \begin{bmatrix} y_1 \\ y_2 \\ \vdots \\ y_n \end{bmatrix}, \quad \boldsymbol{\beta} = \begin{bmatrix} \beta_0 \\ \beta_1 \\ \vdots \\ \beta_p \end{bmatrix}, \quad \boldsymbol{X} = \begin{bmatrix} 1\ x_{11}\ x_{12} \cdots x_{1p} \\ 1\ x_{21}\ x_{22} \cdots x_{2p} \\ \vdots \\ 1\ x_{n1}\ x_{n2} \cdots x_{np} \end{bmatrix}, \quad \boldsymbol{\varepsilon} = \begin{bmatrix} \varepsilon_1 \\ \varepsilon_2 \\ \vdots \\ \varepsilon_n \end{bmatrix}$$

则多元线性模型可表示为

$$\boldsymbol{Y} = \boldsymbol{X}\boldsymbol{\beta} + \boldsymbol{\varepsilon} \tag{8.7}$$

式中，$\boldsymbol{Y}, \boldsymbol{\varepsilon}$ ——n 维向量；

$\boldsymbol{X}$——$n \times (p+1)$ 阶矩阵；

$\boldsymbol{\beta}$ ——$p+1$ 维向量。

8.2.2 显著性检验

在多元线性回归中，有两种显著性检验。一种是回归方程显著性检验，检验该组数据是否适用于线性方程作回归。考虑假设检验问题：H_0 表示 $\beta_0 = \beta_1 = \cdots = \beta_p = 0$；$H_1$ 表示 $\beta_0, \beta_1, \cdots, \beta_p$ 不全为 0。另一种是回归系数的显著性检验，检验某个变量的系数是否为 0。考虑假设检验问题：H_0 表示 $\beta_j = 0$；H_1 表示 $\beta_j \neq 0 (j = 0, 1, \cdots, p)$。

【例 8-3】以某项"冠状动脉缓慢血流现象"的影响因素研究为例，以前降支、回旋

支、右冠状动脉 3 支血管的平均 TIMI 帧基数（mtfc）作为研究变量，调查的影响因素有年龄（age，岁）、收缩压（sbp，mmHg）、舒张压（dbp，mmHg）、白细胞（wbc，10^2 个/L），目标是寻找影响 mtfc 变化的因素。

```
> blood<-read.csv("blood.csv")
> library(car)
> scatterplotMatrix(blood,smooth=list(spread=TRUE,lty.smooth=1,
lwd.smooth=1.5,lty.spread=3, lwd.spread=2,col.smooth="red"))
#如图8.7所示
```

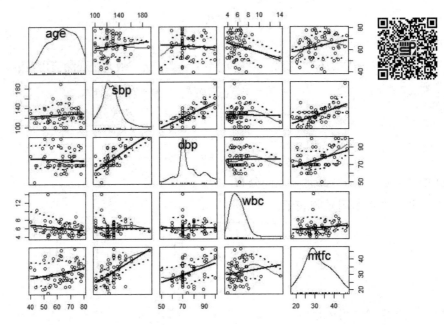

图 8.7　散点矩阵图

```
#建立线性模型
> lm.model<-lm(mtfc~age+sbp+dbp+wbc,data=blood)
> summary(lm.model)

Call:
lm(formula=mtfc~age+sbp+dbp+wbc,data=blood)

Residuals:
   Min      1Q     Median      3Q       Max
 -15.3010  -3.0202  -0.0171   2.3626   12.5424

Coefficients:
```

```
                Estimate    Std. Error    t value    Pr(>|t|)
(Intercept)     -13.77139    8.23278       -1.673     0.10050
age               0.16272    0.07463        2.180     0.03388 *
sbp               0.20813    0.06273        3.318     0.00168 **
dbp               0.04392    0.09327        0.471     0.63971
wbc               0.91334    0.45334        2.015     0.04922 *
---
Signif. codes:  0 '***' 0.001 '**' 0.01 '*' 0.05 '.' 0.1 ' ' 1

Residual standard error: 5.586 on 51 degrees of freedom
Multiple R-squared:  0.4114,Adjusted R-squared:  0.3652
F-statistic: 8.911 on 4 and 51 DF,  p-value: 1.552e-05
#分析自变量的相关系数
> cor(blood[1:4])
           age          sbp            dbp             wbc
age   1.0000000    0.10515656    -0.059799697    -0.222746594
sbp   0.1051566    1.00000000     0.691707562    -0.030466052
dbp  -0.0597997    0.69170756     1.000000000     0.003302349
wbc  -0.2227466   -0.03046605     0.003302349     1.000000000
```

相关分析结果表明，sbp 和 dbp 有明显的正相关作用。说明单因素分析中，dbp 对因变量的作用同时包含部分 sbp 的正向作用，所以删除 dbp 变量。同时，观察到 wbc 变量估计结果的标准误为 0.45334，远高于其他变量，所以对 wbc 实现对数转换，继续建模。

```
> lm.model<-lm(mtfc~age+sbp+log(wbc),data=blood)
> summary(lm.model)

Call:
lm(formula=mtfc~age+sbp+log(wbc),data=blood)

Residuals:
    Min       1Q     Median       3Q        Max
 -15.7634   -3.0155   0.0769    2.4431    12.6482

Coefficients:
                Estimate    Std. Error    t value    Pr(>|t|)
(Intercept)     -18.67195    9.17172       -2.036     0.0469 *
age               0.15739    0.07214        2.182     0.0337 *
sbp               0.22466    0.04398        5.108     4.71e-06 ***
log(wbc)          6.79900    3.06174        2.221     0.0308 *
---
Signif. codes:  0 '***' 0.001 '**' 0.01 '*' 0.05 '.' 0.1 ' ' 1
```

```
Residual standard error: 5.504 on 52 degrees of freedom
Multiple R-squared: 0.4174,    Adjusted R-squared: 0.3838
F-statistic: 12.42 on 3 and 52 DF,  p-value: 3.068e-06
```

由结果可以看出，重新建模后，系数的显著性得到了提高。由于用于回归方程检验的 F 统计量的 p 值与用于回归系数检验的 t 统计量的 p 值均小于 0.05，因此回归方程与回归系数的检验都是显著的，回归方程为

$$\text{mftc}=0.0469+0.15739\times\text{age}+0.22466\times\text{sbp}+6.79\times\log(\text{wbc})$$

8.2.3 预测

与一元线性回归相同，在 R 软件中使用函数 predict( ) 求多元线性回归预测。

【例 8-4】求例 8-3 中 age=35、sbp=110、wbc=7 时，相应 mftc 的观测值与 0.95 预测区间。

```
> x<-data.frame(age=35,sbp=110,wbc=7)
> predict(lm.model,x)
     1
24.7797
> lm.pred<-predict(lm.model, x, interval="prediction", level=0.95)
> lm.pred
     fit        lwr       upr
1 24.7797  12.88891   36.6705
```

由此，$\widehat{\text{mftc}}=24.7797$，mftc 的 95%预测区间为[12.88891, 36.6705]。

8.2.4 修正拟合模型

如果对已经建立的模型进行调整，可以在原有模型的基础上，使用函数 update( ) 修正模型。

格式：

```
new.model<-update(old.model, new.formula)
```

参数说明如下。

1）new.model：表示新模型。

2）old.model：表示旧模型。

3）new.formula：表示新模型的公式。在 new.formula 中，采用点 "." 表示 old.model 中的相应部分。

```
> lm1<-lm(mtfc~age+sbp,data=blood)
```

```
> lm2<-update(lm1,.~.+dbp,data=blood)
> lm3<-update(lm2,.~.-dbp+log(wbc),data=blood)
> lm4<-update(lm3,sqrt(.)~.,data=blood)
```

【例8-5】27名糖尿病患者的血清总胆固醇（X_1）、甘油三酯（X_2）、空腹胰岛素（X_3）、糖化血红蛋白（X_4）、空腹血糖（Y）的测量值，如表8.1所示。请建立空腹血糖与其他指标的多元线性回归方程。

表 8.1 糖尿病患者的指标

编号	血清总胆固醇（X_1）测量值	甘油三酯（X_2）测量值	空腹胰岛素（X_3）测量值	糖化血红蛋白（X_4）测量值	空腹血糖（Y）测量值
1	5.68	1.90	4.53	8.2	11.2
2	3.79	1.64	7.32	6.9	8.8
3	6.02	3.56	6.95	10.8	12.3
4	4.85	1.07	5.88	8.3	11.6
5	4.60	2.32	4.05	7.5	13.4
6	6.05	0.64	1.42	13.6	18.3
7	4.90	8.50	12.60	8.5	11.1
8	7.08	3.00	6.75	11.5	12.1
9	3.85	2.11	16.28	7.9	9.6
10	4.65	0.63	6.59	7.1	8.4
11	4.59	1.97	3.61	8.7	9.3
12	4.29	1.97	6.61	7.8	10.6
13	7.97	1.93	7.57	9.9	8.4
14	6.19	1.18	1.42	6.9	9.6
15	6.13	2.06	10.35	10.5	10.9
16	5.71	1.78	8.53	8.0	10.1
17	6.40	2.40	4.53	10.3	14.8
18	6.06	3.67	12.79	7.1	9.1
19	5.09	1.03	2.53	8.9	10.8
20	6.13	1.71	5.28	9.9	10.2
21	5.78	3.36	2.96	8.0	13.6
22	5.43	1.13	4.31	11.3	14.9
23	6.50	6.21	3.47	12.3	16.0
24	7.98	7.92	3.37	9.8	13.2
25	11.54	10.89	1.20	10.5	20.0
26	5.84	0.92	8.61	6.4	13.3
27	3.84	1.20	6.45	9.6	10.4

下面建立多元回归方程，观察模型中各变量的回归系数显著性，并分析变量间的交互性，使用函数 update()更新模型，直至回归系数的显著性及 Multiple R-squared 值都有所提高。具体步骤如下：

```
#输入数据
> x1<-c(5.68,3.79,6.02,4.85,4.60,6.05,4.90,7.08,3.85,4.65,4.59,
  4.29,7.97,6.19,6.13,5.71,6.40,6.06,5.09,6.13,5.78,5.43,6.50,7.98,
  11.54,5.84,3.84)
> x2<-c(1.90,1.64,3.56,1.07,2.32,0.64,8.50,3.00,2.11,0.63,1.97,
  1.97,1.93,1.18,2.06,1.78,2.40,3.67,1.03,1.71,3.36,1.13,6.21,7.92,
  10.89,0.92,1.20)
> x3<-c(4.53,7.32,6.95,5.88,4.05,1.42,12.60,6.75,16.28,6.59,3.61,
  6.61,7.57,1.42,10.35,8.53,4.53,12.79,2.53,5.28,2.96,4.31,3.47,3.37,
  1.20,8.61,6.45)
> x4<-c(8.2,6.9,10.8,8.3,7.5,13.6,8.5,11.5,7.9,7.1,8.7,7.8,9.9,6.9,
  10.5,8.0,10.3,7.1,8.9,9.9,8.0,11.3,12.3,9.8,10.5,6.4,9.6)
> y<-c(11.2,8.8,12.3,11.6,13.4,18.3,11.1,12.1,9.6,8.4,9.3,10.6,8.4,
  9.6,10.9,10.1,14.8,9.1,10.8,10.2,13.6,14.9,16.0,13.2,20.0,13.3,10.4)
> diabetes<-data.frame(x1,x2,x3,x4,y)
#用所有的自变量与因变量建立线性模型
> lm.model<-lm(y~x1+x2+x3+x4,data=diabetes)
> summary(lm.model)

Call:
lm(formula=y~x1+x2+x3+x4,data=diabetes)

Residuals:
    Min      1Q    Median      3Q       Max
 -3.6268  -1.2004  -0.2276   1.5389   4.4467

Coefficients:
            Estimate  Std. Error  t value  Pr(>|t|)
(Intercept)  5.9433    2.8286      2.101    0.0473 *
x1           0.1424    0.3657      0.390    0.7006
x2           0.3515    0.2042      1.721    0.0993 .
x3          -0.2706    0.1214     -2.229    0.0363 *
x4           0.6382    0.2433      2.623    0.0155 *
---
Signif. codes:  0 '***' 0.001 '**' 0.01 '*' 0.05 '.' 0.1 ' ' 1

Residual standard error: 2.01 on 22 degrees of freedom
Multiple R-squared:  0.6008,Adjusted R-squared:  0.5282
F-statistic: 8.278 on 4 and 22 DF,  p-value: 0.0003121
```

从结果可以看出，X_1 没有显著性，在原模型的基础上把 X_1 去掉。

```
> lm2.model<-update(lm.model,.~.-x1, data=diabetes)
> summary(lm2.model)
Call:
lm(formula=y~x2+x3+x4,data=diabetes)

Residuals:
    Min       1Q     Median      3Q       Max
  -3.2692  -1.2305   -0.2023   1.4886    4.6570

Coefficients:
             Estimate   Std. Error   t value   Pr(>|t|)
(Intercept)  6.4996     2.3962       2.713     0.01242  *
x2           0.4023     0.1541       2.612     0.01559  *
x3          -0.2870     0.1117      -2.570     0.01712  *
x4           0.6632     0.2303       2.880     0.00845  **
---
Signif. codes:  0 '***' 0.001 '**' 0.01 '*' 0.05 '.' 0.1 ' ' 1

Residual standard error: 1.972 on 23 degrees of freedom
Multiple R-squared:  0.5981,Adjusted R-squared:  0.5456
F-statistic: 11.41 on 3 and 23 DF,p-value: 8.793e-05
```

将 X_1 去掉后的模型，回归系数显著性有所提高，但 Multiple R-squared 有所降低。

```
#查看各变量间的相关性
> cor(diabetes)
         x1           x2           x3          x4           y
x1   1.0000000   0.63150583  -0.35479471   0.4152708   0.5585251
x2   0.6315058   1.00000000  -0.03863221   0.2189743   0.4585096
x3  -0.3547947  -0.03863221   1.00000000  -0.3297787  -0.5101213
x4   0.4152708   0.21897432  -0.32977870   1.0000000   0.6096420
y    0.5585251   0.45850963  -0.51012130   0.6096420   1.0000000
```

从结果可见，X_1 与 X_2 具有一定的相关性，所以考虑两者的交互性，更新模型。

```
> lm3.model<-update(lm.model,.~.-x1-x2+I(x1*x2),data=diabetes)
> summary(lm3.model)
Call:
lm(formula=y~x3+x4+I(x1*x2),data=diabetes)

Residuals:
    Min       1Q     Median      3Q       Max
  -3.5403  -1.2730   -0.1208   1.2193    4.3682
```

```
Coefficients:
            Estimate   Std. Error   t value    Pr(>|t|)
(Intercept)  6.48525    2.31258      2.804      0.01007   *
x3          -0.23389    0.10865     -2.153      0.04207   *
x4           0.65824    0.22158      2.971      0.00685   **
I(x1*x2)     0.04610    0.01536      3.002      0.00636   **
---
Signif. codes:  0 '***' 0.001 '**' 0.01 '*' 0.05 '.' 0.1 ' ' 1

Residual standard error: 1.903 on 23 degrees of freedom
Multiple R-squared:  0.6256,Adjusted R-squared:  0.5767
F-statistic: 12.81 on 3 and 23 DF,p-value: 3.97e-05
```

结果可知，回归系数的显著性有所提升，Multiple R-squared 值也略有提高。所得模型为

$$Y = 6.48525 - 0.23389X_3 + 0.65824X_4 + 0.04610X_1X_2$$

8.2.5 逐步回归

逐步回归根据方向的不同，分为前向逐步回归和后向逐步回归两种策略。其中，前向逐步回归是从零特征模型开始，然后每次添加一个特征，直到所有特征添加完毕。在这个过程中，由添加的选定特征所建立的模型具有最小残差平方和（RSS）。后向逐步回归是从一个包含所有特征的模型开始，每次删除一个起最小作用的特征。

1. 模型评价

通常采用 4 个统计量来评价模型的优劣：赤池信息量准则（Akaike information criterion，AIC）、马洛斯的 CP、贝叶斯信息量准则（Bayesian information criterion，BIC）和修正 R^2。AIC、CP、BIC 的目标是追求统计量的值最小化；修正 R^2 的目标追求统计量的值最大化。计算公式分别如下：

$$AIC = n\log\left(\frac{RSS}{n}\right) + 2p \tag{8.8}$$

$$CP = \frac{RSS}{MSE_f} - n + 2p \tag{8.9}$$

$$BIC = n\log\left(\frac{RSS}{n}\right) + p\log n \tag{8.10}$$

$$R^2 = 1 - \left(\frac{RSS}{n-p-1}\right)\Big/\left(\frac{R^2}{n-1}\right) \tag{8.11}$$

式中，p——检验模型中的特征数量；

n——样本大小；

MSE_f——包含所有特征的模型误差的平方均值（均方误差）；

RSS——预测值与实际值之间的残差平方和。

【例 8-6】以例 8-5 中的糖尿病数据 diabetes 为例。

```
> fit<-lm(y~.,data=diabetes)
#建立初始模型之后,使用最优子集法,用 leaps 包中的函数 regsubsets()建立一个
#sub.fit 对象
> library(leaps)
> sub.fit<-regsubsets(y~.,data=diabetes)
#生成 best.summary 对象,并用函数 names()列出输出结果
> best.summary<-summary(sub.fit)
> names(best.summary)
[1] "which""rsq""rss""adjr2""cp""bic""outmat""obj"
#which.min()与 which.max()可以输出某模型所用特征的最小值和最大值
> which.min(best.summary$rss)
[1] 4
```

RSS 会随着输入数目的增多而减小，所以在此报出所有特征的个数。

在线性模型中，AIC 与 CP 成正比，在此只关注 CP。BIC 与 CP 相比，更倾向于选择变量较少的模型。

```
> par(mfrow=c(1,2))
> plot(best.summary$cp,xlab='number of feature',ylab='cp')
> plot(sub.fit,scale='Cp') #如图 8.8 所示
```

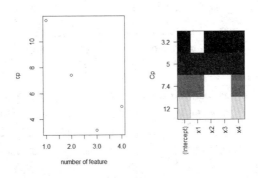

图 8.8　CP 结果

图 8.8 的左侧图表明，有 3 个特征使模型取得最小值；在右侧图中找到纵向轴 CP 取最小值 3.2 时对应的横向坐标色块，其中包括 x_2、x_3、x_4 这 3 个特征。

再查看 BIC 准则下的选择情况。

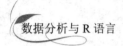

```
> plot(best.summary$bic,xlab='number of feature',ylab='bic')
> plot(sub.fit,scale='bic')  #如图 8.9 所示
```

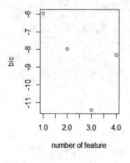 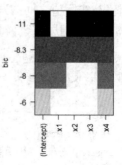

图 8.9 BIC 结果

```
> which.min(best.summary$bic)
[1] 3
> which.max(best.summary$adjr2)
[1] 3
```

可以看出，BIC、CP 与修正 R^2 选择的最优模型是一致的。

```
> best.fit<-lm(y~x2+x3+x4,data=diabetes)
> summary(best.fit)
```

```
Call:
lm(formula = y~x2+x3+x4, data=diabetes)

Residuals:
   Min       1Q     Median      3Q       Max
 -3.2692  -1.2305   -0.2023   1.4886    4.6570

Coefficients:
            Estimate Std. Error t  value   Pr(>|t|)
(Intercept)  6.4996     2.3962    2.713   0.01242 *
x2           0.4023     0.1541    2.612   0.01559 *
x3          -0.2870     0.1117   -2.570   0.01712 *
x4           0.6632     0.2303    2.880   0.00845 **
---
Signif. codes:  0 '***' 0.001 '**' 0.01 '*' 0.05 '.' 0.1 ' ' 1

Residual standard error: 1.972 on 23 degrees of freedom
Multiple R-squared: 0.5981,  Adjusted R-squared: 0.5456
```

```
F-statistic: 11.41 on 3 and 23 DF,  p-value: 8.793e-05
#由结果可见,3个特征变量均具有显著性,生成诊断图,如图8.10所示。
> par(mfrow=c(2,2))
> plot(best.fit)
```

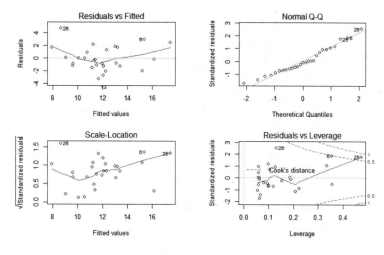

图 8.10　诊断图

从如图 8.10 所示的诊断图中可以发现，残差具有固定的方差，并且服从正态分布。

接下来，研究共线性的问题。当自变量彼此相关时，估计的效应会由于模型中的其他自变量而改变数值和符号。这一问题称为共线性或多重共线性。

对于 p（$p>2$）个自变量，如果存在某些常数 c_0，c_1，…，c_p，使线性等式

$$c_1 X_1 + c_2 X_2 + \cdots + c_p X_p = c_0 \tag{8.12}$$

近似成立，则表示 p 个变量存在多重共线性。

引入方差膨胀因子统计量（variance inflation factor，VIF），它是一个比率，计算公式为

$$\mathrm{VIF} = \frac{1}{1 - R_i^2} \tag{8.13}$$

当 VIF 取得最小值 1 时，表示根本不存在共线性；当 VIF 值大于 5 时，说明存在严重的共线性。

car 包提供函数 vif( )用于计算 VIF 值。

```
> vif(best.fit)
     x2          x3          x4
 1.051763   1.123518   1.178342
> plot(fit$fitted.values,diabetes$y)  #如图8.11所示
```

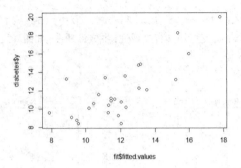

图 8.11 预测值与真实值的散点图

使用 ggplot2 美化图形。

```
> diabetes['Actual']=diabetes$y
> diabetes$Forecast=predict(fit)
> library(ggplot2)
> p<-ggplot(diabetes,aes(x=Forecast,y=Actual))
> p+geom_point()+geom_smooth(method=lm)+labs(title="Forecast versus
  Actual")
#如图 8.12 所示
```

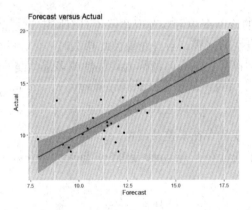

图 8.12 预测值与真实值的散点图（使用 ggplot2 美化后）

2. step( )函数

R 软件提供逐步回归计算函数 step( )，以 AIC 信息统计量为准则，通过最小化 AIC 值实现特征变量的增减。

格式：

```
step(object,scope,scale=0,direction=c("both","backward","forward"),
trace=1,keep=NULL,steps=1000,k=2,…)
```

参数说明如下。

1）object：回归模型。

2）scope：确定逐步搜索的区域。

3）scale：用于 AIC 统计量。

4）direction：确定逐步搜索的方向，both 指混合法，backward 指后退法，forward 指前向法。

【例 8-7】随着经济发展，银行贷款额持续增长，但不良贷款额的比例也随之增高。表 8.2 中的数据为某银行的主要业务数据（数据保存在文件 bank.csv 中），对此数据进行多元线性回归分析，预测不良贷款与哪些因素相关。

表 8.2　某银行的主要业务数据

分行编号	不良贷款 (y) /亿元	各项贷款余额 (x_1) /亿元	本年累计应收贷款 (x_2) /亿元	贷款项目个数 (x_3)	本年固定资产投资额 (x_4) /亿元
1	0.9	67.3	6.8	5	51.9
2	1.1	111.3	19.8	16	90.9
3	4.8	173	7.7	17	73.7
4	3.2	80.8	7.2	10	14.5
5	7.8	199.7	16.5	19	63.2
6	2.7	16.2	2.2	1	2.2
7	1.6	107.4	10.7	17	20.2
8	12.5	185.4	27.1	18	43.8
9	1	96.1	1.7	10	55.9
10	2.6	72.8	9.1	14	64.3
11	0.3	64.2	2.1	11	42.7
12	4	132.2	11.2	23	76.7
13	0.8	58.6	6	14	22.8
14	3.5	174.6	12.7	26	117.1
15	10.2	263.5	15.6	34	146.7
16	3	79.3	8.9	15	29.9
17	0.2	14.8	0.6	2	42.1
18	0.4	73.5	5.9	11	25.3
19	1	24.7	5	4	13.4
20	6.8	139.4	7.2	28	64.3
21	11.6	368.2	16.8	32	163.9
22	1.6	95.7	3.8	10	44.5
23	1.2	109.6	10.3	14	67.9
24	7.2	196.2	15.8	16	39.7
25	3.2	102.2	12	10	97.1

为了找到与不良贷款相关的重要因素，首先根据所有变量建立多元回归方程，观察回归系数的显著性水平，然后利用函数 step( )实现逐步回归，根据 AIC 准则获得最优的回归方程，具体步骤如下。

```
#读数据
> bank<-read.csv("bank.csv")
> head(bank)
> fit<-lm(y~.,data=bank)
> summary(fit)

Call:
lm(formula=y~.,data=bank)

Residuals:
     Min      1Q   Median      3Q     Max
 -2.9198  -0.9507  -0.2880  1.0334  3.1037

Coefficients:
              Estimate  Std. Error   t value   Pr(>|t|)
(Intercept)   -1.02164    0.78237     -1.306    0.20643
x1             0.04004    0.01043      3.837    0.00103 **
x2             0.14803    0.07879      1.879    0.07494 .
x3             0.01453    0.08303      0.175    0.86285
x4            -0.02919    0.01507     -1.937    0.06703 .
---
Signif. codes:  0 '***' 0.001 '**' 0.01 '*' 0.05 '.' 0.1 ' ' 1

Residual standard error: 1.779 on 20 degrees of freedom
Multiple R-squared:  0.7976,Adjusted R-squared:  0.7571
F-statistic:  19.7 on 4 and 20 DF,  p-value: 1.035e-06
```

从结果可知，如果选择全部变量作回归方程，除 x_1 外，其余的回归系数都没有通过显著性检验，效果不好。采用函数 step( )进行逐步回归。

```
> fit.step<-step(fit)
Start:  AIC=33.22
y~x1+x2+x3+x4

         Df  Sum of Sq    RSS     AIC
-x3       1      0.097   63.376  31.255
<none>                   63.279  33.217
-x2       1     11.168   74.447  35.280
-x4       1     11.868   75.147  35.514
```

```
-x1    1      46.594     109.873  45.011

Step: AIC=31.26
y~x1+x2+x4

       Df  Sum of Sq    RSS      AIC
<none>                  63.376   31.255
-x2    1      11.333    74.709   33.368
-x4    1      12.147    75.523   33.639
-x1    1      69.939    133.315  47.846
```

从结果可知，全部变量做回归分析时，AIC 值为 33.22。如果去掉变量 x_3，得到回归方程的 AIC 值为 31.255；如果去掉变量 x_2，则 AIC 值为 35.280；如果去掉变量 x_4，则 AIC 值为 35.514；如果去掉变量 x_1，则 AIC 值为 45.011。但只有去掉变量 x_3，才会使回归方程的 AIC 值减小，其余的操作都会使 AIC 值增加。所以，下一步自动将变量 x_3 去掉，得到最优的回归方程。

```
> summary(fit.step)

Call:
lm(formula=y~x1+x2+x4,data=bank)

Residuals:
    Min       1Q    Median       3Q      Max
 -2.8531  -0.8766  -0.3685   0.9586   3.0772

Coefficients:
              Estimate  Std. Error  t value  Pr(>|t|)
(Intercept)  -0.971605   0.711240   -1.366   0.1864
x1            0.041039   0.008525    4.814   9.31e-05 ***
x2            0.148858   0.076817    1.938   0.0662 .
x4           -0.028502   0.014206   -2.006   0.0579 .
---
Signif. codes:  0 '***' 0.001 '**' 0.01 '*' 0.05 '.' 0.1 ' ' 1

Residual standard error: 1.737 on 21 degrees of freedom
Multiple R-squared:  0.7973,Adjusted R-squared:  0.7683
F-statistic: 27.53 on 3 and 21 DF,p-value: 1.802e-07
```

从结果可知，回归系数的显著性有所提高，但还不是很理想，仍需要进一步优化。

8.3 非线性回归

在实际问题中，各种变量之间的关系不一定呈线性关系，所以线性回归模型也不尽合理，需要进行非线性回归分析。具体分析时应该如何选择合适的非线性函数，是值得考虑的问题，主要关注 3 个方面：①所选用的函数形式要以相应的理论分析为指导，与基本理论阐明的规律相一致；②所选的函数形式要与样本数据有较好的拟合程度；③函数形式要尽可能简单，应尽可能选用可以转换为线性模型的非线性函数形式。

常用的可以转换为线性模型的非线性函数形式有以下几种。

1. 幂函数

幂函数的基本形式为

$$Y_i = \beta_1 X_i^{\beta_2} \mathrm{e}^{\mu_i} \tag{8.14}$$

式中，μ_i——随机项；

β_1, β_2——参数。

将式（8.14）转换为线性形式，两边取对数，得

$$\ln Y_i = \ln \beta_1 + \beta_2 \ln X_i + \mu_i \tag{8.15}$$

在式（8.15）中，新变量 $\ln Y$ 和 $\ln X$ 转换为线性关系，可以按线性回归方式估计其参数。

2. 对数函数

对数函数分为自变量为对数和因变量为对数两种情况。

当自变量为对数时，方程为

$$Y_i = a + b \ln X_i + u_i \tag{8.16}$$

当因变量为对数时，也称为对数线性模型，方程为

$$\ln Y_i = a + b X_i + u_i \tag{8.17}$$

在对数函数中，变量 Y 和 X 是非线性关系，然而把 $\ln X$ 和 $\ln Y$ 视为新变量，就可以用线性回归方式估计参数。

3. 指数函数

指数函数的形式为

$$Y_i = a b^{X_i} \mathrm{e}^{u_i} \tag{8.18}$$

当 $a>0$、$b>1$ 时，曲线随 X 的递增而上升；当 $a>0$、$0<b<1$ 时，曲线随 X 的递增而下降。指数函数中的 Y 和 X 是非线性关系，两边取对数，转换为线性函数：

$$\ln Y_i = \ln a + X_i \ln b + u_i \qquad (8.19)$$

因变量 $\ln Y_i$ 和自变量 X_i 就可以使用线性回归方程估计其参数了。

需要注意的是，并非所有的非线性回归函数均能转换为线性回归函数。

【例 8-8】为了分析某市生产总值（Y）与资金投入量（K）和从业人员（L）之间的关系，运用柯柏-道格拉斯生产函数建立理论回归方程：

$$Y_i = A K_i^{\alpha} L_i^{\beta} e^{u_i} \qquad (8.20)$$

数据如表 8.3 所示（gdp.csv 文件）。

表 8.3　某市生产总值（Y）与资金投入量（K）和从业人员（L）之间的关系

年份	GDP	资金投入量（K）	从业人员（L）
1980	103.52	461.67	394.79
1981	107.96	476.32	413.02
1982	114.10	499.13	420.50
1983	123.40	527.22	435.60
1984	147.47	561.02	447.50
1985	175.71	632.11	455.90
1986	194.67	710.51	466.94
1987	220.00	780.12	470.93
1988	259.64	895.66	465.15
1989	283.34	988.65	469.79
1990	310.95	1075.37	470.07
1991	342.75	1184.58	479.67

当回归方程为非线性函数时，需要考虑将其转换为线性函数，再建立线性回归模型，获得回归系数。具体步骤如下。

```
> gdp<-read.csv("gdp.csv")
> gdp<-gdp[,-1]
#取对数,做线性回归
> fit<-lm(log(GDP)~log(K)+log(L),data=gdp)
> summary(fit)

Call:
lm(formula=log(GDP)~log(K)+log(L),data=gdp)

Residuals:
    Min       1Q      Median      3Q       Max
 -0.055089  -0.017641  0.001007  0.025109  0.045410

Coefficients:
```

```
                Estimate  Std. Error  t value   Pr(>|t|)
(Intercept)     -9.38097    1.69494    -5.535   0.000364 ***
log(K)           1.08638    0.06218    17.472   2.98e-08 ***
log(L)           1.22475    0.33407     3.666   0.005185 **
---
Signif. codes:  0 '***' 0.001 '**' 0.01 '*' 0.05 '.' 0.1 ' ' 1

Residual standard error: 0.03331 on 9 degrees of freedom
Multiple R-squared:  0.9951,  Adjusted R-squared:  0.9941
F-statistic: 921.7 on 2 and 9 DF,  p-value: 3.885e-11
```

估计的结果为

$$\ln(\widehat{\mathrm{GDP}_i}) = -9.38097 + 1.08638\ln(\hat{K}_i) + 1.22475\ln(\hat{L}_i)$$

除转换为线性回归模型外，R 软件中的函数 nls( )可以直接求解非线性最小二乘问题，实现模型的参数估计。

格式：

```
nls(formula,data,start,control,algorithm,trace,subset,weights,
na.action,model,lower,upper,…)
```

参数说明如下。

1）formula：包括变量和参数的非线性拟合公式。

2）data：数据框。

3）start：初始点，必须以列表（list）形式给出。

更多参数，请参见?nls( )。

【例 8-9】为了对重伤患者出院后的长期恢复情况进行预测，自变量为住院天数（X），因变量为预后指数（Y），指数的数值越大表示预后结局越好，数据如表 8.4 所示。变量服从非线性模型。

$$Y_i = \theta_0 \exp(\theta_1 X_i) + \varepsilon_i, \quad i = 1,2,\cdots,15 \tag{8.21}$$

表 8.4 有关重伤患者的数据

病号	住院天数（X）	预后指数（Y）	病号	住院天数（X）	预后指数（Y）
1	2	54	9	34	18
2	5	50	10	38	13
3	7	45	11	45	8
4	10	37	12	52	11
5	14	35	13	53	8
6	19	25	14	60	4
7	26	20	15	65	6
8	31	16			

本例中，变量服从非线性模型，其方程中包括指数函数，因此可以将方程两边取对数，将其转换为线性模型。具体步骤如下：

```
#输入数据
> x<-c(2,5,7,10,14,19,26,31,34,38,45,52,53,60,65)
> y<-c(54,50,45,37,35,25,20,16,18,13,8,11,8,4,6)
#将数据转化为数据框对象
> df<-data.frame(x,y)
#取对数,做线性回归
> fit<-lm(log(y)~x+1,data=df)
> summary(fit)

Call:
lm(formula = log(y) ~ x + 1, data = df)

Residuals:
    Min        1Q      Median        3Q         Max
 -0.37241   -0.07073   0.02777    0.05982    0.33539

Coefficients:
            Estimate Std. Error t value Pr(>|t|)
(Intercept)  4.037159   0.084103   48.00   5.08e-16 ***
x           -0.037974   0.002284  -16.62   3.86e-10 ***
---
Signif. codes:
0 '***' 0.001 '**' 0.01 '*' 0.05 '.' 0.1 ' ' 1

Residual standard error: 0.1794 on 13 degrees of freedom
Multiple R-squared: 0.9551,  Adjusted R-squared: 0.9516
F-statistic: 276.4 on 1 and 13 DF,  p-value: 3.858e-10
> fit$coefficients
(Intercept)            x
 4.03715887    -0.03797418
#反对数求解常数项
> exp(fit$coefficients)
(Intercept)            x
 56.6651207     0.9627378
#使用函数 nls()
> nls.fit<-nls(y~b0*exp(b1*x),data=df,start=list(b0=50,b1=0))
> summary(nls.fit)

Formula:y~b0*exp(b1*x)

Parameters:
    Estimate Std. Error t value Pr(>|t|)
```

```
b0 58.606535   1.472160   39.81 5.70e-15 ***
b1 -0.039586   0.001711  -23.13 6.01e-12 ***
---
Signif. codes:  0 '***' 0.001 '**' 0.01 '*' 0.05 '.' 0.1 ' ' 1

Residual standard error: 1.951 on 13 degrees of freedom

Number of iterations to convergence: 6
Achieved convergence tolerance: 8.112e-06
```

通过结果发现，两种方法所求的参数结果基本一致。

下面举一个多项式回归的例子。

【例 8-10】使用 R 语言自带的数据集 uspop 进行多项式回归。uspop 是一个时间序列对象，数据是 1790～1970 年某国每 10 年的人口数量。

```
> pop<-data.frame(uspop)
> pop$uspop<-as.numeric(pop$uspop)
> uspop
Time Series:
Start=1790
End=1970
Frequency=0.1
 [1]   3.93   5.31   7.24   9.64  12.90  17.10  23.20  31.40  39.80  50.20
[11]  62.90  76.00  92.00 105.70 122.80 131.70 151.30 179.30 203.20
> pop$year<-seq(from=1790,to=1970,by=10)
> plot(y=pop$uspop,x=pop$year,main="United States Population From
  1790 to 1970",xlab="Year",ylab="Population")  #如图 8.13 所示
```

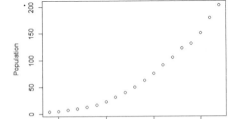

图 8.13　1790～1970 年某国人口数量散点图

```
> lm1<-lm(uspop~year,data=pop)
```

```
> summary(lm1)

Call:
lm(formula=uspop~year,data=pop)

Residuals:
    Min       1Q     Median       3Q       Max
 -19.569   -14.776   -2.933      9.501     36.345

Coefficients:
                Estimate   Std. Error   t value   Pr(>|t|)
(Intercept)    -1.958e+03   1.428e+02    -13.71   1.27e-10 ***
year            1.079e+00   7.592e-02     14.21   7.29e-11 ***
---
Signif. codes:  0 '***' 0.001 '**' 0.01 '*' 0.05 '.' 0.1 ' ' 1

Residual standard error: 18.12 on 17 degrees of freedom
Multiple R-squared:  0.9223,  Adjusted R-squared:  0.9178
F-statistic: 201.9 on 1 and 17 DF,  p-value: 7.286e-11
```

模型拟合方程为

$$uspop=-1958+1.079year$$

从函数 summary( )结果可知，这个简单的线性数据拟合似乎很好。p 值非常低，表现出统计显著性，R^2 值也很好，但残差的变化幅度非常大，添加一条拟合直线。

```
> abline(lm1,col="red",lty=2)  #如图 8.14 所示
```

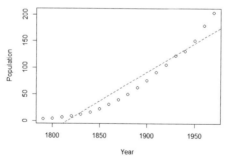

图 8.14　用线性模型拟合人口数据

观察发现，随着时间的推移，人口数量的趋势呈指数形式，而非直线。因此，对模型进行修正。

```
> lm2<-lm(pop$uspop~poly(pop$year,2))  #指出多项式最高次数为 2
> summary(lm2)
```

```
Call:
lm(formula=pop$uspop~poly(pop$year,2))

Residuals:
    Min      1Q   Median      3Q      Max
 -6.5997  -0.7105  0.2669   1.4065   3.9879

Coefficients:
                    Estimate   Std. Error   t value   Pr(>|t|)
(Intercept)          69.7695     0.6377      109.40   < 2e-16   ***
poly(pop$year, 2)1  257.5420     2.7798       92.65   < 2e-16   ***
poly(pop$year, 2)2   73.8974     2.7798       26.58   1.14e-14  ***
---
Signif. codes:  0 '***' 0.001 '**' 0.01 '*' 0.05 '.' 0.1 ' ' 1

Residual standard error: 2.78 on 16 degrees of freedom
Multiple R-squared:  0.9983,Adjusted R-squared:  0.9981
F-statistic:  4645 on 2 and 16 DF,  p-value: <2.2e-16
```

在模型中使用了函数 poly( )，这个函数接收日期数据，并计算正交向量。其中，poly(pop$year, 2)1 表示 year 一次项的系数，poly(pop$year, 2)2 表示 year 二次项的系数。

修正后模型的拟合方程为

$$uspop=69.7695+257.542year+73.8974year^2$$

```
> plot(y=pop$uspop,x=pop$year,main="United States Population From
  1790 to 1970",xlab="Year",ylab="Population")
> pop$lm2.predict<-predict(lm2,newdata=pop)
> lines(sort(pop$year),fitted(lm2)[order(pop$year)],col="blue",lty=2)
  #如图 8.15 所示
```

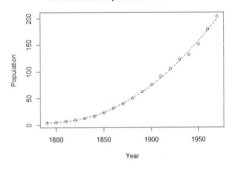

图 8.15　使用多个模型拟合一定时期内的人口数量

8.4 广义线性回归模型

广义线性回归模型（generalized linear model，GLM）是常见正态线性模型的直接推广。在 R 软件中，使用函数 glm( )拟合和计算广义线性模型。
格式：

```
glm(formula, family=family.generator, data=data.frame,...)
```

参数说明如下。

1）formula：拟合公式。

2）family：分布族，包括正态分布（Gaussian distribution）、二项分布（binomial distribution）、泊松分布（Poisson distribution）、伽马分布（Gamma distribution）。分布族可通过选项 link 指定使用的连接函数。

3）data：数据框。

对于每个分布族，提供了相应的连接函数，如表 8.5 所示。

表 8.5　分布族及连接函数

分布族	连接函数
binomial	logit、probit、cloglog
Gaussian	identity
Gamma	Identity、inverse、log
inverse.Gaussian	$1/mu^2$
Poisson	Identity、log、sqrt
quasi	Logit、probit、cloglog、identity、inverse、log、$1/mu^2$、sqrt

1. 正态分布族

使用函数 glm( )实现基于正态分布的广义线性模型。
格式：

```
fm<-glm(formula, family=gaussian(link=identity),data=data.frame)
```

因为分布族的默认值为正态分布，所以 family 可以省略。正态分布族的连接函数的默认值是恒等（identity）的，所以 link=identity 可以省略。它与线性模型是等同的，即

```
fm<-lm(formula,data=data.frame)
```

2. 二项分布族

Logistic 模型是最重要的一种二项分布族。在 R 软件中，计算 Logistic 回归模型的

格式为

```
fm<-glm(formula,family=binomial(link=logit),data=data.frame)
```

函数中 link=logit 可以省略,因为它是二项分布族连接函数的默认值。

3. 泊松分布族

泊松分布族模型的格式为

```
fm<-glm(formula,family=poisson(link=log),data=data.frame)
```

泊松分布族模型要求因变量 Y 是整数,但拟泊松分布族模型没有这一要求。拟泊松分布族模型的格式为

```
fm<-glm(formula,family=quasipoisson(link=log),data=data.frame)
```

4. 伽马分布族

伽马分布族模型的格式为

```
fm<-glm(formula,family=gamma(link=inverse),data=data.frame)
```

5. quasi 分布族

quasi 分布族模型的格式为

```
fm<-glm(formula,family=quasi(link=link.fun,variance=var.val),
data=data.frame)
```

其中,link.fun 表示连接函数,参见表 8.5 中对应的列中的函数;var.val 表示方差值,有 constant、mu、mu^2 等。例如:

```
> x<-rnorm(100)
> y<-rpois(100,exp(1+x))
> glm(y~x,family=quasi(var="mu",link="log"))

Call:  glm(formula=y~x,family=quasi(var="mu",link="log"))

Coefficients:
(Intercept)         x
    1.0302       0.9672

Degrees of Freedom: 99 Total (i.e. Null);  98 Residual
Null Deviance:        458.7
Residual Deviance: 105.1   AIC: NA
```

8.5 Logistic 回归模型

前面所讲的线性回归，采用的是普通最小二乘法预测定量结果，但实际问题中有些结果是定性的，如二值变量（良性/恶性肿瘤、检验结果阴性/阳性）、多值变量（成绩的评定等级、血红蛋白含量等级、某药物的疗效）。其分析任务是对一个观测结果变量的某个类别的概率做出预测。对于此分类问题，考虑采用 Logistic 回归方法。

Logistic 回归分类算法的数学基础是 sigmoid 函数，sigmoid 函数的数学形式如下：

$$h(x) = \frac{1}{1 + e^{-x}} \tag{8.22}$$

画出 sigmod 函数图形，如图 8.16 所示。

```
> curve(1/(1+exp(-x)),xlim=c(-10,10), main="The sigmoid function",
  xlab="Input",ylab="Probability",lwd=2)
```

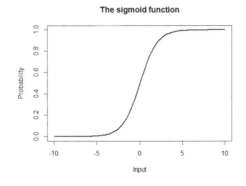

图 8.16　sigmoid 函数

假设有一个因变量 Y 与 p 个自变量 X_1，X_2，$\cdots$，X_p，出现"成功"的条件概率记为 $p = P(Y = 1 \mid X_1, X_2, \cdots, X_p)$，则 Logistic 回归模型表示为

$$p = \frac{\exp(\beta_0 + \beta_1 x_1 + \cdots + \beta_p x_p)}{1 + \exp(\beta_0 + \beta_1 x_1 + \cdots + \beta_p x_p)} \tag{8.23}$$

式中，β_0——常数项或截距；

　　$\beta_1, \beta_2, \cdots, \beta_p$——Logistic 回归系数。

Logistic 回归模型本身是一个非线性回归模型，将其做 Logit 变换，Logistic 回归模型可写成下列线性形式：

$$\text{Logit}(p) = \ln\left(\frac{p}{1-p}\right) = \beta_0 + \beta_1 x_1 + \cdots + \beta_p x_p \tag{8.24}$$

由此，可以使用线性回归模型对参数 $\beta_j(j=1,2,\cdots,p)$ 进行估计。

Logistic 回归模型属于广义线性模型，是通常的正态线性模型的推广。

【例 8-11】以威斯康星乳腺癌数据集为例，此数据集包含 699 个患者的组织样本、11 个变量，分别如下。

1）ID：样本编码。

2）V1：细胞浓度。

3）V2：细胞大小均匀度。

4）V3：细胞形状均匀度。

5）V4：边缘黏着度。

6）V5：单上皮细胞大小。

7）V6：裸细胞核。

8）V7：平和染色质。

9）V8：正常核仁。

10）V9：有丝分裂状态。

11）class：肿瘤诊断结果，良性或恶性。它是需要预测的结果变量。

此数据集在 MASS 包中，名为 biopsy。

```
> library(MASS)
> data("biopsy")
#使用函数 head()查看数据集部分信息
> head(biopsy)
       ID     V1 V2 V3 V4 V5 V6 V7 V8 V9    class
1 1000025  5  1  1  1  2  1  3  1  1   benign
2 1002945  5  4  4  5  7 10  3  2  1   benign
3 1015425  3  1  1  1  2  2  3  1  1   benign
4 1016277  6  8  8  1  3  4  3  7  1   benign
5 1017023  4  1  1  3  2  1  3  1  1   benign
6 1017122  8 10 10  8  7 10  9  7  1   malignant
#使用函数 str()检查数据内部结构
> str(biopsy)
'data.frame':699 obs. of  11 variables:
 $ ID: chr  "1000025" "1002945" "1015425" "1016277" …
 $ V1: int  5 5 3 6 4 8 1 2 2 4 …
 $ V2: int  1 4 1 8 1 10 1 1 1 2 …
 $ V3: int  1 4 1 8 1 10 1 2 1 1 …
 $ V4: int  1 5 1 1 3 8 1 1 1 1 …
 $ V5: int  2 7 2 3 2 7 2 2 2 2 …
```

```
$ V6: int  1 10 2 4 1 10 10 1 1 1 …
$ V7: int  3 3 3 3 3 9 3 3 1 2 …
$ V8: int  1 2 1 7 1 7 1 1 1 1 …
$ V9: int  1 1 1 1 1 1 1 1 5 1 …
$ class: Factor w/2 levels "benign","malignant": 1 1 1 1 1 2 1 1 1
1 …
```

#通过数据结构的检查发现,特征是整型变量,结果是一个因子变量,满足模型需求,不
#需要再进行数据结构转换。ID 列没有意义,将其删除
```
> biopsy$ID=NULL (或 biopsy<-biopsy[,-1])
```
#由于数据中包括 16 个缺失数据,在此使用函数 na.omit()将其所在行直接删除
```
> biopsy.v2<-na.omit(biopsy)
```
#将结果变量变成数值型,创建一个新变量 y:用 0 表示良性,1 表示恶性
```
> y<-ifelse(biopsy.v2$class=="malignant",1,0)
```
#绘制各特征的箱线图,如图 8.17 所示
```
> library(reshape2)
> library(ggplot2)
> biop.m<-melt(biopsy.v2,id.vars="class")
> ggplot(data=biop.m,aes(x=class,y=value))+
  geom_boxplot()+facet_wrap(~variable,ncol=3)
```

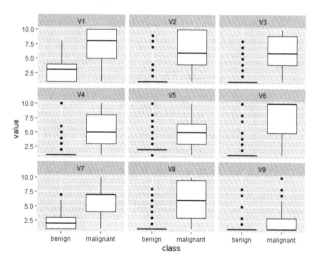

图 8.17　箱线图

#使用相关性矩阵图,如图 8.18 所示,分析变量间的相关系数
```
> library(corrplot)
> bc<-cor(biopsy.v2[,1:9])
> corrplot.mixed(bc)
```

251

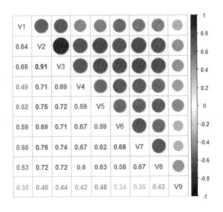

图 8.18　相关矩阵图

从图 8.18 可以看出，变量间存在共线性问题，特别是细胞大小均匀度（V_2）和细胞形状均匀度（V_3）表现出非常明显的共线性。

```
#建立训练集与测试集,可以将数据进行恰当的划分,如 50/50、60/40、70/30、80/20
#在此按 70/30 比例划分数据
> set.seed(123)
> ind<-sample(2,nrow(biopsy.v2),replace=TRUE, prob=c(0.7,0.3))
> train<-biopsy.v2[ind==1,]
> test<-biopsy.v2[ind==2,]
> str(test)
'data.frame':  209 obs. of  10 variables:
 $ V1: int  5 6 4 2 1 7 6 7 1 3 …
 $ V2: int  4 8 1 1 1 4 1 3 1 2 …
 $ V3: int  4 8 1 2 1 6 1 2 1 1 …
 $ V4: int  5 1 3 1 1 4 1 10 1 1 …
 $ V5: int  7 3 2 2 1 6 2 5 2 1 …
 $ V6: int  10 4 1 1 1 1 1 10 1 1 …
 $ V7: int  3 3 3 3 3 4 3 5 3 2 …
 $ V8: int  2 7 1 1 3 1 4 1 1 …
 $ V9: int  1 1 1 1 1 1 1 4 1 1 …
 $ class: Factor w/2 levels "benign","malignant": 1 1 1 1 1 2 1 2 1
1 …
 - attr(*, "na.action")='omit' Named int  24 41 140 146 159 165 236 250
276 293 …
  ..- attr(*,"names")=chr  "24" "41" "140" "146" …
#检查数据集划分的均衡性,使用函数 table()统计各类情况的数目
```

```
> table(train$class)

  benign    malignant
    302        172
> table(test$class)

  benign    malignant
    142         67
```

#使用函数 glm() 来拟合广义线性模型。由于数据服从二项分布,因此参数
#family=binomial。首先在训练数据集上使用所有特征建立一个模型

```
> full.fit<-glm(class~.,family=binomial,data=train)
> summary(full.fit)

Call:
glm(formula=class~.,family=binomial,data=train)

Deviance Residuals:
   Min       1Q      Median       3Q        Max
 -3.3397  -0.1387   -0.0716    0.0321     2.3559

Coefficients:
              Estimate   Std. Error    z value    Pr(>|z|)
(Intercept)   -9.4293      1.2273       -7.683    1.55e-14 ***
V1             0.5252      0.1601        3.280    0.001039 **
V2            -0.1045      0.2446       -0.427    0.669165
V3             0.2798      0.2526        1.108    0.268044
V4             0.3086      0.1738        1.776    0.075722 .
V5             0.2866      0.2074        1.382    0.167021
V6             0.4057      0.1213        3.344    0.000826 ***
V7             0.2737      0.2174        1.259    0.208006
V8             0.2244      0.1373        1.635    0.102126
V9             0.4296      0.3393        1.266    0.205402
---
Signif. codes:  0 '***' 0.001 '**' 0.01 '*' 0.05 '.' 0.1 ' ' 1

(Dispersion parameter for binomial family taken to be 1)

    Null deviance: 620.989  on 473  degrees of freedom
Residual deviance:  78.373  on 464  degrees of freedom
AIC: 98.373

Number of Fisher Scoring iterations: 8
```

#对模型进行 95% 置信区间检验

```
> confint(full.fit)
                  2.5 %          97.5 %
(Intercept)    -12.23786660    -7.3421509
V1               0.23250518     0.8712407
```

```
V2              -0.56108960       0.4212527
V3              -0.24551513       0.7725505
V4              -0.02257952       0.6760586
V5              -0.11769714       0.7024139
V6               0.17687420       0.6582354
V7              -0.13992177       0.7232904
V8              -0.03813490       0.5110293
V9              -0.14099177       1.0142786
```

置信区间结果体现，有常数项与 V_1 回归系数的置信区间不包括 0。对于 Logistic 模型系数不能解释为"当 X 改变 1 个单位时，Y 会改变多少"，因此转化为优势比。优势比可解释为特征中 1 个单位的变化导致的结果发生比的变化。如果系数大于 1，则说明当特征的值增加时，结果的发生比会增加；反之亦然。

```
> exp(coef(full.fit))
 (Intercept)          V1             V2             V3             V4
8.033466e-05 1.690879e+00 9.007478e-01 1.322844e+00 1.361533e+00
          V5           V6             V7             V8             V9
1.331940e+00 1.500309e+00  1.314783e+00   1.251551e+00   1.536709e+00
#从结果可知,除 V2 外的所有特征都会增加对数发生比
#使用函数 vif()探索潜在的多重共线性
> library(car)
> vif(full.fit)
    V1        V2        V3        V4        V5        V6        V7
1.235204  3.248811  2.830353  1.302178  1.635668  1.372931  1.523493
    V8        V9
1.343145  1.059707
```

结果中所有的 VIF 值均小于 5，所以根据 VIF 经验法则，共线性没有问题。

```
#评价模型在训练集上执行的效果,再评价它在测试集上的拟合程度
> train.probs<-predict(full.fit,type="response")
#按预测的概率值进行类别标识,train.probs>=0.5 为 1,否则为 0
> train.pred<-ifelse(train.probs>=0.5,1,0)
#加载 gmodels 包后,可以创建一个用来标识两个向量之间一致性的交叉表,
#指定参数 prop.chisq=FALSE,将会从输出中去除不需要的卡方值（chi-square）
> install.packages("gmodels")
>install.packages("gtools")  #依赖包
>library(gmodels)
>trainY<-train$class
> crosstable<-CrossTable(x=train.pred,y=trainY,prop.chisq=FALSE)
>crosstable   #结果如图 8.19 所示
```

```
Total Observations in Table:  474
```

	trainY		
train.pred	0	1	Row Total
0	294	7	301
	0.977	0.023	0.635
	0.974	0.041	
	0.620	0.015	
1	8	165	173
	0.046	0.954	0.365
	0.026	0.959	
	0.017	0.348	
Column Total	302	172	474
	0.637	0.363	

图 8.19　交叉表 1

表格中单元格的百分比表示落在 4 个分类中的值所占的比例。

左上角的单元格表示 474 个值中有 294 个值标识为良性，Logistic 模型正确地把它们标识为良性；第二行第二列单元格表示 474 个预测值中有 165 个是恶性的。落在另一条对角线上的单元格包含了模型预测与真实标签不一致的案例计数。

```
#统计预测错误率
> missclasserror<-(crosstable$t[1,2]+crosstable$t[2,1])/sum(crosstable$t)
> missclasserror
[1] 0.03164557
#在测试集上建立交叉表
> test.probs<-predict(full.fit,newdata=test,type="response")
> test.pred<-ifelse(test.probs>=0.5,1,0)
> testY<-test$class
> c<-CrossTable(x=test.pred,y=testY,prop.chisq=FALSE)
#结果如图 8.20 所示
```

```
Total Observations in Table:  209
```

	testY		
test.pred	0	1	Row Total
0	139	2	141
	0.986	0.014	0.675
	0.979	0.030	
	0.665	0.010	
1	3	65	68
	0.044	0.956	0.325
	0.021	0.970	
	0.014	0.311	
Column Total	142	67	209
	0.679	0.321	

图 8.20　交叉表 2

```
> missclasserror<-(c$t[1,2]+c$t[2,1])/sum(c$t)
> missclasserror
[1] 0.02392344
```

从模型结果上看，仅有 2.4%的错误识别率，预测效果还是很理想的。

对于分类模型，受试者工作特征（receiver operating characteristic，ROC）图是一个很有效的工具。在 ROC 图中，Y 轴是真阳性率（true positive rate，TPR），X 轴是假阳性率（false positive rate，FPR）。计算公式为

$$TPR=正确分类的阳性样本数/所有阳性样本数 \tag{8.25}$$
$$FPR=错误分类的阴性样本数/所有阴性样本数 \tag{8.26}$$

在 R 软件中，采用 ROCR 包并使用以下几条命令即可实现。

```
library(ROCR)
pred <-prediction(pre,newdata$y)
performance(pred,'auc')@y.values  #AUC 值
perf <-performance(pred,'tpr','fpr')
plot(perf)
```

对本例训练集与测试集的预测结果分别画出 ROC 图，如图 8.21 所示。

```
> train.probs<-predict(full.fit,type="response")
> pred.full<-prediction(train.probs,train$class)
> perf.full<-performance(pred.full,"tpr","fpr")
> plot(perf.full,main="ROC",col=1,Ity=1,Iwd=2)
> test.probs<-predict(full.fit,newdata=test,type="response")
> pred.full<-prediction(test.probs,test$class)
> perf.full<-performance(pred.full,"tpr","fpr")
> plot(perf.full,col=2,add=TRUE)
```

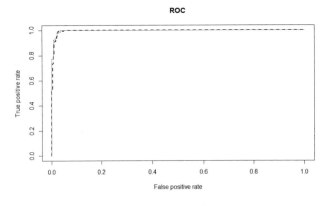

图 8.21　训练集（虚线）与测试集（实线）预测结果 ROC 图

第 9 章 主成分分析和因子分析

在实际问题研究中，常常需要从大量观测变量中挖掘内在规律。多变量的大样本在为研究提供丰富信息的同时，也在一定程度上增加了数据采集的工作量，尤其变量间存在的相关性大大增加了问题分析的复杂性。每一个变量相当于一个维度，变量越多维度越高，我们期望在保证信息损失较小的情况下，用较低的维度实现有效分析。主成分分析（principle component analysis，PCA）是一种使用最广泛的数据降维算法，把多变量化成少数几个主成分，这些主成分能够反映原始变量的绝大部分信息。因子分析（factor analysis，FA）主要是研究相关变量的内在依赖关系，把多个显性变量综合为少数几个不可观测的"潜在因子"或称公共因子，来解释原始的显性变量与少数"潜在因子"之间的内在联系和相关关系。主成分分析与因子分析模型间的区别如图 9.1 所示。主成分 PC 是观测变量 x_1 到 x_4 的线性组合，因子 F_1 和 F_2 是观测变量的结构基础或"原因"，不是它们的线性组合。

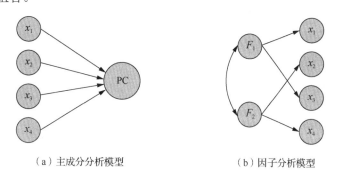

（a）主成分分析模型 （b）因子分析模型

图 9.1 主成分分析模型和因子分析模型

9.1 主成分分析

PCA 的主要思想是将 n 维特征映射到 k 维上，这 k 维是全新的正交特征，也称为主成分。PCA 的工作就是从原始的空间中顺序地找一组相互正交的坐标轴，新坐标轴的选择与数据本身是密切相关的。首先，选择原始数据中方差最大的方向作为第一个新坐标轴，然后选取与第一个坐标轴正交的平面中使方差最大的作为第二个新坐标轴，第三个新坐标轴是与第一和第二个坐标轴正交的平面中方差最大的。依此类推，可以得到 n 个这样的坐标轴。通过这种方式获得的新坐标轴，大部分方差包含在前面 k 个坐标轴中，后面的坐标轴所含的方差几乎为 0。由此可以忽略余下的坐标轴，只保留前面 k 个含有绝大部分方差的坐标轴。事实上，这相当于只保留包含绝大部分方差的特征维度，而忽略包含方差几乎为 0 的特征维度，实现对数据特征的降维处理。

最大差异性的主成分方向确定可以先计算数据矩阵的协方差矩阵，然后得到协方差矩阵的特征值特征向量，选择特征值最大（即方差最大）的 k 个特征所对应的特征向量组成的矩阵来实现。根据协方差矩阵的特征值、特征向量获取方法的不同，有基于特征值分解协方差矩阵和基于奇异值（singular value decomposition，SVD）分解协方差矩阵两种 PCA 算法。

在 R 软件中，函数 princomp( ) 和 prcomp( ) 可实现主成分分析。其中，函数 princomp( ) 是基于协方差或相关矩阵提取特征，适用于数据量大于变量（因素）数量的情况；函数 prcomp( ) 是基于 SVD 分解的，适用于数据量大于或小于变量（因素）数量的任何情况。

采用函数 princomp( ) 实现主成分分析。

格式：

```
princomp(x,cor=FALSE,scores=TRUE,covmat=NULL,
    subset=rep_len(TRUE,nrow(as.matrix(x))),fix_sign=TRUE,…)
```

参数说明如下。

1）x：用于主成分分析的数据，以数值矩阵或数据框的形式给出。

2）cor：当 cor=TRUE 时，表示用样本的相关矩阵做主成分分析；当 cor=FALSE 时，为默认值，表示用样本的协方差矩阵做主成分分析。

3）covmat：协方差矩阵，如果数据不用 x 提供，可由协方差矩阵提供。

其他参数，请参见 ?princomp( )。

【例 9-1】随机抽取 30 名某年级中学生的身体指标，测量其身高（X_1）、体重（X_2）、胸围（X_3）、坐高（X_4），数据如表 9.1 所示，试对学生身体的 4 项指标做主成分分析。

表 9.1　30 名学生的身体指标

序号	X_1	X_2	X_3	X_4	序号	X_1	X_2	X_3	X_4
1	148	41	72	78	9	151	42	77	80
2	139	34	71	76	10	139	31	68	74
3	160	49	77	86	11	140	29	64	74
4	149	36	67	79	12	161	47	78	84
5	159	45	80	86	13	158	49	78	83
6	142	31	66	76	14	140	33	67	77
7	153	43	76	83	15	137	31	66	73
8	150	43	77	79	16	152	35	73	79

序号	X_1	X_2	X_3	X_4	序号	X_1	X_2	X_3	X_4
17	149	47	82	79	24	147	30	65	75
18	145	35	70	77	25	157	48	80	88
19	160	47	74	87	26	151	36	74	80
20	156	44	78	85	27	144	36	68	76
21	151	42	73	82	28	141	30	67	76
22	147	38	73	78	29	139	32	68	73
23	157	39	68	80	30	148	38	70	78

本例运用函数 princomp( ) 做主成分分析，具体步骤如下：

```
#读入数据
> student<-data.frame(
X1=c(148, 139, 160, 149, 159, 142, 153, 150, 151, 139,140, 161, 158,
140, 137, 152, 149, 145, 160, 156,151, 147, 157, 147, 157, 151, 144,
141, 139, 148),
X2=c(41, 34, 49, 36, 45, 31, 43, 43, 42, 31, 29, 47, 49, 33, 31, 35,
47, 35, 47, 44, 42, 38, 39, 30, 48, 36, 36, 30, 32, 38),
X3=c(72, 71, 77, 67, 80, 66, 76, 77, 77, 68, 64, 78, 78, 67, 66, 73,
82, 70, 74, 78, 73, 73, 68, 65, 80, 74, 68, 67, 68, 70),
X4=c(78, 76, 86, 79, 86, 76, 83, 79, 80, 74,74, 84, 83, 77, 73, 79,
79, 77, 87, 85, 82, 78, 80, 75, 88, 80, 76, 76, 73, 78)
)

#使用函数 princomp() 做主成分分析
> student.pr<-princomp(student, cor=TRUE)
#使用函数 summary() 提取主成分的信息
> summary(student.pr)
Importance of components:
                        Comp.1      Comp.2      Comp.3      Comp.4
Standard deviation     1.8817805  0.55980636  0.28179594  0.25711844
Proportion of Variance 0.8852745  0.07834579  0.01985224  0.01652747
Cumulative Proportion  0.8852745  0.96362029  0.98347253  1.00000000
```

结果中，Standard deviation 行表示主成分的标准差；Proportion of Variance 行表示方差的贡献率；Cumulative Proportion 行表示方差的累积贡献率。

使用函数 loadings( ) 显示主成分分析或因子分析中 loadings 的内容。在主成分分析中，其内容实际上是主成分对应的各列，即前面分析的正交矩阵；在因子分析中，其内容是载荷因子矩阵。

```
> loadings(student.pr)
Loadings:
      Comp.1   Comp.2   Comp.3   Comp.4
X1    0.497    0.543    0.450    0.506
X2    0.515   -0.210    0.462   -0.691
X3    0.481   -0.725   -0.175    0.461
X4    0.507    0.368   -0.744   -0.232
                Comp.1   Comp.2   Comp.3   Comp.4
SS loadings     1.00     1.00     1.00     1.00
Proportion Var  0.25     0.25     0.25     0.25
Cumulative Var  0.25     0.50     0.75     1.00
```

Loadings 结果是主成分对应于原始变量的系数，即

$$Z_1^* = 0.497X_1 + 0.515X_2 + 0.481X_3 + 0.507X_4$$
$$Z_2^* = 0.543X_1 - 0.210X_2 - 0.725X_3 + 0.368X_4$$

上标 "*" 表示主成分分析后的变量。

由于前两个主成分的累积贡献率已达到 96%，余下的两个主成分可以舍去，达到降维的目的。第一个主成分的符号相同，身高与体重成正比，称其为魁梧因子；第二个主成分身高、坐高与体重和胸围成反比，称其为体形因子。

```
#使用函数 screeplot() 画主成分的碎石图
> screeplot(student.pr,type="lines")  #如图 9.2 所示
```

图 9.2　使用函数 screeplot( )绘制的主成分碎石图

```
#也可以使用 factoextra 包中的函数 fviz_eig() 绘制碎石图
> library(factoextra)
> fviz_eig(student.pr,addlabels=T)  #如图 9.3 所示
```

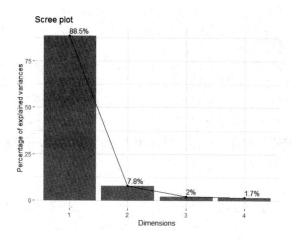

图 9.3　使用函数 fviz_eig( )绘制的主成分碎石图

#使用函数 predict()预测主成分的值
>pre<-predict(student.pr)

```
          Comp.1        Comp.2        Comp.3        Comp.4
 [1,]  -0.06990950   -0.23813701    0.35509248   -0.266120139
 [2,]  -1.59526340   -0.71847399   -0.32813232   -0.118056646
 [3,]   2.84793151    0.38956679    0.09731731   -0.279482487
 [4,]  -0.75996988    0.80604335    0.04945722   -0.162949298
 [5,]   2.73966777    0.01718087   -0.36012615    0.358653044
 [6,]  -2.10583168    0.32284393   -0.18600422   -0.036456084
 [7,]   1.42105591   -0.06053165   -0.21093321   -0.044223092
 [8,]   0.82583977   -0.78102576    0.27557798    0.057288572
 [9,]   0.93464402   -0.58469242    0.08814136    0.181037746
[10,]  -2.36463820   -0.36532199   -0.08840476    0.045520127
[11,]  -2.83741916    0.34875841   -0.03310423   -0.031146930
[12,]   2.60851224    0.21278728    0.33398037    0.210157574
[13,]   2.44253342   -0.16769496    0.46918095   -0.162987830
[14,]  -1.86630669    0.05021384   -0.37720280   -0.358821916
[15,]  -2.81347421   -0.31790107    0.03291329   -0.222035112
[16,]  -0.06392983    0.20718448   -0.04334340    0.703533624
[17,]   1.55561022   -1.70439674    0.33126406    0.007551879
[18,]  -1.07392251   -0.06763418   -0.02283648    0.048606680
[19,]   2.52174212    0.97274301   -0.12164633   -0.390667991
[20,]   2.14072377    0.02217881   -0.37410972    0.129548960
[21,]   0.79624422    0.16307887   -0.12781270   -0.294140762
[22,]  -0.28708321   -0.35744666    0.03962116    0.080991989
[23,]   0.25151075    1.25555188    0.55617325    0.109068939
```

```
[24,]   -2.05706032    0.78894494    0.26552109    0.388088643
[25,]    3.08596855   -0.05775318   -0.62110421   -0.218939612
[26,]    0.16367555    0.04317932   -0.24481850    0.560248997
[27,]   -1.37265053    0.02220972    0.23378320   -0.257399715
[28,]   -2.16097778    0.13733233   -0.35589739    0.093123683
[29,]   -2.40434827   -0.48613137    0.16154441   -0.007914021
[30,]   -0.50287468    0.14734317    0.20590831   -0.122078819
```

将主成分 1 的预测值按升序排序，排序越靠前的样本的体形越瘦弱，排序越靠后的样本的体形越魁梧。

```
> order(pre[,1])
 [1] 11  15  29  10  28   6  24  14   2  27  18   4  30  22   1  16  26  23
     21   8   9   7  17  20  13  19  12   5   3  25
```

将主成分 2 的预测值按升序排序，排序越靠前的样本的体形越细高，排序越靠后的样本的体形越矮胖。

```
> order(pre[,2])
 [1] 17   8   2   9  29  10  22  15   1  13  18   7  25   5  20  27  26  14  28
     30  21  16  12   6  11   3  24   4  19  23
```

使用函数 biplot( ) 绘制数据关于主成分的散点图和原坐标在主成分下的方向图。

格式：

```
biplot(object,choices=1:2,scale=1)
```

参数说明如下。

1）object：princomp( ) 得到的对象。

2）choices：选择的主成分，默认值为第 1 和第 2 主成分。

```
> biplot(student.pr,choices=1:2,scale=1)   #如图 9.4 所示
```

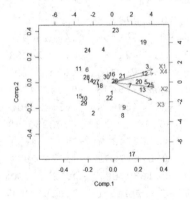

图 9.4   使用函数 biplot( ) 绘制的主成分散点图和原坐标在主成分下的方向图

可以使用 factoextra 包中的函数 fviz_pca_var( )展示与主坐标轴的相关性大于 0.95 的变量（cos2 的具体数字可自行调整）。

```
> fviz_pca_var(student.pr,select.var=list(cos2=0.95), repel=T,
  col.var="cos2",geom.var=c("arrow","text")) #如图 9.5 所示
```

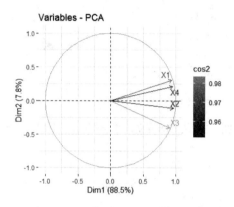

图 9.5　与主坐标轴的相关性大于 0.95 的变量的展示图

从图 9.5 中可知，颜色由浅到深表示变量相关性由高到低。

展示与主坐标轴最相关的 n 个变量（n 值可调整），如图 9.6 所示。

```
> fviz_pca_var(student.pr,select.var=list(cos2=2),repel=T,col.var=
  "contrib")
```

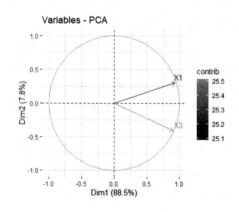

图 9.6　与主坐标轴最相关的 2 个变量

展示自己关心的变量与主坐标轴的相关性分布，如图 9.7 所示。

```
> name<-list(name=c("X1","X2"))
```

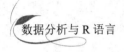

```
> fviz_pca_var(student.pr,select.var=name,col.var="contrib")
```

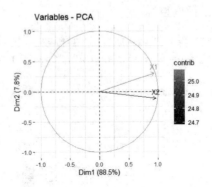

图 9.7　关心的变量与主坐标轴的相关性分布

9.2　因子分析

因子分析与主成分分析形式上类似，但有明显的区别，主要表现在以下 5 个方面。

1）因子分析需要构造因子模型，是把原观测变量表现为公共因子（新综合因子）与特殊因子的有机组合模型，而主成分分析不能作为一个模型来描述，只能作为通常的变量变换，也就是把新综合变量表现为原多变量的线性变换（组合）。

2）在理论上，主成分分析中的综合主分量数 m 和原变量的个数 p 之间是相等的，它是把一组具有相关性的变量变换为一组新的独立变量，而因子分析的目的是要求构造的因子模型中公共因子的数目尽可能少，以便尽可能构造一个结构简单的模型。

3）因子分析是把原观测变量表示为新综合因子的线性组合，即新因子的综合指标，而主成分分析是把主分量表示为原观测变量的线性组合。另外，因子分析模型在形式上与线性回归模型相似，但两者之间有本质的区别：回归模型中的自变量是可观测的，而因子模型中各个公共因子是不可观测的潜在因子，而且两个模型在参数意义上有所相同。

4）主成分分析的数学模型实质上是一种变换，而因子分析模型是描述原指标 X 协差阵 Σ 结构的一种模型。

5）在主成分分析中，每个主成分相应的系数是唯一确定的；而在因子分析中每个因子的相应系数不是唯一的，即因子载荷阵不是唯一的。

在 R 软件中，可以使用函数 factanal( )实现因子分析。

格式：

```
factanal(x,factors,data=NULL,covmat=NULL,n.obs=NA,subset,
na.action,start=NULL,scores=c("none","regression","Bartlett"),
rotation="varimax",control=NULL,…)
```

参数说明如下。

1）x：用于因子分析的数据。

2）factors：因子个数。

3）scores：选用因子得分的方法。

4）rotation="varimax"表示用最大方差旋转。

【例 9-2】10 名学生 6 门课程（数学、物理、化学、语文、历史、英语）的成绩如表 9.2 所示。把数据的 6 个变量用一两个综合变量来表示，这一两个综合变量包含多少原来的信息？请给予解释。

表9.2　学生成绩

序号	数学	物理	化学	语文	历史	英语
1	65	61	72	84	81	79
2	77	77	76	64	70	55
3	67	63	49	65	67	57
4	80	69	75	74	74	63
5	74	70	80	84	81	74
6	78	84	75	62	71	64
7	66	71	67	52	65	57
8	77	71	57	72	86	71
9	83	100	79	41	67	50
10	70	68	75	60	65	60

本例运用函数 factanal( )对学生成绩进行因子分析，具体步骤如下。

```
#读入数据
> cj<-data.frame(mathematics=c(65,77,67,80,74,78,66,77,83,70),
  physical=c(61,77,63,69,70,84,71,71,100,68),
  chemical=c(72,76,49,75,80,75,67,57,79,75),
  literature=c(84,64,65,74,84,62,52,72,41,60),
  history=c(81,70,67,74,81,71,65,86,67,65),
  english=c(79,55,57,63,74,64,57,71,50,60))
> cj.fa<-factanal(cj,factors=2)
> cj.fa
Call:
factanal(x=cj,factors=2)
Uniquenesses:
mathematics  physical   chemical  literature    history    english
   0.340       0.005      0.723      0.079       0.134      0.115
Loadings:
```

```
                 Factor1      Factor2
    mathematics                0.810
    physical     -0.461        0.884
    chemical                   0.525
    literature    0.903       -0.326
    history       0.919        0.144
    english       0.929       -0.150

                 Factor1      Factor2
    SS loadings    2.741        1.863
    Proportion Var 0.457        0.311
    Cumulative Var 0.457        0.767

Test of the hypothesis that 2 factors are sufficient.
The chi square statistic is 7.55 on 4 degrees of freedom.
The p-value is 0.109
```

在此用 x_1、x_2、x_3、x_4、x_5、x_6 来分别表示 mathematics（数学）、physical（物理）、chemical（化学）、literature（语文）、history（历史）、english（英语）变量。从结果可知，因子 f_1 和因子 f_2 分别与 $x_1 \sim x_6$ 变量之间的关系表达式如下：

$$f_1 = -0.461x_2 + 0.903x_4 + 0.919x_5 + 0.929x_6$$
$$f_2 = 0.810 x_1 + 0.884x_2 + 0.525x_3 - 0.326x_4 + 0.144x_5 - 0.150x_6$$

第一个因子与 literature、history 和 english 变量正相关，相关系数分别为 0.903、0.919 和 0.929，称为文科因子；第二个因子与 mathematics、physical、chemical 变量正相关，相关系数分别为 0.810、0.884 和 0.525，均大于 0.5，称为理科因子。

第 10 章　生 存 分 析

生存分析是研究影响因素与生存时间和结局关系的统计分析方法。生存分析广泛应用于生物学、医学、工程、社会学和人口学、经济学等多个领域。

10.1　基本概念

1. 生存时间

事件从起始到终止之间经历的时间跨度称为生存时间,生存时间又称为寿命、存活时间、失效时间等。例如,医学中疾病发生时间、可靠性工程中元件或系统失效时间、社会学中婚姻持续时间、人口学中母乳喂养新生儿断奶时间、经济学中经济危机爆发时间等。生存时间的分布通常不呈正态分布,而是呈指数分布、Weibull 分布、Gamma 分布、对数 Logistic 回归和对数正态分布等。

2. 生存数据

生存数据分为完全数据和删失数据两种类型。完全数据是指观测对象从观察起点到出现终点事件所经历的完整信息数据;删失数据又称为截尾数据,是指在观察期内,没有看见个体的状态发生改变,无法确定个体具体的生存时间,记录到的时间信息不完整,主要由失访、退出和终止 3 种原因引起。失访指生存但中途停止,如拒绝访问、失去联系等;退出指中途退出试验或改变治疗方案或死于其他与研究无关的原因。因此,失访与退出都是在试验没有结束时,研究者就已经追踪不到数据了。终止是研究已经结束仍未观察到患者结局。删失数据过多会影响生存分析的效果。

3. 生存时间函数

描述生存时间分布规律的函数统称为生存时间函数,常用的有生存函数、死亡函数、死亡密度函数和风险函数。

生存函数又称为生存概率或累积生存率,是指某段时间开始时存活的个体至该时间结束时仍然存活的可能性大小,即观察对象生存时间 T 大于某时刻 t 的概率,常用 $S(t)$ 表示。

$$S(t) = p(T > t) = \frac{\text{生存时间大于} t \text{的观察对象人数}}{\text{观察对象总数}} \tag{10.1}$$

数据分析与 R 语言

死亡函数又称为死亡概率，是指某段时间开始时生存的个体在该段时间死亡的可能性大小，即观察对象的生存时间 T 不大于某时刻 t 的概率，常用 $F(t)$ 表示。

$$F(t) = p(T \leq t) = \frac{观察时间内总死亡人数}{观察对象总数} \tag{10.2}$$

死亡密度函数表示观察对象在某时刻 t 的瞬时死亡率，常用 $f(t)$ 表示。

$$f(t) = \frac{观察对象在时间区间[t,t+\Delta t]的死亡人数}{观察对象总数 \times [t,t+\Delta t]时间区间所包含的单位时间数} \tag{10.3}$$

风险函数又称为危险函数，表示已存活到时刻 t 的观察对象，在时刻 $t+\Delta t$ 的死亡概率，常用 $h(t)$ 表示。

$$h(t) = \frac{f(t)}{S(t)} = \frac{观察对象在时间区间[t,t+\Delta t]内的死亡人数}{t时间生存者人数 \times [t,t+\Delta t]时间区间所包含的单位时间数} \tag{10.4}$$

4. 生存分析的基本方法

（1）参数法

若已证明某事件的发展可以用某个参数模型很好地拟合，就可以用参数方法做该事件的生存分析。常用的参数模型如下。

指数分布是一种单参数分布，最大特点是风险函数为常数，即

$$h(t) = \lambda \tag{10.5}$$

Gompertz 分布常用于刻画人的生存分布，因为该分布能够较好地拟合出生物出生、成长、衰老、死亡的全过程，所以在人口、保险精算和生物医疗等领域都得到了广泛的应用。其风险函数为

$$h(t) = \lambda \exp(\lambda t), \quad t \geq 0 \tag{10.6}$$

Weibull 分布的风险函数为

$$h(t) = \lambda p^{p-1}, \quad t \geq 0 \tag{10.7}$$

其中，当 $p>1$ 时，风险函数是时间的增函数；当 $p<1$ 时，风险函数是时间的减函数；当 $p=1$ 时，风险函数为常数，退化为指数分布。

（2）半参数法

半参数法不需要对生存时间的分布做出假设，可通过一个模型来分析生存时间的分布规律，以及危险因素对生存时间的影响，即建立生存时间随多个危险因素变化的回归方程。常采用 Cox 比例风险回归分析法，它在表达形式上与参数模型相似，但对模型中的各参数进行估计时又不依赖于特定分布的假设。

（3）非参数法

当研究的事件不能被参数模型很好地拟合时，通常可以采用非参数法研究它的生存特征，常用的方法包括寿命表（lift-table method，LT）法和乘积极限（Kaplan-Meier）法。

10.2　生存曲线

在 R 软件中，survival 包用于进行生存分析。

格式：

```
survfit.formula(Surv(Time,Status)~x,data=,weights=,subset=,
na.action=,etype=,id=,…)
```

参数说明如下。

1）survfit.formula：指定用于分析的公式或模型，它必须有一个 Surv~创建的生存数据对象。主要的公式包括以下几种。

① survfit：创建 KM 生存曲线或 Cox 调整生存曲线。

② survdiff：用于不同组的统计检验。

③ coxph：构建 Cox 回归模型。

④ cox.zph：构建 Cox 回归模型拟合的比例风险假设是否成立。

⑤ survreg：构建参数模型。

2）Surv：用于创建生存数据对象，因变量在"~"左侧，自变量在"~"右侧，如果有多个自变量，可用"+"分隔开；如果是单一生存曲线，右侧应该是~1。

3）data：指定用于分析的数据框。

4）weights：指定数据权重，必须为正数。

5）subset：选定数据框中的子集数据进行分析。

6）na.action：设定子集后，缺失数据过滤功能。

7）etype：指定事件的类型，该变量指示程序计算累积发病率估计值。

8）id：当某个个体有多行数据时用以明确研究个体，以计算累积患病率的估计值。

【例 10-1】以 ISwR 包中的 melanom（黑色素瘤）数据集为例进行生存分析。

```
> library(survival)
> library(ISwR)
#使用 ISwR 包中的 melanom（黑色素瘤）数据集
#查看 melanom 数据集中的变量名称
> names(melanom)
[1] "no""status""days""ulc""thick""sex"
```

1）status 是患者在研究期结束时的状态：1 表示"死于恶性黑色素瘤"，2 表示"1978年 1 月 1 日的时候还是存活的"，3 表示"死于其他原因"。

2）days 是观测的生存日期。

3）ulc 指是否存在溃疡性肿瘤（1 表示"是"，2 表示"否"）。

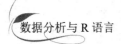

数据分析与 R 语言

4）thick 是以 1/100mm 计量的厚度。

5）sex 指患者性别（1 表示"女性"，2 表示"男性"）。

```
#绑定数据集
> attach(melanom)
#创建一个 Surv 对象,其中变量 status 的值 2 和 3 作为删失数据
> Surv(days,status==1)
```

参数 status==1 对于死于黑色素瘤的患者观测为 TRUE，其他为 FALSE。运行结果如图 10.1 所示。

```
  [1]   10+    30+    35+    99+    185    204    210    232    232+   279    295    355+   386
 [14]  426    469    493+   529    621    629    659    667    718    752    779    793    817
 [27]  826+   833    858    869    872    967    977    982    1041   1055   1062   1075   1156
 [40]  1228   1252   1271   1312   1427+  1435   1499+  1506   1508+  1510+  1512+  1516   1525+
 [53]  1542+  1548   1557+  1560   1563+  1584   1605+  1621   1634+  1641+  1648+
 [66]  1652+  1654+  1654+  1667   1678+  1685+  1690   1710+  1710+  1726   1745+  1762+  1779+
 [79]  1787+  1787+  1793+  1804+  1812+  1836+  1839+  1839+  1854+  1856+  1860+  1864+  1899+
 [92]  1914+  1919+  1920+  1927+  1933   1942+  1955+  1956+  1963+  1970+  2005+  2007+
[105]  2011+  2024+  2028+  2038+  2056+  2059+  2061   2062   2075+  2085+  2102+  2103   2104+
[118]  2108   2112+  2150+  2156+  2165+  2209+  2227+  2227+  2256   2264+  2339+  2361+  2387+
[131]  2388   2403+  2426+  2426+  2431+  2460+  2467   2492+  2521+  2542+  2559+  2565
[144]  2570+  2660+  2666+  2676+  2738+  2782   2787+  2984+  3032+  3040+  3042   3067+  3079+
[157]  3101+  3144+  3152+  3154+  3180+  3182+  3185+  3199+  3228+  3229+  3278+  3297+  3328+
[170]  3330+  3338   3383+  3384+  3385+  3388+  3402+  3441+  3458+  3459+  3459+  3476+  3523+
[183]  3667+  3695+  3695+  3776+  3776+  3830+  3856+  3909+  3968+  4001+  4103+  4119+
[196]  4124+  4207+  4310+  4390+  4479+  4492+  4668+  4688+  4926+  5565+
```

图 10.1　运行结果

结果中"+"号标记出删失的观测数据。例如，10+表示这个患者并未在 10 天内死于黑色素瘤，然而无法继续进行跟踪试验（实际上，这个患者是死于其他原因）；185 表示这个患者在术后半年多时间死于黑色素瘤。

Kaplan-Meier 估计用以计算右侧截断数据的生存函数的估计，这个估计是一个阶梯函数，它的跳跃点是给定的时间点。生存函数的 Kaplan-Meier 估计的计算可以通过调用函数 survfit( )实现。该函数最简单的形式只带有一个参数，即 Surv 对象。函数返回一个 survfit 对象。

```
> surv.all<-survfit(Surv(days,status==1)~1)
> surv.all
Call: survfit(formula=Surv(days,status==1)~1)
     n   events   median   0.95LCL   0.95UCL
   205      57       NA        NA        NA
#使用 summary()函数查看 survfit 对象
> summary(surv.all)

Call: survfit(formula=Surv(days,status==1)~1)
  time  n.risk  n.event  survival  std.err  lower 95% CI  upper 95% CI
  185     201       1     0.995    0.00496     0.985         1.000
  204     200       1     0.990    0.00700     0.976         1.000
```

210	199	1	0.985	0.00855	0.968	1.000
232	198	1	0.980	0.00985	0.961	1.000
279	196	1	0.975	0.01100	0.954	0.997
295	195	1	0.970	0.01202	0.947	0.994

......

结果是用 KM 法对所有研究对象生存资料进行的统计描述。从左到右分别是生存时间、尚未观测到的失效或截尾例数、已观测到的失效时间的例数、累积生存率、累积生存率标准误、累积生存率 95%可置信区间的下限和上限。

绘制生存曲线图，如图 10.2 所示。

```
> plot(surv.all)
```

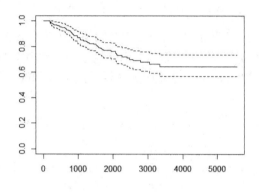

图 10.2　生存曲线图

曲线上的记录表示截断时间，两侧的虚线围成的是置信区间。

将多条生存曲线同时画在一个图上有时候更有用，这样有助于对其进行直接比较。以 sex 进行分组，获取不同性别的生存曲线，如图 10.3 所示。

```
> surv.bysex<-survfit(Surv(days,status==1)~sex)
> plot(surv.bysex,conf.int=T,col=c("blue","grey"))
```

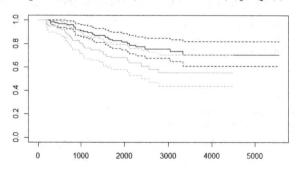

图 10.3　以 sex 为分组的生存曲线图

在分组时，置信带默认为关闭，设置 conf.int=T 时才出现置信带。也可以指定置信度，如 conf.int=0.99。

对数秩检验是典型的非参数检验，可以检验两条或多条生存曲线是否相同。对数秩检验的计算可通过函数 survdiff( )获得。

```
> survdiff(Surv(days,status==1)~sex)

Call:
survdiff(formula=Surv(days,status==1)~sex)
         N    Observed   Expected   (O-E)^2/E   (O-E)^2/V
sex=1   126     28        37.1        2.25        6.47
sex=2   79      29        19.9        4.21        6.47
Chisq=6.5  on 1 degrees of freedom, p=0.01
```

这个检验只能处理分组变量，如果在方程右侧指定了多个变量，则检验是对由这些变量所有取值组合形成的分组进行的。该检验对于因子型和数值型的编码方式不进行区分。

指定分层分析也可以。例如，可以按照是否是溃疡型（ulc）分层，然后按照性别分组的对数秩检验：

```
> survdiff(Surv(days,status==1)~sex+strata(ulc))

Call:
survdiff(formula=Surv(days,status==1)~sex+strata(ulc))
         N    Observed   Expected   (O-E)^2/E   (O-E)^2/V
sex=1   126     28        34.7        1.28        3.31
sex=2   79      29        22.3        1.99        3.31
Chisq=3.3  on 1 degrees of freedom,p=0.07
```

strata( )就是一个把变量做成分层变量的函数，但这样做就使性别的效应不明显了，可能是因为相比于女性，男性在疾病发展到比较严重的阶段才会寻求医疗救助。所以对病情的不同阶段分别进行假设检验时，性别之间的差异显著性就下降了。

比例风险模型允许用类似 lm 或 glm 的回归模型来分析数据，并且假设在对数风险这一刻度上的关系是线性的。模型可以通过使用极大似然 Cox 函数拟合得到。

```
#考虑包含一个回归变量 sex 的模型
> summary(coxph(Surv(days,status==1)~sex))

Call:
coxph(formula=Surv(days,status==1)~sex)
 n=205, number of events=57
      coef     exp(coef)   se(coef)     z    Pr(>|z|)
sex 0.6622    1.9390      0.2651     2.498   0.0125 *
---
```

```
Signif. codes:  0 '***' 0.001 '**' 0.01 '*' 0.05 '.' 0.1 ' ' 1

      exp(coef)  exp(-coef)  lower.95  upper.95
sex     1.939      0.5157      1.153      3.26

Concordance=0.59(se=0.034 )
Likelihood ratio test=6.15 on 1 df,p=0.01
Wald test=6.24 on 1 df,p=0.01
Score(logrank) test=6.47 on 1 df, p=0.01
```

其中，coef 是估计得到的两组之间风险比的对数——ln(RR)，因此真正的风险比是 exp(coef)，其实得到的是相对危险度（relative risk，RR）。se(coef)为标准误。最后 3 行是 3 种检验结果，在大样本时，这 3 种检验结果相同，但是对于小样本也许会出现差别。变量 sex 具有统计学意义（p=0.0125<0.05）。

```
#分层分析
> summary(coxph(Surv(days,status==1)~sex+log(thick)+strata(ulc)))

Call:
coxph(formula=Surv(days,status==1)~sex+log(thick)+strata(ulc))
 n=205,number of events=57
              coef   exp(coef)  se(coef)     z    Pr(>|z|)
sex        0.3600    1.4333     0.2702    1.332   0.1828
log(thick) 0.5599    1.7505     0.1784    3.139   0.0017 **
---
Signif. codes:  0 '***' 0.001 '**' 0.01 '*' 0.05 '.' 0.1 ' ' 1

            exp(coef)  exp(-coef)  lower.95  upper.95
sex           1.433      0.6977      0.844     2.434
log(thick)    1.750      0.5713      1.234     2.483

Concordance=0.673(se=0.039)
Likelihood ratio test=13.3 on 2 df,p=0.001
Wald test=12.88 on 2 df,p=0.002
Score(logrank) test=12.98 on 2 df,p=0.002
```

从结果可知，sex 的显著性被大大削减了。

根据参数估计值，可写出 Cox 回归方程：
$$h(t,x) = h_0(t)\exp(0.3600sex + 0.5599\log(thick))$$

Cox 模型假设一个潜在的基线模型对应一条生存曲线。在分层分析中，每一个层中都会有一条如此的曲线。可以通过在 coxph 的输出中使用函数 survfit( )得到该曲线。

```
> plot(survfit(coxph(Surv(days,status==1)~sex+log(thick)+strata(ulc))))
```

第 4 部分

数据分析与预测

　　我们正处于大数据时代，时时刻刻都被数据所包围。从高考成绩的查询，到步入校园使用的一卡通，以及口袋里的一张张卡片（银行卡、手机卡、健身卡、购物卡等），再到监测身体指标的手环，监控交通状况的行车记录仪和监控行为的摄像头等。其中，包括各种各样的数据，如视频、音频、文本等数据类型。机器学习就是从数据中学习模型、挖掘知识的过程，从繁杂的海量数据中探寻未知的联系、预测结果，为决策提供依据。R 语言中具有丰富的机器学习资源包，较易实现数据分析与预测。

第 11 章 数据预处理

预测分析常采用跨行业数据挖掘标准流程（cross-industry standard process for data mining，CRISP-DM）实现，如图 11.1 所示。

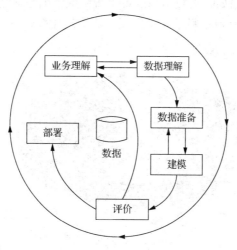

图 11.1　CRISP-DM

流程分为业务理解、数据理解、数据准备、建模、评价和部署 6 个阶段。业务理解阶段确定业务需求，将其转化为分析目标。数据理解阶段要实施数据收集，了解数据描述，采用可视化方法进行数据探索并对数据质量进行校验。数据准备阶段是最耗费时间的工作，包括数据选择、清洗、构建、整合和标准化。建模阶段的主要任务是建立模型和评估模型。评价阶段确认已完成的工作和选择的模型是否符合业务目标。最后，实现项目部署。

机器学习算法分为监督学习和无监督学习两种类型。监督学习是从给定的训练数据集中学习出一个函数（模型参数），新数据根据学习所得函数实现结果预测。监督学习的训练集目标是事先标注好的，其目标往往是让计算机去学习我们已经创建好的分类系统（模型）。无监督学习的输入数据没有被标记，也没有确定的结果，即样本数据类别未知，需要根据样本间的相似性特征对样本集进行聚类。监督学习与无监督学习的区别如下。

1）监督学习方法必须要有训练集与测试集。在训练集中找规律，在测试集中运用这种规律。无监督学习没有训练集，只有一组数据，需要在该组数据集内寻找规律。

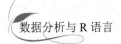

2）监督学习方法是识别事物，为待识别数据加上分类标签。因此训练样本集必须由带标签的样本组成。无监督学习方法预先没有什么标签，如果发现数据集呈现某种聚集性，则可按自然的聚集性分类。

3）非监督学习方法在寻找数据集中的规律性，这种规律性并不一定要达到划分数据集的目的，也就是说不一定要"分类"。因此，从某种程度上来说，它比有监督学习方法的用途要广。

《纽约时报》的一篇文章报道，数据科学家在挖掘出有价值的"金块"之前，50%～80%的时间花费在很多诸如收集数据和准备不规则数据的普通任务上，如图 11.2 所示。因此，混乱的数据处理是数据科学家工作流中典型的比较耗时的工作。

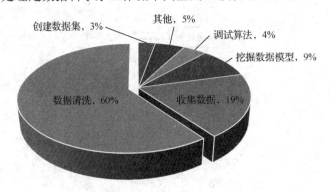

图 11.2　数据准备时间

真实数据往往是杂乱的，存在滥用缩写词、数据输入错误、重复记录、缺失值、不同的计量单位等问题，所以必须要实现数据预处理。只有经过预处理的数据，才能进行统计分析、比较、数据交流、构建标准数据库和计算机处理等工作。

▌ 11.1　异常值与缺失值处理

在临床数据收集和流行病学调查数据中，都很难避免异常值与缺失值的存在。所以异常值与缺失值的处理结果直接影响数据结果的质量和可信度。

11.1.1　异常值处理

有些数据可能与真实值有偏离，如某人的身高为 3m、舒张压为 9mmHg。这些数据是采集或输入错误导致的，必须移除。还有一些数据虽然是异常值，但可能是一些决定性的信息，正是我们所要研究的数据，如银行信用卡欺诈行为检测中某一时间的突发大额交易；临床药物疗效研究中，用药不显著的小部分个体。所以，异常值的处理方法要根据所要研究的问题，视情况而定。

下面以 heartCsv.csv 心脏数据为例，介绍几种查看异常值的函数。

1）采用函数 boxplot( )绘制箱线图，如图 11.3 所示。

```
> heart<-read.csv("heartCsv.csv")
> par(mfrow=c(1,2))
> boxplot(heart$chol,xlab="chol")
> hist(heart$chol,probability=T)
> lines(density(heart$chol))
```

从图 11.3 可知，chol 变量存在异常值。

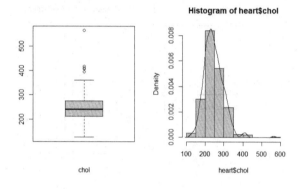

图 11.3　heart$chol 箱线图

2）四分位数函数 quantile( )。

```
> quantile(heart$chol, na.rm=T)
 0%    25%  50%    75%  100%
 126   211  240    275   564
```

3）五数总括函数 fivenum( )。

```
> fivenum(heart$chol,na.rm=T)
[1] 126 211 240 275 564
```

4）查看最大值与最小值。

```
> chol<-sample(heart$chol,1000,replace=T)
> range(chol)
[1] 126 564
```

函数 range( )返回一个向量，该向量包含给定参数的最大值和最小值。

5）将 heart$chol 的异常值去掉，再绘制箱线图，如图 11.4 所示。

```
#查看异常值
```

```
> boxplot.stats(heart$chol)$out
 [1] 417 564 409 564 394 407 564 407 394 394 409 417 407 407 417 409
#使用函数 ifelse()将异常值设为 NA
> heart$chol<-ifelse(heart$chol%in%boxplot.stats(heart$chol)$out,
 NA,heart$chol)
> par(mfrow=c(1,2))
> boxplot(heart$chol)
> hist(heart$chol)
> dew.off()
```

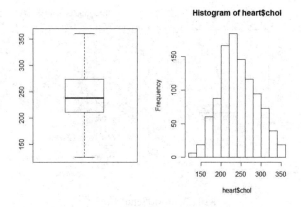

图 11.4　去掉异常值

11.1.2　缺失值处理

1. 查看缺失值

在 R 软件中，用 NA（not available）作为缺失值的标识。可以使用函数 is.na( )检测缺失值是否存在，它将返回一个相同大小的对象。如果某个元素是缺失值，相应的位置将被改写为 TRUE，不是缺失值的位置则写为 FALSE。

```
> x<-matrix(1:12,nrow=3)
> x[2,3]<-NA
> is.na(x)
      [,1]   [,2]   [,3]   [,4]
[1,] FALSE  FALSE  FALSE  FALSE
[2,] FALSE  FALSE  TRUE   FALSE
[3,] FALSE  FALSE  FALSE  FALSE
```

使用函数 which( )找到 NA 所在的位置。

```
> which(is.na(x))
```

```
[1] 8
```

使用函数 sum( )汇总有 NA 的数据条数，即统计为 TRUE 的个数。

```
> sum(is.na(x))
[1] 1
```

使用函数 complete.cases( )判断某一观测样本是否完整。

```
> sum(complete.cases(x))  #返回完整样本的数量,即行数
[1] 2
```

使用函数 na.omit( )删除 NA 所在的行与列。

```
> x<-na.omit(x)
```

若 *x* 是一个向量，则将 NA 删除。

```
> x[!is.na(x)]
[1]  1  2  3  4  5  6  7  9 10 11 12
```

若存在缺失值 NA，则一些函数的返回值结果将是 NA，na.rm=TRUE 选项可以忽略缺失值，不影响函数的正常功能，如均值函数 mean( )。

```
> mean(x)
[1] NA
> mean(x,na.rm=TRUE)
[1] 6.363636
```

【例 11-1】以内置数据集 iris 的前 10 行、前 5 列的数据为例，人为地往该数据集中添加 5 个缺失值。

```
> iris_na<-iris[1:10,1:5]
#将除第 5 列外的每一列随机采样 5 个值,并将其设为 NA
> for(i in 1:ncol(iris_na[,-5])){ iris_na[sample(1:nrow(iris_na),5),
  i]<-NA}
> iris_na
    Sepal.Length  Sepal.Width  Petal.Length  Petal.Width  Species
1       5.1           NA           1.4           0.2       setosa
2       NA            3.0          NA            0.2       setosa
3       4.7           NA           1.3           NA        setosa
4       NA            NA           1.5           NA        setosa
5       NA            3.6          NA            0.2       setosa
6       NA            NA           NA            0.4       setosa
```

7	4.6	NA	NA	0.3	setosa
8	5.0	3.4	1.5	NA	setosa
9	4.4	2.9	NA	NA	setosa
10	NA	3.1	1.5	NA	setosa

使用 psych 包中的函数 describe( )。

```
> library(psych)
> describe(iris_na)
             vars n mean  sd median trimmed  mad min  max range skew
Sepal.Length  1  5 4.76 0.29    4.7    4.76 0.44 4.4  5.1   0.7  0.02
Sepal.Width   2  5 3.20 0.29    3.1    3.20 0.30 2.9  3.6   0.7  0.29
Petal.Length  3  5 1.44 0.09    1.5    1.44 0.00 1.3  1.5   0.2 -0.60
Petal.Width   4  5 0.26 0.09    0.2    0.26 0.00 0.2  0.4   0.2  0.60
Species*         10 1.00 0.00    1.0    1.00 0.00 1.0  1.0   0.0   NaN
             kurtosis   se
Sepal.Length    -2.01 0.13
Sepal.Width     -1.98 0.13
Petal.Length    -1.67 0.04
Petal.Width     -1.67 0.04
Species*          NaN 0.00
```

函数 describe( )返回了数据集的基本统计值。n 表示该变量中非缺失的观测个数；mean、sd、median 分别表示去除 NA 后的均值、标准差、中位数；trimmed 表示去除数据首尾 10%数据后，重新计算出的平均值；mad、min、max、range 分别表示众数、最小值、最大值和极差；skew、kurtosis、se 分别表示偏度、峰度和标准误，前两个指标用于衡量数据是否服从正态分布。

使用函数 sapply( )计算每个变量中缺失值所占的比例，由于每列抽取 5 个缺失值，共 10 行，因此缺失比例均为 50%。

```
> sapply(iris_na,function(x)(sum(is.na(x))/nrow(iris_na)))
 Sepal.Length  Sepal.Width Petal.Length  Petal.Width     Species
          0.5          0.5          0.5          0.5         0.0
```

2. 缺失值的可视化

可视化技术可以帮助我们更加直观地观察数据集中的缺失值情形。R 语言提供了缺失值的可视化方法。

（1）VIM 包缺失值可视化

【例 11-2】使用 survival 包中的 cancer 数据集，查看此数据集信息。

```
> str(cancer)
'data.frame':228 obs.of  10 variables:
 $ inst: num  3 3 3 5 1 12 7 11 1 7 …
 $ time: num  306 455 1010 210 883 …
 $ status: num  2 2 1 2 2 1 2 2 2 2 …
 $ age: num  74 68 56 57 60 74 68 71 53 61 …
 $ sex: num  1 1 1 1 1 1 2 2 1 1 …
 $ ph.ecog: num  1 0 0 1 0 1 2 2 1 2 …
 $ ph.karno: num  90 90 90 90 100 50 70 60 70 70 …
 $ pat.karno: num  100 90 90 60 90 80 60 80 80 70 …
 $ meal.cal: num  1175 1225 NA 1150 NA …
 $ wt.loss: num  NA 15 15 11 0 0 10 1 16 34 …
```

可以看出，cancer 数据集含有 228 个观测值、10 个变量，而且存在缺失值。

10 个变量的含义分别如下。

1）inst：机构代码。

2）time：生存时间（天）。

3）status：审查状态，1=审查，2=死亡。

4）age：年龄（年）。

5）sex：性别，男=1，女=2。

6）ph.ecog：医生评定的 ECOG 绩效得分。0=无症状；1=有症状但完全不活动；2=卧床时间小于 50%；3=卧床时间大于 50%，但不完全卧床；4=卧床。

7）ph.karno：由医生评定的 Karnofsky 绩效得分，差=0，好=100。

8）pat.karno：由患者评定的 Karnofsky 绩效得分。

9）meal.cal：膳食消耗的热量。

10）wt.loss：最近 6 个月体重减轻。

调用 VIM 包中的函数 aggr( )对缺失值进行可视化，如图 11.5 所示。

```
> library(VIM)
> aggr_plot<-aggr(cancer,numbers=T,gap=3,cex.axis=.9,cex.labels=1.2,
  sortVars=T)
 Variables sorted by number of missings:
  Variable        Count
  meal.cal    0.206140351
   wt.loss    0.061403509
```

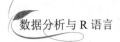

```
   pat.karno    0.013157895
        inst    0.004385965
     ph.ecog    0.004385965
    ph.karno    0.004385965
        time    0.000000000
      status    0.000000000
 age    0.000000000
 sex    0.000000000
```

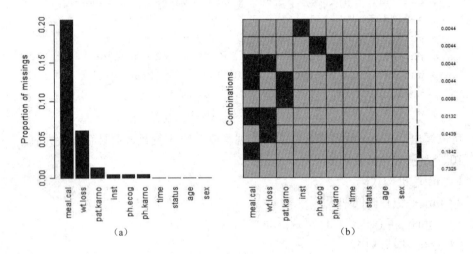

(a)   (b)

图 11.5   cancer 数据集的缺失值可视化

图 11.5（a）是一个缺失值比例直方图，可看出变量 meal.cal、wt.loss、pat.karno、inst、ph.ecog、ph.karno 存在缺失值。参数 sortVars =TRUE 表示按缺失比例大小降序排列；meal.cal 的缺失值比例最多，超过 20%。图 11.5（b）反映的是缺失值的模式，红色表示缺失（本书为黑白印刷，在配图中无法区分颜色，可在实际操作过程中进行区分，余同），蓝色表示未缺失。meal.cal 单独缺失的比例占 18.42%，wt.loss 单独缺失的比例占 4.39%，两者共同缺失的比例占 1.32%。依此类推。图 11.5（b）中的数值是否显示，由参数 numbers 决定。图 11.5（a）与图 11.5（b）的间隔由参数 gap 的值决定。

（2）缺失值分布可视化

使用函数 marginplot( )实现缺失值分布的可视化，如图 11.6 所示。

```
> marginplot(cancer[c("meal.cal","wt.loss")])
```

在图 11.6 中，蓝色的空心圆表示未缺失的值，红色的实心圆表示缺失值，深紫色的点表示两个变量同时缺失。左侧的红色箱线图表示在包含 meal.cal 缺失值的情况下，wt.loss 的分布情况；蓝色箱线图表示去除 meal.cal 缺失值后 wt.loss 的分布情况。底侧的

箱线图红色与蓝色分别表示在 wt.loss 缺失与不缺失的情况下 meal.cal 的分布情况。

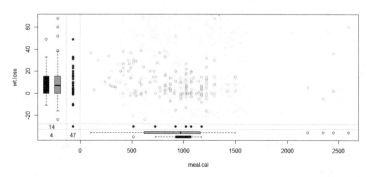

图 11.6   cancer 数据集的缺失值分布

（3）mice 包缺失值模式可视化

```
> library(mice)
#使用函数 md.pattern()对 survival 包中的 cancer 数据集进行处理
> md.pattern(cancer,rotate.names=T)
```

	time	status	age	sex	inst	ph.ecog	ph.karno	pat.karno	wt.loss	meal.cal	
167	1	1	1	1	1	1	1	1	1	1	0
42	1	1	1	1	1	1	1	1	1	0	1
10	1	1	1	1	1	1	1	1	0	1	1
3	1	1	1	1	1	1	1	1	0	0	2
2	1	1	1	1	1	1	1	0	1	1	1
1	1	1	1	1	1	1	1	0	1	0	2
1	1	1	1	1	1	1	0	1	0	0	3
1	1	1	1	1	1	0	1	1	1	1	1
1	1	1	1	1	0	1	1	1	1	1	1
	0	0	0	0	1	1	1	3	14	47	67

函数 md.pattern( )用来查看数据集中的缺失值模式。最后一列表示各变量缺失值的结合情况，如 3 指 3 个变量（ph.ecoq、wh.loss 和 meal.ca）共同缺失；第一列表示变量组合缺失的数值个数，无缺失值的有 167 个观测值，meal.cal 变量中有 42 个缺失值，meal.cal 和 wt.loss 共同缺失的个数为 3，依此类推。中间其他各列为变量的缺失值情况，0 表示缺失，1 表示未缺失。最后一行表示各变量有缺失值的个数，meal.cal、wt.loss、pat.karno、ph.karno、ph.ecog 和 inst 缺失值数分别为 47、14、3、1、1、1。图形化表示如图 11.7 所示。

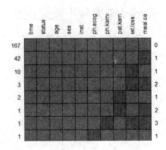

图 11.7 使用函数 md.pattern( )对数据集中的缺失值模式可视化

3. 缺失值的插补

当缺失值比较少时，可以使用直接删除法。但如果缺失值占有相当大的一部分比例，将其删除后会损失大量的信息，所以应该尽量选择对缺失值进行插补。缺失值的插补方法有多种，如均值插补法、中位数插补法、回归插补法等。

（1）均值插补法

```
#求每一列的均值
> iris.mean<-sapply(iris_na[,1:4],mean,na.rm=T)
> iris.mean
Sepal.Length  Sepal.Width  Petal.Length  Petal.Width
    4.96          3.36          1.46          0.22
#找到每一列的缺失值,将均值插补进去
> for(i in 1:4){iris_na[is.na(iris_na[,i]),i]=iris.mean[i]}
> iris_na
    Sepal.Length  Sepal.Width  Petal.Length  Petal.Width  Species
1       5.10          3.36          1.40          0.20      setosa
2       4.96          3.00          1.46          0.22      setosa
3       4.70          3.36          1.30          0.20      setosa
4       4.96          3.36          1.46          0.22      setosa
5       4.96          3.60          1.46          0.20      setosa
6       5.40          3.90          1.70          0.22      setosa
7       4.60          3.36          1.40          0.30      setosa
8       5.00          3.40          1.50          0.20      setosa
9       4.96          2.90          1.46          0.22      setosa
10      4.96          3.36          1.46          0.22      setosa
#查看 iris_na 前 4 行的统计信息
> summary(iris_na[,1:4])
```

	Sepal.Length	Sepal.Width	Petal.Length	Petal.Width
	Min.:4.60	Min.:2.90	Min.:1.300	Min.:0.20
	1st Qu.:4.96	1st Qu.:3.36	1st Qu.:1.415	1st Qu.:0.20
	Median:4.96	Median:3.36	Median:1.460	Median:0.22
	Mean:4.96	Mean:3.36	Mean:1.460	Mean:0.22
	3rd Qu.: 4.99	3rd Qu.:3.39	3rd Qu.:1.460	3rd Qu.:0.22
	Max.:5.40	Max.:3.90	Max.:1.700	Max.:0.30

（2）中位数插补法

可以使用 Hmisc 包中的函数 impute( )进行缺失值一键插补。

格式：

```
impute(x, fun=median,...)
```

参数说明如下。

fun 是在计算非缺失值的插补值时使用的函数名，默认值为中位数函数。如果不是指定函数为 fun，而是指定单个值或向量（如果对象是因子，则为数字或字符），则将使用这些值进行插补。fun 还可以用字符串"random"来抽取随机值进行插补。

```
> library(Hmisc)
#插补均值
> im_mean<-impute(cancer$meal.cal,mean)
#统计插补后的缺失数量
> sum(is.na(im_mean))
[1] 0
#显示前 6 个值，*号表示插补的数据
> head(im_mean,n=6)
     1         2         3         4         5         6
1175.000  1225.000  928.779*  1 150.000  928.779*   513.000
#插补中位数
> im_median<-impute(cancer$wt.loss,median)
> head(im_median)
 1  2  3  4  5  6
 7* 15 15 11  0  0
#插补特定值
> im_special<-impute(cancer$ph.ecog,1)
> head(im_special,n=15)
1 2 3 4 5 6 7 8 9 10 11 12 13 14 15
1 0 0 1 0 1 2 2 1  2  1  2  1  1*  1
```

（3）回归插补法

通过拟合一个回归模型，将缺失值作为因变量，相关变量作为自变量，以预测值作为填补值。可以使用 mice 包中的缺失值高级插补法，mice 是链式方程多元插值

（multivariate imputation by chained equations）的简写。mice 采用两步插值策略：首先使用函数 mice( )建模，然后使用函数 complete( )生成完整数据。

基于随机森林法模型进行回归插补，加载 randomForest 包。

```
> library(randomForest)
> library(mice)
> library(survival)
#对 wt.loss 和 meal.cal 两个变量值进行插补
> micemode<-mice(cancer[,names(cancer)%in%c("wt.loss","meal.cal")],
  method='rf')
iter imp variable
 1   1  meal.cal  wt.loss
 1   2  meal.cal  wt.loss
 1   3  meal.cal  wt.loss
 1   4  meal.cal  wt.loss
 1   5  meal.cal  wt.loss
 2   1  meal.cal  wt.loss
 2   2  meal.cal  wt.loss
 2   3  meal.cal  wt.loss
 2   4  meal.cal  wt.loss
 2   5  meal.cal  wt.loss
 3   1  meal.cal  wt.loss
 3   2  meal.cal  wt.loss
 3   3  meal.cal  wt.loss
 3   4  meal.cal  wt.loss
 3   5  meal.cal  wt.loss
 4   1  meal.cal  wt.loss
 4   2  meal.cal  wt.loss
 4   3  meal.cal  wt.loss
 4   4  meal.cal  wt.loss
 4   5  meal.cal  wt.loss
 5   1  meal.cal  wt.loss
 5   2  meal.cal  wt.loss
 5   3  meal.cal  wt.loss
 5   4  meal.cal  wt.loss
 5   5  meal.cal  wt.loss
#生成完整数据
> miceOut<-complete(micemode)
#查看是否还有缺失值
```

```
> anyNA(miceOut)
[1] FALSE
```

内置的插补方法如表 11.1 所示。

表 11.1　内置的插补方法

方法名	数据类型	方法描述
pmm	any	预测均值匹配
midastouch	any	加权预测均值匹配
sample	any	随机抽样
cart	any	分类树和回归树
rf	any	随机森林
mean	numeric	无条件均值插补
norm	numeric	贝叶斯线性回归
norm.nob	numeric	忽略模型误差的线性回归
norm.boot	numeric	使用 bootstrap 的线性回归
norm.predict	numeric	线性回归，预测值
quadratic	numeric	二次项插补
ri	numeric	不可忽略数据的随机指示符
logreg	binary	Logistic 回归
logreg.boot	binary	使用 bootstrap 的 Logistic 回归
polr	ordered	比例优势模型
polyreg	unordered	多元 Logistic 回归
lda	unordered	线性判别分析
2l.norm	numeric	1 级正态异方差
2l.lmer	numeric	1 级正态同方差，lmer
2l.pan	numeric	1 级正态同方差，pan
2l.bin	binary	1 级 Logistic，glmer
2lonly.mean	numeric	2 级均值
2lonly.norm	numeric	2 级正态
2lonly.pmm	any	2 级预测均值匹配

11.2　数据标准化

数据的标准化（normalization）是将数据按比例缩放，使之落入一个小的特定区间。可以去除数据的单位限制，将其转化为无量纲的纯数值，便于不同单位或量级的指标进行比较和加权。常见的数据标准化方法有 min-max 标准化（也称离差标准化）、z-score

标准化（也称标准差标准化）、归一化方法。

11.2.1　min-max 标准化

对原始数据进行线性变换，使结果落到[0,1]区间。对序列 x_1，x_2，$\cdots$，x_n 进行变换，公式为

$$y_i = \frac{x_i - \min_{1 \leqslant j \leqslant n}\{x_j\}}{\max_{1 \leqslant j \leqslant n}\{x_j\} - \min_{1 \leqslant j \leqslant n}\{x_j\}} \tag{11.1}$$

创建一个函数 normalize( )，该函数输入一个数值型向量 x，并对 x 中的每一个值进行标准化计算，返回结果向量。

```
> normalize<-function(x){return((x-min(x))/(max(x)-min(x)))}
```

【例 11-3】使用乳腺癌数据文件 wpbc.data，对 3～32 列数据进行 min-max 标准化。

```
> wpbc<-read.table("wpbc.data",sep=',')
> wpbc_n<-as.data.frame(lapply(wpbc[3:32],normalize))
> head(wpbc_n,n=3)
```

结果如下：

```
      V3        V4        V5        V6        V7        V8        V9        V10       V11       V12
1 0.2419355 0.4345421 0.5958478 0.4137931 0.3449481 0.2856733 0.2168834 0.2100690 0.2777379 0.3215935
2 0.4838710 0.4326982 0.0000000 0.4618875 0.3385935 0.6228309 0.8726211 0.6854675 0.7009232 0.6414550
3 0.9274194 0.6404425 0.2442907 0.5952813 0.5355857 0.1920264 0.2745431 0.2520232 0.3399303 0.5918014
      V13        V14        V15         V16       V17       V18        V19       V20       V21       V22
1 0.2771774 0.2652597 0.48645293 0.2324565 0.1905897 0.06204546 0.0535950 0.1609965 0.1372595 0.1724414
2 0.6030939 0.5545164 0.17294406 0.6131772 0.4616072 0.13111759 0.3255917 0.3220683 0.3137025 0.4216418
3 0.2087307 0.2409550 0.07908561 0.2288282 0.2256879 0.12296666 0.2119669 0.1660394 0.3776396 0.4389659
      V23        V24        V25       V26       V27       V28       V29       V30       V31       V32
1 0.2098841 0.3943472 0.6209309 0.3711761 0.2733217 0.2671832 0.1403511 0.2530671 0.3368030 0.2191997
2 0.4450449 0.5625841 0.0200791 0.6764106 0.4450499 0.5706873 0.6102077 0.6002688 0.9047109 0.5984624
3 0.3444609 0.5410498 0.1311226 0.5030591 0.4244308 0.2622077 0.2916389 0.2769760 0.6666794 0.5458309
```

11.2.2　z-score 标准化

经过处理的数据符合标准正态分布，即均值为 0，标准差为 1。对序列 x_1，x_2，$\cdots$，x_n 进行变换，公式为

$$y_i = \frac{x_i - \bar{x}}{s} \tag{11.2}$$

式中：

$$\overline{x} = \frac{\sum\limits_{i=1}^{n} x_i}{n} , \quad s = \sqrt{\frac{\sum\limits_{i=1}^{n}(x_i - \overline{x})^2}{n-1}}$$

R 软件提供函数 scale( )实现 z-score 标准化。

格式:

```
scale(x, center=TRUE,scale=TRUE)
```

参数说明如下。

1) x: 需要标准化的数据。

2) center: 表示是否进行中心化。

3) scale: 表示是否进行标准化。

【例 11-4】使用乳腺癌数据文件 wpbc.data,对 3~32 列数据进行 z-score 标准化。

```
> wpbc_z<-as.data.frame(scale(wpbc[3:32]))
```

部分结果如下:

```
        V3         V4          V5          V6           V7          V8          V9         V10
1 -0.4565007  0.19220086  1.2386298  0.123620853  0.12199116 -0.62219658 -0.78255821 -0.67509212
2  0.4140014  0.18271222 -2.7676147  0.371476648  0.08791470  1.25523432  2.70458333  2.03843861
3  2.0099219  1.25176561 -1.1251010  1.058925741  1.14428507 -1.14366080 -0.47593024 -0.43562127
4  2.2130390 -1.89529984 -0.4411080 -1.743247703 -1.65822011  3.17978067  2.83084190  1.20666705
5 -0.5725676  0.91017458 -1.8463181  0.946689155  0.92846747 -0.19017186 -0.19735974  0.59169455
6  0.8782692 -1.47463682 -1.6252999 -1.414955688 -1.32711047  1.29516267  0.28562940  0.14392655
```

11.2.3　归一化

对序列 x_1, x_2, ⋯, x_n 进行变换,公式为

$$y_i = \frac{x_i}{\sum\limits_{i=1}^{n} x_i} \tag{11.3}$$

式中,$\sum\limits_{i=1}^{n} y_i = 1$。归一化方法在确定权重时经常用到。

创建一个函数 ratio( )实现数据归一化。

```
> ratio<-function(x){return(x/sum(x))}
> wpbc_r<-as.data.frame(lapply(wpbc[3:32],ratio))
```

部分结果如下:

	V3	V4	V5	V6	V7	V8	V9	V10
1	0.003350265	0.005226764	0.006257581	0.005166743	0.005274171	0.004667275	0.003668002	0.0035104653
2	0.006592457	0.005218062	0.002353395	0.005399796	0.005211693	0.005823642	0.009828546	0.0097006504
3	0.012536475	0.006198443	0.003954066	0.006046188	0.007148506	0.004346090	0.004209705	0.0040567532
4	0.013292986	0.003312411	0.004620634	0.003411369	0.002010224	0.007009029	0.010051600	0.0078031890
5	0.002917973	0.005885185	0.003251221	0.005940655	0.006752813	0.004933372	0.004701840	0.0064002958
6	0.008321625	0.003698182	0.003466609	0.003720055	0.002617301	0.005848235	0.005555111	0.0053788345

第 12 章　分类技术：k 近邻算法（k-NN）

k-NN 算法属于懒惰学习方法，因为 k-NN 是基于实例的学习，不产生具体的模型参数。用于训练的实例本身就是知识，要预测任何一个新实例时，需要对训练数据进行搜索，找到一个最类似于实例的实例。

12.1　k-NN 算法概述

k-NN 算法采用测量不同特征值之间距离的方法进行分类，通过找到最近点（最近邻）的类别来确定正确的分类。k 的作用是确定算法的最近邻数目，如 k=3，算法就根据与当前实例最近的 3 个实例进行判断。

12.1.1　算法原理

k-NN 算法的工作原理：存在一个样本数据集合（也称为训练样本集），并且样本集中每个数据都存在标签，即知道样本集中每一个数据与所属分类的对应关系。输入没有标签的新数据后，将新数据的每个特征与样本集中数据对应的特征进行比较，然后算法提取样本集中特征最相似数据（最近邻）的分类标签。一般来说，我们只选择样本数据集中前 k 个最相似的数据，通常 k 是小于 20 的整数。最后，选择 k 个最相似数据中出现次数最多的分类，将其作为新数据的分类。

k-NN 算法的优点：精度高、对异常值不敏感、无数据输入假定。缺点：计算复杂度高、空间复杂度高；适用数据范围是数值型和标称型。

以一个简单的二值分类为例讲解 k-NN 算法。有两个特征用于预测肿瘤是良性还是恶性，如图 12.1 所示。

在图 12.1 中，五角星表示要预测的新数据。如果 k=3，那么小圆中包含的 3 个观测值就是最近邻，其中恶性所占比例为 2/3，所以新数据分类为恶性。如果 k=5，那么大圆中包含的 5 个观测值就是最近邻，其中良性所占比例为 3/5，故新数据分类为良性。由此可知，k 值的选择会影响分类结果，所以至关重要。设置一个大的 k 值，会减少噪声数据对模型的影响，失去近邻的意义；设置一个小的 k 值，会使噪声数据或异常值过度影响案例的分类。k 值的选择如图 12.2 所示。

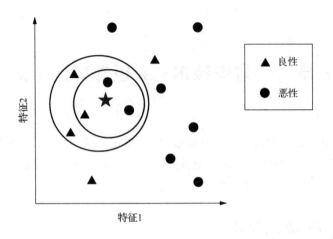

图 12.1　二元分类示意图

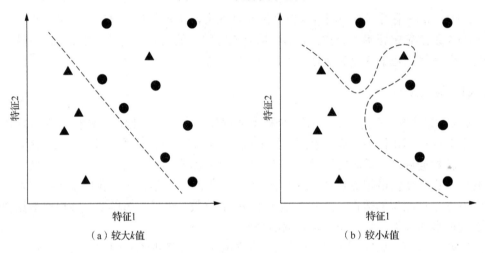

（a）较大 k 值　　　　　　　　　（b）较小 k 值

图 12.2　k 值的选择

12.1.2　距离计算

衡量相似度是通过距离计算来实现的。假设样本数据 $X = (x_1, x_2, \cdots, x_n)$ 和 $Y = (y_1, y_2, \cdots, y_n)$，距离计算函数有以下几种。

1. 欧几里得距离

X 和 Y 的欧几里得距离计算公式为

$$d_{XY} = \sqrt{\sum_{i=1}^{n} (x_i - y_i)^2} \tag{12.1}$$

2. 曼哈顿距离

在曼哈顿街区要从一个十字路口开车到另一个十字路口，驾驶距离显然不是两点间的直线距离。这个实际驾驶距离就是曼哈顿距离，也称为城市街区距离。X和Y的曼哈顿距离计算公式为

$$d_{XY} = \sum_{i=1}^{n} |x_i - y_i| \qquad (12.2)$$

3. 切比雪夫距离

国际象棋中，国王可以直行、横行、斜行，所以国王走一步可以移动到相邻8个方格中的任意一个。国王从格子(x_1, y_1)走到格子(x_2, y_2)最少需要多少步？这个距离就称为切比雪夫距离。X和Y的切比雪夫距离计算公式为

$$d_{XY} = \max_{k}(|x_k - y_k|) \qquad (12.3)$$

4. 闵可夫斯基距离

闵可夫斯基距离不是一种距离，而是一组距离的定义，是对多个距离度量公式的概括性表述。X和Y的闵可夫斯基距离计算公式为

$$d_{XY} = p\sqrt{\sum_{k=1}^{n} |x_k - y_k|^p} \qquad (12.4)$$

式中，p——一个变参数。当$p=1$时，是曼哈顿距离；当$p=2$时，是欧几里得距离；当$p \to \infty$时，是切比雪夫距离。根据p的不同，闵可夫斯基距离可以表示某一类/种的距离。

12.2 利用 k-NN 算法诊断糖尿病

使用 MASS 包中的两个数据集：Pima.tr 和 Pima.te。这组数据来自美国国家糖尿病消化病肾病研究所。研究仅限于成年女性，病情诊断为Ⅱ型糖尿病。任务目标是研究糖尿病患者，对导致糖尿病的风险因素进行预测。

12.2.1 数据准备和探索

```
#装载包
> library(MASS)
> library(class)
> library(reshape2)
> library(ggplot2)
```

1. 查看数据集的内部结构

```
> str(Pima.tr)
'data.frame':200 obs. of  8 variables:
 $ npreg: int   5 7 5 0 0 5 3 1 3 2 …
 $ glu: int    86 195 77 165 107 97 83 193 142 128 …
 $ bp: int    68 70 82 76 60 76 58 50 80 78 …
 $ skin: int   28 33 41 43 25 27 31 16 15 37 …
 $ bmi: num   30.2 25.1 35.8 47.9 26.4 35.6 34.3 25.9 32.4 43.3 …
 $ ped: num   0.364 0.163 0.156 0.259 0.133 …
 $ age: int    24 55 35 26 23 52 25 24 63 31 …
 $ type: Factor w/2 levels "No","Yes": 1 2 1 1 1 2 1 1 1 2 …
> str(Pima.te)
'data.frame':332 obs. of  8 variables:
 $ npreg: int  6 1 1 3 2 5 0 1 3 9 …
 $ glu: int   148 85 89 78 197 166 118 103 126 119 …
 $ bp: int   72 66 66 50 70 72 84 30 88 80 …
 $ skin: int  35 29 23 32 45 19 47 38 41 35 …
 $ bmi: num  33.6 26.6 28.1 31 30.5 25.8 45.8 43.3 39.3 29 …
 $ ped: num   0.627 0.351 0.167 0.248 0.158 0.587 0.551 0.183 0.704
0.263 …
 $ age: int   50 31 21 26 53 51 31 33 27 29 …
 $ type: Factor w/2 levels "No","Yes": 2 1 1 2 2 2 2 1 1 2 …
```

两个数据集共包含 532 个观测对象、8 个特征变量。数据变量含义如下。

1）npreg：怀孕次数。

2）glu：血糖浓度。

3）bp：舒张压。

4）skin：皮褶厚度。

5）bmi：体质指数。

6）ped：糖尿病家族影响因素。

7）age：年龄。

8）type：是否患有糖尿病。

将两个数据集合并为一个数据集，因两个数据集结构相同，所以可以使用函数 rbind( )直接合并。

```
> pima<-rbind(Pima.tr,Pima.te)
```

2. 对数值型数据进行标准化处理

```
#采用函数 scale()
> pima.scale<-data.frame(scale(pima[,-8]))
> str(pima.scale)
 'data.frame':532 obs. of  7 variables:
 $ npreg: num  0.448 1.052 0.448 -1.062 -1.062 …
 $ glu: num  -1.13 2.386 -1.42 1.418 -0.453 …
 $ bp: num  -0.285 -0.122 0.852 0.365 -0.935 …
 $ skin: num  -0.112 0.363 1.123 1.313 -0.397 …
 $ bmi: num  -0.391 -1.132 0.423 2.181 -0.943 …
 $ ped: num  -0.403 -0.987 -1.007 -0.708 -1.074 …
 $ age: num  -0.708 2.173 0.315 -0.522 -0.801 …
#把 type 类型添加到新的数据框中
> pima.scale$type<-pima$type
```

3. 绘制箱线图, 观察因变量不同分组情况

```
#使用函数 melt()将数据按值融合成一个总体特征,并按照 type 变量进行分组
> pima.scale.melt<-melt(pima.scale,id.var="type")
#使用 ggplot2 包对箱线图进行布局,分两列显示,如图 12.3 所示
> ggplot(data=pima.scale.melt,aes(x=type,y=value))+geom_boxplot()+
  facet_wrap(~variable,ncol=2)
```

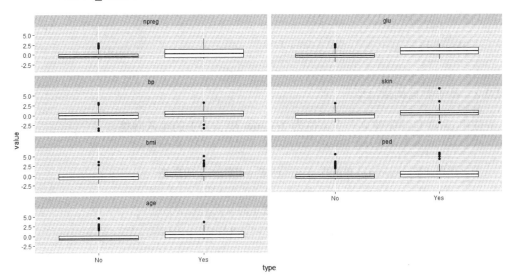

图 12.3　箱线图

从箱线图中，可以观察到 type 的不同组别，各变量表现出的差异。

4. 将数据拆分成训练集和测试集

```
#统计不同 type 包含的观测数量
> table(pima.scale$type)
 No  Yes
 355  177
#计算每种 type 所占比例
> round(prop.table(table(pima.scale$type))*100,digits=1)
  No  Yes
 66.7  33.3
```

比例为 2∶1，可见数据划分是平衡的。

```
#按 70/30 划分比例,建立训练集与测试集
#set.seed()用于设定随机数种子
> set.seed(502)
> ind<-sample(2,nrow(pima.scale),replace=T,prob=c(0.7,0.3))
> train<-pima.scale[ind==1,]
> test<-pima.scale[ind==2,]
#查看训练集与测试集的类型比例分布是否为 2∶1
> table(train$type)
No Yes
262  123
> table(test$type)
No  Yes
 93  54
```

12.2.2　基于数据构建模型

使用 caret 包，先建立一个 k 值为 2~20、步长为 1 的输入网格。

```
> library(caret)
#使用函数 expand()和函数 seq()创建一个名为.k 的参数
> grid1<-expand.grid(.k=seq(2,20,by=1))
#使用交叉验证选择参数,使用 caret 包中的函数 trainControl()
> control<-trainControl(method='cv')
#设定随机种子
> set.seed(502)
> library(e1071)
```

使用 caret 包中的函数 train( )建立计算最优 k 值的对象。该函数中的第一个参数为模型公式，data 为数据集，method 为方法，在此选择 knn。

```
> knn.train<-train(type~.,data=train,method='knn',trControl=control,
tuneGrid=grid1)
> knn.train
k-Nearest Neighbors

385 samples
 7 predictor
 2 classes: 'No', 'Yes'
No pre-processing
Resampling: Cross-Validated (10 fold)
Summary of sample sizes: 346, 346, 347, 347, 346, 347,...
Resampling results across tuning parameters:
  k   Accuracy   Kappa
  2   0.7532389  0.3976913
  3   0.7790148  0.4572839
  4   0.7609312  0.4149342
  5   0.7659244  0.4268388
  6   0.7633603  0.4188661
  7   0.7607962  0.4127307
  8   0.7713900  0.4265391
  9   0.7660594  0.4152187
 10   0.7609312  0.4105102
 11   0.7661269  0.4179831
 12   0.7686910  0.4272566
 13   0.7713225  0.4228028
 14   0.7686910  0.4142221
 15   0.7869096  0.4594365
 16   0.7921053  0.4692580
 17   0.7921053  0.4683104
 18   0.7894737  0.4643331
 19   0.7790823  0.4364299
 20   0.7739541  0.4193879

Accuracy was used to select the optimal model using the largest value.
The final value used for the model was k=17.
```

在结果中有正确率（Accuracy）和 Kappa 统计量。统计量 Kappa 的计算公式为

$$\text{Kappa} = \frac{(\text{一致性百分比} - \text{期望一致性百分比})}{(1 - \text{期望一致性百分比})} \qquad (12.5)$$

式中，一致性百分比——分类器的分类结果与实际分类相符合的程度，即正确率；

期望一致性百分比——分类器靠随机选择获得的与实际分类相符合的程度。

Kappa 值越大，分类器的分类效果越好，当 Kappa=1 时达到一致性的最大值。所以，通过结果分析可知，Kappa=0.4683104 为最大，即 k=17。Altman 给出了一种启发式的方法，帮助我们解释这个统计量，如表 12.1 所示。

表 12.1 统计量解释

kappa 值	一致性强度
<0.20	很差
0.21～0.40	一般
0.41～0.60	中等
0.61～0.80	好
0.81～1.00	很好

使用 class 包中的函数 knn( )实现结果分类。

格式：

```
knn(train, test, cl, k=1,…)
```

参数说明如下。

1）train：训练数据。

2）test：测试数据。

3）cl：训练集中的正确标记。

4）k：k 值。

```
> knn.test<-knn(train[,-8],test[,-8],train[,8],k=17)
#检查混淆矩阵
> count<-table(knn.test,test$type)
> count
   knn.test  No  Yes
       No    77   26
       Yes   16   28
#计算正确率
> acc<-(count[1,1]+count[2,2])/(count[1,2]+count[2,1]+count[1,1]+count
  [2,2])*100
> acc
[1] 71.42857
```

第 13 章　分类技术：支持向量机

支持向量机（support vector machines，SVM）是寻找将样本分开的超平面，但划分的超平面可能有很多，其目标是选择同时远离两类数据点的直线，问题转换为寻找最大间隔，如图 13.1 所示。+号与–号分别表示不同的两类，图中两种虚线分别表示两种间隔的划分方法，很显然需要选择具有最大间隔（间隔 1）的划分。但我们所要求的最宽间隔并不是由所有样本点决定的，而仅是训练集中的个别样本点发挥作用，即图中圆圈的样本点，将其称为支持向量。支持向量的特点是刚好位于隔离边界（margin）上。

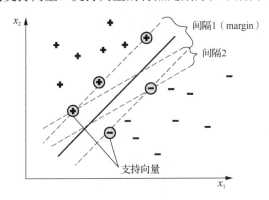

图 13.1　支持向量与间隔

支持向量机的优点：泛化错误率低，计算开销不大，结果易解释。缺点：对参数调节和核函数的选择敏感，原始分类器不加修改仅适用于处理二类问题；适用数据类型是数值型和标称型数据。

13.1　SVM 模型概述

对于线性可分的二分类问题，设训练集为
$$D = \{(x_1, y_1), (x_2, y_2), \cdots, (x_n, y_n)\}$$
其中，$x_i \in \mathbf{R}^n, y_i \in \{+1, -1\}$，$i = 1, 2, \cdots, n$。

在样本空间中，划分的超平面可通过如下线性方程来描述：
$$\boldsymbol{w}^\mathrm{T} \boldsymbol{x} + b = 0 \tag{13.1}$$

式中，$\boldsymbol{w} = (w_1, w_2, \cdots, w_n)$ 为法向量，决定了超平面的方向，b 为位移项，决定了超平面与原点之间的距离。将超平面记为 (w,b)，样本空间中任意点 x 到超平面 (w,b) 的距离可写为

$$\gamma = \frac{|\boldsymbol{w}^{\mathrm{T}}\boldsymbol{x} + b|}{\|w\|} \tag{13.2}$$

假设超平面 (w,b) 可将训练样本正确分类，即对于 $(x_i, y_i) \in D$，若 $y_i = +1$，则有 $\boldsymbol{w}^{\mathrm{T}}\boldsymbol{x}_i + b \geqslant 0$；若 $y_i = -1$，则有 $\boldsymbol{w}^{\mathrm{T}}\boldsymbol{x}_i + b < 0$。令

$$\begin{cases} \boldsymbol{w}^{\mathrm{T}}\boldsymbol{x}_i + b \geqslant 0, & y_i = +1 \\ \boldsymbol{w}^{\mathrm{T}}\boldsymbol{x}_i + b < 0, & y_i = -1 \end{cases} \tag{13.3}$$

距离超平面最近的几个训练样本点使式（13.3）的等号成立，根据式（13.2）和式（13.3），两个异类支持向量到超平面的距离之和为

$$\gamma = \frac{2}{\|\boldsymbol{w}\|} \tag{13.4}$$

欲找到具有最大间隔的划分超平面，优化问题为找到满足式（13.3）中约束的参数 w 和 b，使 γ 最大，即

$$\max_{w,b} \frac{2}{\|\boldsymbol{w}\|} \tag{13.5}$$

$$\text{s.t.} \, y_i(\boldsymbol{w}^{\mathrm{T}}\boldsymbol{x}_i + b) \geqslant 1, \quad i = 1, 2, \cdots, n$$

为了最大化间隔，仅需最大化 $\|\boldsymbol{w}\|^{-1}$，等价于最小化 $\|\boldsymbol{w}\|^2$，将式（13.5）重写为

$$\min_{w,b} \frac{1}{2} \|\boldsymbol{w}\|^2 \tag{13.6}$$

$$\text{s.t.} \, y_i(\boldsymbol{w}^{\mathrm{T}}\boldsymbol{x}_i + b) \geqslant 1, \quad i = 1, 2, \cdots, n$$

这就是支持向量机的基本类型。

13.2 核函数

在现实情况中，如果遇到样本不是线性可分的情况，如图 13.2（a）所示，就需要使用核函数将特征映射到高维空间，使原来无法用简单的线性超平面分隔的点经过变换后，在新的特征空间内线性可分，如图 13.2（b）所示。

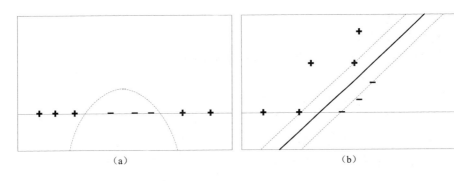

图 13.2　将非线性可分映射为高维空间的线性可分

　　具有非线性核的支持向量机通过对数据添加额外的维度，实现数据分离。核技术涉及一个添加能够表达度量特征之间数学关系新特征的过程。具有非线性核的支持向量机是极其强大的分类器。将核函数形式化地定义为，如果原始特征内积是 $<x,z>$，映射后为 $<\phi(x),\phi(z)>$，即 $\kappa(x,z)=<\phi(x),\phi(z)>$。常用的核函数如表 13.1 所示。

表 13.1　常用的核函数

名称	表达式	参数
线性核	$\kappa(x_i,x_j)=x_i^{\mathrm{T}}x_j$	—
多项式核	$\kappa(x_i,x_j)=x_i^{\mathrm{T}}x_j^{d}$	$d\geqslant 1$ 为多项式的次数
高斯核	$\kappa(x_i,x_j)=\exp\left(-\dfrac{\|x_i-x_j\|^2}{2\sigma^2}\right)$	$\sigma>0$ 为高斯核的带宽
拉普拉斯核	$\kappa(x_i,x_j)=\exp\left(-\dfrac{\|x_i-x_j\|}{\sigma^2}\right)$	$\sigma>0$
Sigmoid 核	$\kappa(x_i,x_j)=\tanh(\beta x_i^{\mathrm{T}}x_j+\theta)$	$\tanh$ 为双曲正切函数，$\beta>0$、$\theta<0$

13.3　基于数据训练模型

1. 使用 e1071 包中的函数 svm( )

格式：

```
svmfit<-svm(formula,data=mydata,type=NULL,
          kernel="linear",scale=TRUE)
```

参数说明如下。

1）formula：公式，确定因变量与自变量的关系函数。

2）data：数据集。

3）type 类型有以下几个。

① 分类：C-classification(default)、nu-classification。

② 文本分类：one-classification。

③ 回归：eps-regression(default)、nu-regression。

4）kernel：有 linear、polynomial、radial、sigmoid。

5）scale：表示是否进行数据标准化。

【例 13-1】对内置数据集 iris 使用函数 svm( )进行分类。

```
> library(e1071)
> set.seed(100)
> s<- sample(nrow(iris),2*nrow(iris)/3)
> col<-c("Petal.Length","Petal.Width","Species")   #选取 3 列
> train<-iris[s,col]              #随机选取 2/3 的数据为训练集
> test<-iris[-s,col]              #剩下的数据为测试集
> svmfit1<-svm(Species~.,data=train,kernel="linear",cost=1,scale=F)
> plot(svmfit1,train[,col])   #如图 13.3 所示
```

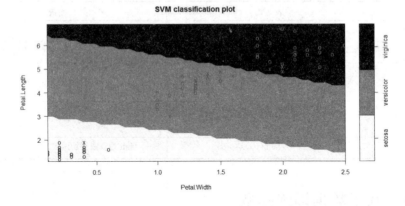

图 13.3　使用函数 svm( )分类数据并画出分界线（cost=1，scale=F）

从图 13.3 中可看出，能够将黄色底纹区域的物种 "setosa" 进行分类，但另外两个物种分类不太清晰。可以使用函数 tune( )对模型进行调整，找到代价函数的最佳可选参数。

```
> tuned<-tune(svm,Species~.,data=train,kernel="linear",ranges=
  list(cost=c(0.001,0.01,0.1,1,10,100)))
> summary(tuned)
arameter tuning of 'svm':
- sampling method: 10-fold cross validation
- best parameters:
```

```
cost
0.1
- best performance: 0.05
- Detailed performance results:
   cost    error    dispersion
1  1e-03   0.54     0.38643671
2  1e-02   0.29     0.22827858
3  1e-01   0.05     0.07071068
4  1e+00   0.05     0.07071068
5  1e+01   0.05     0.07071068
6  1e+02   0.06     0.08432740
```

结果分析给出，最佳代价为 0.1。

将数据标准化，cost 设置为 0.1，再进行分类。

```
> svmfit<-svm(Species~.,data=train,kernel="linear",cost=0.1,scale=T)
> plot(svmfit,train[,col])  #如图 13.4 所示
```

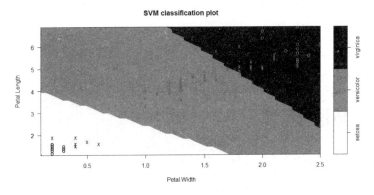

图 13.4　使用函数 svm( )分类数据并画出分界线（cost=0.1，scale=T）

e1071 包还提供函数 tune.svm( )，将 svm( )与 tune( )两个函数功能整合到一起。函数 tune.svm( )使用交叉验证法使调优参数达到最优。

```
> linear.tune<-tune.svm(Species~.,data=train,kernel="linear",cost=
c(0.001,0.01,0.1,1,10,100))
> summary(linear.tune)
```

2. 使用 kernlab 包中的 ksvm( )函数

格式：

```
svmfit<-ksvm(target~predictors, data=mydata, kernel="rbfdot",c=1)
```

参数说明如下。

1）target：数据框 mydata 中需要建模的输出变量。

2）predictors：数据框 mydata 中用于预测的特征公式。

3）data：数据框。

4）kernel：用于给出非线性映射，即 rbfdot（径向基函数）、polydot（多项式函数）、tanhdot（双曲正切函数）、vanilladot（线性函数）。

5）c：用于给出违反约束条件时的惩罚，即对于"软边界"的惩罚的大小。较大的 *c* 值将导致较窄的边界。

【例 13-2】对内置数据集 iris 使用 ksvm( )函数进行分类。

```
> library(kernlab)
> svmfit2<-ksvm(Species~.,data=train,kernel="vanilladot")
 Setting default kernel parameters
> svmfit2
Support Vector Machine object of class "ksvm"
SV type: C-svc  (classification)
parameter : cost C=1
Linear(vanilla) kernel function.
Number of Support Vectors: 27
Objective Function Value: -1.7314 -0.41 -16.1275
Training error: 0.04
```

13.4　评估模型性能

使用函数 predict( )对测试集进行分类预测。

格式：

```
predict(model, test, type)
```

参数说明如下。

1）model：训练的模型。

2）test：测试集。

3）type：用于指定预测的类型，"response"为预测类别；"probabilities"为预测概率。

【例 13-3】使用 svmfit2 分类模型实现预测。

```
> pre<-predict(svmfit2,test)
```

为了研究分类器性能，使用函数 table()，将测试集中的预测值 pre 与真实值 test$Species 进行比较。

```
> table(pre,test$Species)
     pre         setosa    versicolor    virginica
     setosa        16          0            0
     versicolor     0         16            1
     virginica      0          1           16
```

对角线上的值为正确预测的数量，从结果可知，存在两个错误，即不在对角线上的数目。

```
#使用逻辑值来表示分类的正确与错误数量
> agree<-pre==test$Species
> table(agree)
agree
FALSE  TRUE
  2    48
#以百分比计算预测的正确率
> prop.table(table(agree))
agree
FALSE  TRUE
 0.04   0.96
```

【例13-4】 使用 svmfit1 分类模型进行预测。

```
> best.linear<-linear.tune$best.model
> tune.test<-predict(best.linear,newdata=test)
> table(tune.test,test$Species)
    tune.test    setosa    versicolor    virginica
    setosa         16          0            0
    versicolor      0         17            1
    virginica       0          0           16
```

请大家考虑如何提高模型性能，选择不同的核函数来实现分类预测，比较正确率。使用 caret 包中的函数 confusionMatrix() 生成评价和选择最优模型所需的所有统计量。

```
> library(caret)
> confusionMatrix(pre,test$Species,positive="yes")
Confusion Matrix and Statistics
            Reference
 Prediction    setosa    versicolor    virginica
  setosa         16          0            0
  versicolor      0         16            1
```

```
    virginica    0           1              16
Overall Statistics
            Accuracy: 0.96
              95% CI: (0.8629, 0.9951)
 No Information Rate: 0.34
 P-Value [Acc > NIR]: < 2.2e-16
               Kappa: 0.94
Mcnemar's Test P-Value: NA
Statistics by Class:
                   Class: setosa   Class: versicolor   Class: virginica
Sensitivity              1.00             0.9412              0.9412
Specificity              1.00             0.9697              0.9697
Pos Pred Value           1.00             0.9412              0.9412
Neg Pred Value           1.00             0.9697              0.9697
Prevalence               0.32             0.3400              0.3400
Detection Rate           0.32             0.3200              0.3200
Detection Prevalence     0.32             0.3400              0.3400
Balanced Accuracy        1.00             0.9554              0.9554
```

对结果中涉及的统计量进行如下解释。

1）No Information Rate：最大分类所占的比例。

2）P-Value：用来进行假设检验，说明正确率确实高于 No Information Rate。

3）Mcnemar's Test：本例不关心此统计量，它用于配对分析，进行流行病学研究。

4）Sensitivity：敏感度，真阳性率，不是此类且被正确识别的比例。

5）Specificity：特异度，真阴性率，是此类且被正确识别的比例。

6）Pos Pred Value：阳性预测率。

$$PPV = \frac{Sensitivity \times Prevalence}{(Sensitivity \times Prevalence) + (1 - Sensitivity) \times (1 - Prevalence)} \tag{13.7}$$

7）Neg Pred Value：阴性预测率。

$$NPV = \frac{Sensitivity \times (1 - Prevalence)}{(1 - Sensitivity) \times Prevalence + Sensitivity \times (1 - Prevalence)} \tag{13.8}$$

8）Prevalence：患病率，某种疾病在人群中流行度的估计值。

9）Detection Rate：真阳性预测中被正确识别的比例。

10）Detection Prevalence：预测的患病率。

11）Balanced Accuracy：所有类别正确率的平均数。

第14章 决 策 树

决策树方法相对简单，易于图形表示。它的思想与 if-then 语句相同，将数据集按照"递归划分"的策略逐层划分成较小的子集。决策树可用于回归和分类问题，因此称为分类回归树（classification and regression trees，CART）模型。

▌ 14.1 决策树原理

一个数据集由多个特征变量构成，每个特征对分类的决定性作用存在高低。只有找到当前数据集中决定性最大的特征，才能划分出最好的结果，所以必须对每个特征的重要性进行评估。根据特征变量的不同分类，原始数据集划分为几个相应的数据子集，即产生不同的分支。依此类推，直到叶结点为止。

14.1.1 选择最佳的分割

分割数据集的原则是将无序的数据变得更加有序。将分割数据集前后信息发生的变化称为信息增益，具有最高信息增益的特征就是最好的选择。我们希望决策树的分支结点所包含的样本尽可能属于同一类别，即同一类中的数据具有高纯度的特征。衡量纯度的方法较多，但在 C5.0 算法[①]中使用熵度量纯度。熵的定义：

$$H(U) = \sum_{i=1}^{c} - p(u_i) \log_2 p(u_i) \qquad (14.1)$$

式中，U——某一特征，即给定的数据分割；

c——常数，代表类的水平数；

$p(u_i)$——代表落入类的水平 i 中的特征值的比例。

```
> x<-seq(0,1,0.2)
> y<-seq(0,1,0.2)
> curve(-x*log2(x)-(1-x)*log2(1-x),col="red",xlab="x",
  ylab="Entropy",lwd=1,cex.axis=.8,cex.lab=1)
> abline(v=0.5,lwd=2,lty=2)  #如图 14.1 所示
```

从图 14.1 可知，熵的峰值在 $x=0.5$ 时，取到一个 50-50 分割导致最大熵值。当一个

---

① C5.0 算法是 C4.5 算法的修订版，适用于处理大数据集，采用 Boosting 方式提高模型准确率。

类相对于其他类越来越占主导地位时，熵值会逐渐减少到 0。如果选择一个特征后，信息增益最大（信息不确定性减少的程度最大），那么我们就选取这个特征。

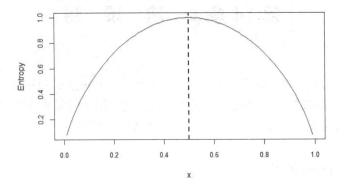

图 14.1　熵的示意图

信息增益：对于特征 F，信息增益的计算方法是分割前的数据分区（U）的熵值减去由分割产生的数据分区（V）的熵值。

$$I(U,V) = H(U) - H\left(\frac{U}{V}\right) \qquad (14.2)$$

数据分区（V）的熵值称为条件熵，计算公式为

$$H\left(\frac{U}{V}\right) = \sum_{j=1}^{c} p(v_j) \sum_{i=1}^{c} - p\left(\frac{u_i}{v_j}\right) \log_2 p\left(\frac{u_i}{v_j}\right) \qquad (14.3)$$

除信息增益外，还有一些其他可以构建决策树分割的标准。例如，基尼系数、卡方统计量和增益比。

【例 14-1】选取某医院 30 例不稳定性心绞痛和心梗病例，患者年龄在 66～88 岁之间，对年龄属性进行离散化处理，分为 66～70、71～75、76～80、81～88 这 4 个年龄段，分别用 1、2、3、4 来表示，具体数据如表 14.1 所示。

表 14.1　患者数据

序号	属性						类别
	性别	年龄	饮酒	吸烟	高血压病史	糖尿病病史	
1	男	1	有	有	有	有	不稳定性心绞痛
2	男	1	无	有	无	有	不稳定性心绞痛
3	男	1	无	无	有	无	心梗
4	男	1	无	有	有	无	心梗
5	男	1	无	有	有	有	心梗
6	男	1	无	无	有	有	不稳定性心绞痛
7	男	1	无	无	有	有	不稳定性心绞痛

序号	属性						类别
	性别	年龄	饮酒	吸烟	高血压病史	糖尿病病史	
8	女	2	有	有	有	无	心梗
9	女	2	无	无	有	无	心梗
10	女	2	无	有	有	有	心梗
11	女	2	无	无	无	无	不稳定性心绞痛
12	女	2	无	无	无	有	不稳定性心绞痛
13	男	2	无	无	无	无	不稳定性心绞痛
14	男	3	无	有	有	无	不稳定性心绞痛
15	男	3	有	有	有	无	心梗
16	女	3	无	无	有	无	不稳定性心绞痛
17	女	3	无	无	有	无	不稳定性心绞痛
18	男	3	有	有	有	无	不稳定性心绞痛
19	男	3	无	有	无	有	不稳定性心绞痛
20	男	3	无	无	有	无	心梗
21	男	3	无	无	无	无	心梗
22	女	3	无	有	无	有	心梗
23	男	4	无	有	有	无	心梗
24	男	4	有	有	有	无	不稳定性心绞痛
25	女	4	无	无	无	无	不稳定性心绞痛
26	女	4	无	无	有	无	心梗
27	男	4	有	有	有	无	心梗
28	女	4	无	有	有	无	心梗
29	男	4	无	有	无	有	不稳定性心绞痛
30	男	4	有	有	无	无	心梗

计算"性别"属性的信息增益如下。

1）计算信息熵：

$$H(U) = \sum_{i=1}^{c} - p(u_i) \log_2 p(u_i) = -\frac{11}{30} \log_2 \frac{11}{30} - \frac{19}{30} \log_2 \frac{19}{30} \approx 0.9481$$

2）计算条件信息熵：

$$H\left(\frac{U}{V}\right) = \sum_{j=1}^{c} p(v_j) \sum_{i=1}^{c} - p\left(\frac{u_i}{v_j}\right) \log_2 p\left(\frac{u_i}{v_j}\right)$$

$$= \frac{15}{30}\left(-\frac{10}{15}\log_2\frac{10}{15} - \frac{5}{15}\log_2\frac{5}{15} -\right) + \frac{15}{30}\left(-\frac{9}{15}\log_2\frac{9}{15} - \frac{6}{15}\log_2\frac{6}{15}\right) \approx 0.9446$$

3）计算"性别"的信息增益：

$$I(\text{性别}) = H(U) - H\left(\frac{U}{V}\right) = 0.9481 - 0.9446 = 0.0035$$

14.1.2 剪枝策略

为了避免决策树模型出现过度拟合，需要进行剪枝处理，把不重要的叶子去掉。决策树剪枝的基本策略有预剪枝和后剪枝两种。

预剪枝是指在决策树生成过程中，对每个结点在划分前先进行估计，若当前结点的划分不能带来决策树泛化性能提升，则停止划分，并将当前结点标记为叶结点。预剪枝的缺点：无法知道决策树是否会错过细微但很重要的模式，这种细微的模式只有决策树生长到足够大时才能学习到。

后剪枝是指从训练集生成一棵完整的决策树，然后自底向上地对非叶结点进行考察，若将该结点对应的子树替换为叶结点能带来决策树泛化性能的提升，则将该子树替换为叶结点。此方法通常比预剪枝法更有效。事后剪枝肯定可以使算法查到所有重要的数据结构。

在 R 软件中，可通过 rpart 包中的函数 rpart( )实现剪枝，完成树的创建。

格式：

```
rpart(formula, data, weights, subset, na.action=na.rpart, method,
    model=FALSE, x=FALSE, y=TRUE, parms, control, cost, …)
```

参数说明如下。

1）formula：拟合公式。

2）data：数据集。

3）method：树的末端数据类型选择相应的变量分割方法。连续性 method="anova"；离散型 method="class"；计数型 method="poisson"；生存分析型 method="exp"。

4）parms：用于设置 3 个参数，即先验概率、损失矩阵、分类纯度的度量方法。

5）control：rpart 算法的控制细节选项。

6）cost：损失矩阵，在剪枝时，叶子结点的加权误差与父结点的误差进行比较，考虑损失矩阵的时候，将"减少—误差"调整为"减少—损失"。

14.2 决策树案例

14.2.1 实现心脏病患病预测

【例 14-2】使用心脏病数据 heartCsv.csv 实现决策树分析。

```
#加载包
> library(rpart)
> library(partykit)
#读入数据
> heart<-read.csv("heartCsv.csv")
#查看数据结构
> str(heart)
# target 为因变量,将其转换为因子
> heart$target<-as.factor(heart$target)
#设置种子
> set.seed(123)
#进行随机抽样,训练集与测试集比例为 7：3
> ind<-sample(2,nrow(heart),replace=T,prob=c(0.7,0.3))
#训练集
> train<-heart[ind==1,]
#测试集
> test<-heart[ind==2,]
#函数 rpart()生成树
> tree.heart<-rpart(target~.,data=train)
#检查每次分裂的误差,找到最优分裂次数
> tree.heart$cptable
```

	CP	nsplit	rel error	xerror	xstd
1	0.50842697	0	1.0000000	1.0674157	0.03774433
2	0.05898876	1	0.4915730	0.4915730	0.03235832
3	0.03932584	3	0.3735955	0.3792135	0.02943779
4	0.02340824	4	0.3342697	0.3820225	0.02952153
5	0.01966292	7	0.2640449	0.3089888	0.02713072
6	0.01123596	8	0.2443820	0.2837079	0.02618698
7	0.01000000	10	0.2219101	0.2640449	0.02540475

结果中，CP（complexity parameter）是成本复杂性参数；nsplit 是树分裂的次数；rel error 表示相对误差；xerror 和 xstd 都是基于 10 折交叉验证的，分别表示平均误差和标准差。

```
#查看误差的统计图,如图 14.2 所示
> plotcp(tree.heart)
```

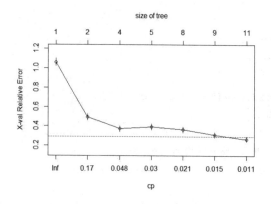

图 14.2 误差统计图

从图 14.2 中可知,树的规模为 11。复杂性参数表示通过分割树的结点可以改善相对误差。第一次分割可以降低 0.17 个误差,而后每次额外的分割起到的作用很小。图 14.2 中的虚线是由模型内的误差评估生成的,表示我们希望树分割后的误差值小于这条虚线对应的值,但是不能低太多,以防止过度拟合。图 14.2 中相对误差在树的大小为 11 时,CP 值位于虚线表示的阈值之下。

 注意

树的大小是数据点分割次数,不是最终的叶结点数。一般的规则是选择虚线下第一个 CP。所以,当前树的大小为 11 且 CP 值为 0.011 时,误差评估有小幅改善。

```
> cp<-min(tree.heart$cptable[7,])
> prune.tree<-prune(tree.heart,cp=cp)
> plot(as.party(prune.tree))  #如图 14.3 所示
#使用函数 predict()对测试集进行预测,type 选项为 class
> rparty.test<-predict(prune.tree,newdata=test,type="class")
> table(rparty.test,test$target)
rparty.test    0      1
       0      131    25
       1      12    133
#统计预测的准确率
> agree<-rparty.test==test$target
> prop.table(table(agree))
agree
   FALSE      TRUE
0.1229236  0.8770764
```

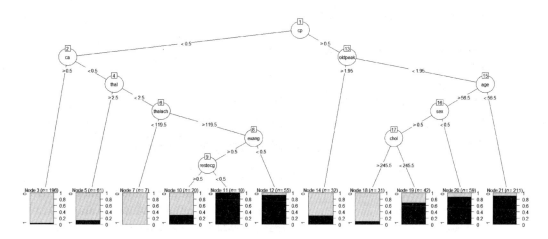

图 14.3　剪枝树

14.2.2　使用 C5.0 决策识别高风险银行贷款

决策树在银行业务中的应用很广泛。本例使用 C5.0 决策树实现信贷审批模型。

```
> credit<-read.csv("credit.csv")
> str(credit)
#将 default 是否违约作为因变量
#使用 C50 包中的 C5.0 算法来训练决策树模型
> library(C50)
```

在 credit 中，第 17 列是类变量 default，其为用于分类的目标因子向量，所以将它从训练数据框中排除。

```
> credit$default<-as.factor(credit$default)
#划分训练集与测试集，比例分别为 90% 和 10%
> set.seed(123)
> ind<-sample(2,nrow(credit),replace=T,prob=c(0.9,0.1))
> train<-credit[ind==1,]
> test<-credit[ind==2,]
#建立模型
> credit_model<-C5.0(train[-17],train$default)
#查看该决策树的基本数据情况
> credit_model
Call:
C5.0.default(x=train[-17], y=train$default)
Classification Tree
Number of samples: 908
```

```
Number of predictors: 20
Tree size: 39
Non-standard options: attempt to group attributes
#查看决策
> summary(credit_model)
#使用函数 predict(),将决策树应用于测试数据集
> credit_pred<-predict(credit_model,test)
```

使用 gmodels 包中的函数 CrossTable( )将它与真实的分类值比较。

格式:

```
CrossTable(x, y, digits=3, max.width=5, expected=FALSE, prop.r=TRUE,
prop.c=TRUE,prop.t=TRUE, prop.chisq=TRUE, chisq=FALSE,fisher=FALSE,
mcnemar=FALSE, resid=FALSE, sresid=FALSE,asresid=FALSE, missing.
include=FALSE,format=c("SAS","SPSS"), dnn=NULL,…)
```

参数说明如下。

1）x、y：列联表的两个特征向量。

2）digits：指定结果小数位数。

3）prop.r：用于设置行比例是否加入。

4）prop.c：用于设置列比例是否加入。

5）prop.t：用于设置表比例是否加入。

6）prop.chisq：用于设置每个单元的卡方值是否加入。

7）chisq：用于设置卡方检验结果是否加入。

8）dnn：指定结果中各维度的名称。

```
> library(gmodels)
> CrossTable(test$default,credit_pred,prop.chisq=FALSE,prop.c=FALSE,
  prop.r=FALSE,dnn=c('actual default','predicted default'))
  #结果如图 14.4 所示
```

```
            Cell Contents
|-------------------------|
|                       N |
|         N / Table Total |
|-------------------------|

Total Observations in Table:  92

             | predicted default
actual default |         1 |         2 | Row Total |
-------------|-----------|-----------|-----------|
           1 |        54 |        10 |        64 |
             |     0.587 |     0.109 |           |
-------------|-----------|-----------|-----------|
           2 |        15 |        13 |        28 |
             |     0.163 |     0.141 |           |
-------------|-----------|-----------|-----------|
 Column Total |        69 |        23 |        92 |
-------------|-----------|-----------|-----------|
```

图 14.4　交叉表结果

14.2.3 条件推理树

条件推理树与传统决策树采用相似逻辑，但分割树的方法略有差异。条件推理树对给定的属性（或特征）进行统计显著性检验。

在 R 软件中，采用 party 包中的函数 ctree( )建立条件推理树。

格式：

```
ctree(formula, data, subset=NULL, weights=NULL,
controls=ctree_control(), xtrafo=ptrafo, ytrafo=ptrafo, scores=NULL)
```

参数说明如下。

1）formula 是描述预测变量和响应变量的公式。

2）data 是使用的数据集名称。

【例 14-3】以 heartCsv 数据为例，为了清楚地显示条件推理树的树形结构，此例只选用 sex、age 与 chol 这 3 个特征作为输入。

```
> library(party)
> heart.ctree<-ctree(target~sex+age+chol,data=train)
> plot(heart.ctree)  #如图 14.5 所示
```

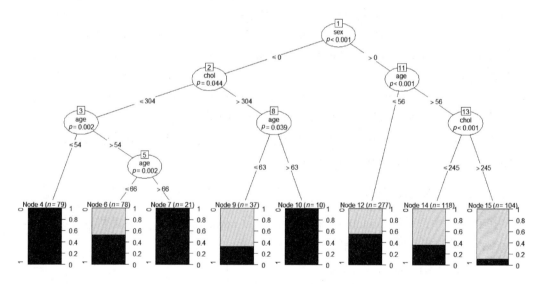

图 14.5　条件推理树

条件推理树中不仅显示了分割标准，还增加了测量特征统计显著性的 p 值。如果 $p<0.05$ 表示具有统计显著性。这种类型的树不需要修剪，在选择分割特征时，统计学过程中就包含了剪枝功能，所以省去了一系列计算工作。但如果特征变量较多，绘制的图

会有些烦琐。

```
> heart.ctree<-ctree(target~.,data=train)
> pre.ctree<-predict(heart.ctree,test)
> table(test$target,pre.ctree)
 pre.ctree
       0    1
   0  129  14
   1  25   133
```

从结果可知，条件推理树与传统决策树的预测正确率基本相同。

14.3　随机森林

前面基于树的方法都是单棵树，根据条件判断分支，从上到下浏览树直到找到最终结果。为了提高模型预测能力，同时构建多棵树。因为提供的是随机输入，所以可以得到不同的树，就构成了随机森林（random forest，RF）。每棵树都能产生一个结果，将得票最多的输出作为森林的最终结果。随机森林属于集成学习的一种方法。

传统的决策树每次都选择一个最优属性作为划分属性，但在随机森林中，对于决策树的每个结点，先从该结点的属性集合中随机选择一个包含 k 个属性的子集，再从这个子集中选择一个最优属性用于划分。随机森林模型评价因素有：①每棵树生长越茂盛，组成森林的分类性能越好；②每棵树之间的相关性越差（或树之间是独立的），则森林的分类性能越好。因此，减小特征选个数 k，树的相关性和分类能力也会相应降低；增大 k，两者也会随之增大。所以关键问题是如何选择最优的 k（或范围），这也是随机森林唯一的一个参数。k 的取值建议为 $\log_2 n$（n 为属性个数）。

随机森林算法对多元共线性不敏感，处理缺失数据和非平衡数据比较稳健，可以很好地适应多达几千个解释变量的数据集。

14.3.1　基于数据构建模型

在 R 软件中，采用 randomForest 包中的函数 randomForest( )构建随机森林模型，以 heart Csv.csv 文件中的心脏数据为例。

```
>library(randomForest)
> heart<-read.csv("heartCsv.csv")
> View(heart)
> heart$target<-as.factor(heart$target)
> set.seed(123)
> ind<-sample(2,nrow(heart),replace=T,prob=c(0.7,0.3))
```

```
> train<-heart[ind==1,]
> test<-heart[ind==2,]
#创建模型
> set.seed(123)
> heart.rf<-randomForest(target~.,data=train,proximity=T)
# proximity 是逻辑参数,是否计算模型的临近矩阵,主要结合函数 MDSplot() 使用
#输入对象名称查看模型性能的汇总信息
> heart.rf
Call:
randomForest(formula=target~.,data=train)
            Type of random forest: classification
                Number of trees: 500
No. of variables tried at each split: 3

    OOB estimate of  error rate: 1.24%
Confusion matrix:
        0    1    class.error
0     354   2    0.005617978
1      7   361   0.019021739
```

从结果可知，随机森林生成了 500 棵不同的树（默认设置），在每次树分裂时随机抽出 3 个变量，OOB（out-of-bag，袋外数据）误差率为 1.24%。

使用函数 treesize( )计算随机森林中每棵树的结点个数。

格式：

```
treesize(x,terminal=TRUE)
```

参数说明如下。

1）x：randomForest 对象。

2）terminal：用于指定计算结点数目的方式，默认只计算每棵树的根结点；设置为 FALSE 时将计算所有结点（根结点+叶结点）。

通常情况下，函数 treesize( )生成的结果用于绘制直方图，方便查看随机森林中树的结点分布情况。

```
> treesize(heart.rf)
  [1] 77 74 70 72 68 79 70 75 79 63 68 70 73 71 74 61
 [17] 60 62 72 68 73 65 70 63 75 70 70 70 69 73 66 71
 [33] 78 73 59 70 68 71 74 71 73 75 63 65 82 78 65 70
......
[497] 62 69 62 75
> hist(treesize(heart.rf)) #如图14.6所示
```

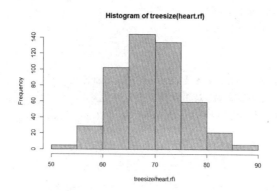

图 14.6　随机森林结点数的直方图

使用函数 rfImpute( )可为存在缺失值的数据集进行插补（随机森林法），得到最优的样本拟合值。

格式 1：

```
rfImpute(x,y,iter=5,ntree=300,…)
```

格式 2：

```
rfImpute(x,data,…,subset)
```

参数说明如下。

1）x：存在缺失值的数据集。

2）y：因变量，不可以存在缺失情况。

3）iter：用于指定插值过程中的迭代次数。

4）ntree：用于指定每次迭代生成的随机森林中的决策树数量。

5）subset：以向量的形式指定样本集。

使用函数 MDSplot( )实现随机森林的可视化。

格式：

```
MDSplot(rf,fac,k=2,palette=NULL,pch=20,…)
```

参数说明如下。

1）rf：randomForest 对象。需要说明的是，在构建随机森林模型时必须指定计算邻近矩阵，即设置 proximity 参数为 TRUE。

2）fac：用于指定随机森林模型中使用到的因子向量（因变量）。

3）palette：用于指定所绘图形中各个类别的颜色。

4）pch：用于指定所绘图形中各个类别的形状。

```
> MDSplot(heart.rf,fac=heart$target) #如图14.7所示
```

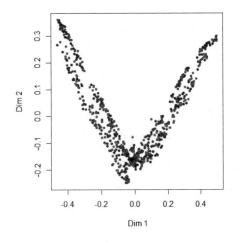

图 14.7　随机森林可视化

14.3.2　模型性能影响因素

过多的树会导致拟合,观察如图 14.8 所示的 heart.rf 统计图,这个图表示误差与模型中树的数量之间的关系。

```
>plot(heart.rf) #绘制 heart.rf 统计图
```

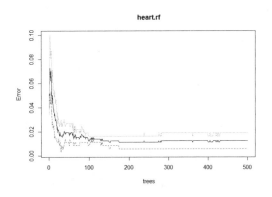

图 14.8　heart.rf 统计图

从图 14.8 中可以看出,开始时误差会显著降低,但随着树的数量增加,误差基本没有改善。可以使用函数 which.min( )找出具体值。

```
> which.min(heart.rf$err.rate[,1]) #指定第一列得到整体误差率
[1] 150
```

可以使用 ntree 选项调整树的大小,只需 150 棵树就可以使模型的正确率达到最优。

```
> set.seed(123)
> heart.rf2<-randomForest(target~.,data=train,ntree=150)
> heart.rf2
Call:
 randomForest(formula=target~., data=train, ntree=150)
            Type of random forest: classification
                  Number of trees: 150
No. of variables tried at each split: 3

    OOB estimate of  error rate: 1.1%
Confusion matrix:
        0    1    class.error
  0   354    2    0.005617978
  1     6  362    0.016304348
```

查看变量重要性，使用函数 VarImpPlot( )绘制统计图，横轴是基尼系数改善的百分比，纵轴是按重要性降序排列的变量列表，如图 14.9 所示。

```
>VarImpPlot(heart.rf2)
```

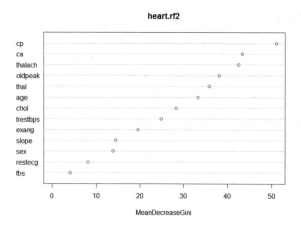

图 14.9　使用函数 VarImpPlot( )生成的统计图

使用函数 importance( )查看每个变量重要性的具体数据。

格式：

```
importance(x, type=NULL, class="NULL", scale=TRUE,…)
```

参数说明如下。

1）x：randomForest 对象。

2）type：其取值可以是 1 或 2，用于判别计算变量重要性的方法。1 表示使用精度平均较少值作为度量标准；2 表示采用结点不纯度的平均减少值作为度量标准。值越大说明变量的重要性越强。

3）scale 默认对变量的重要性值进行标准化。

```
> importance(heart.rf)
        MeanDecreaseGini
age          32.875911
sex          14.046441
cp           51.528613
trestbps     25.219870
chol         28.450886
fbs           3.648791
restecg       8.135508
thalach      42.851287
exang        18.703219
oldpeak      38.632828
slope        14.973260
ca           42.670831
thal         35.512516
```

14.3.3 评估模型

```
#预测分类
> pre.rf<-predict(heart.rf, test)
> table(pre.rf,test$target)
pre.rf    0    1
     0  143    6
     1    0  152
> agree<-pre.rf==test$target
> prop.table(table(agree))
   agree
     FALSE       TRUE
0.01993355 0.98006645
```

从结果中可知，随机森林的预测正确率比传统决策树和条件推理树有明显提高，正确率达到了 98%，提高了 12%。

最后，评估随机森林的性能。加载 caret 包并设置训练控制选项，在此采用 10 折交叉验证。

```
> library(caret)
> ctrl<-trainControl(method="repeatedcv",number=10,repeats=10)
```

设置参数调整网格，需要调整的参数是 mtry，表示每一次划分中要随机选择多少个特征。在这里选择 4 种情况，分别是 2、4、6、8。

```
> grid.rf<-expand.grid(.mtry=c(2,4,6,8))
#把网格对象与 ctrl 对象一起传送给函数 train(),使用 Kappa 值选择最好的模型
> m_rf<-train(target~.,data=heart,method="rf",metric="Kappa",
  trControl=ctrl,tuneGrid=grid.rf)
> m_rf
Random Forest
1025 samples
 13 predictor
  2 classes: '0', '1'
No pre-processing
Resampling: Cross-Validated (10 fold, repeated 10 times)
Summary of sample sizes: 922, 923, 922, 923, 923, 922,...
Resampling results across tuning parameters:
  mtry  Accuracy    Kappa
  2     0.9991234   0.9982468
  4     0.9994175   0.9988359
  6     0.9994175   0.9988359
  8     0.9994175   0.9988359
Kappa was used to select the optimal model using the largest value.
The final value used for the model was mtry=4.
```

上面命令的运行时间较长。从结果可知，当 Kappa=0.9988359 时模型为最好，mtry=4。

14.4　梯度提升

梯度提升的主要思想是，首先建立一个某种形式的初始模型，称为基学习器；然后检查残差，在残差的基础上围绕损失函数拟合模型。损失函数测量模型和现实之间的差别，如在回归问题中可以使用误差的平方，在分类问题中可以使用 Logistic 函数。一直继续这个过程，直到满足某个特定的结束条件。

在 R 软件中，使用 xgboost 包建模，需要调整以下参数。

1）nrounds：最大迭代次数（最终模型中树的数量）。

2）colsample_bytree：建立树时随机抽取的特征数据，用一个比率表示，默认值为 1（使用 100%的特征）。

3）min_child_weight：对树进行提升时使用的最小权重，默认值为 1。

4）eta：学习率，每棵树在最终解中的贡献，默认值为 0.3。

5）gamma：在树新增一个叶子分区时所需的最小减损。

6）subsample：子样本数据占整个观测的比例，默认值为 1（100%）。

7）max_depth：单个树的最大深度。

【例 14-4】以 14.2.1 节中的心脏病数据（文件 heartCsv.csv）的训练集和测试集为例进行梯度提升分析。

```
> library(xgboost)
> library(caret)
#函数 expand.grid()可以建立试验网格,以运行 caret 包的训练过程,参数自己调整
> grid=expand.grid(nrounds=c(75,100),colsample_bytree=1, min_child_
  weight=1,eta=c(0.01,0.1,0.3),gamma=c(0.5,0.25),subsample=0.5,
  max_depth=c(2,3))
#创建 cntrl 对象,设定 trainControl 的参数
> cntrl=trainControl(method="cv",number=5,verboselter=T,returnData=F,
returnResamp="final")
#verboselter=T 可以看到每折交叉验证中的每次训练迭代
#设定随机数种子
> set.seed(1)
> train.xgb<-train(x=train[,-14],y=train[,14],trControl=cntrl,
tuneGrid=grid,method="xgbTree")
#调用 train.xgb 对象可得到最优的参数,以及每种参数设置的结果
> train.xgb
eXtreme Gradient Boosting
No pre-processing
Resampling: Cross-Validated (5 fold)
Summary of sample sizes: 580, 579, 580, 578, 579
Resampling results across tuning parameters:
```

eta	max_depth	gamma	nrounds	Accuracy	Kappa
0.01	2	0.25	75	0.8509355	0.7009278
0.01	2	0.25	100	0.8522960	0.7036397
0.01	2	0.50	75	0.8440009	0.6869107
0.01	2	0.50	100	0.8522961	0.7036244
0.01	3	0.25	75	0.8647386	0.7287301
0.01	3	0.25	100	0.8661178	0.7315285
0.01	3	0.50	75	0.8647290	0.7286963
0.01	3	0.50	100	0.8688670	0.7370979
0.10	2	0.25	75	0.8936475	0.7869665
0.10	2	0.25	100	0.9018948	0.8036113

0.10	2	0.50	75	0.8908600	0.7815171
0.10	2	0.50	100	0.8977186	0.7952628
0.10	3	0.25	75	0.9350753	0.8700822
0.10	3	0.25	100	0.9461578	0.8922685
0.10	3	0.50	75	0.9309279	0.8617815
0.10	3	0.50	100	0.9502770	0.9005299
0.30	2	0.25	75	0.9433706	0.8866982
0.30	2	0.25	100	0.9502863	0.9005230
0.30	2	0.50	75	0.9420103	0.8839866
0.30	2	0.50	100	0.9447499	0.8894452
0.30	3	0.25	75	0.9723369	0.9446772
0.30	3	0.25	100	0.9737354	0.9474672
0.30	3	0.50	75	0.9599512	0.9198917
0.30	3	0.50	100	0.9668004	0.9336062

```
Tuning parameter 'colsample_bytree' was held constant at a value of 1
Tuning
parameter 'min_child_weight' was held constant at a value of 1
Tuning parameter 'subsample'
was held constant at a value of 0.5
Accuracy was used to select the optimal model using the largest value.
The final values used for the model were nrounds=100, max_depth=3,
eta=0.3, gamma=0.25, colsample_bytree=1, min_child_weight=1 and
subsample=0.5.
```

由此，可以得到最优的参数组合来建立模型。在结果中选择正确率最大值作为最优模型，即正确率为 97.37354%，Kappa 值为 0.9474672。对应的参数分别为 nrounds=100；max_depth=3；eta=0.3；gamma=0.25；colsample_bytree=1；min_child_weight=1；subsample =0.5。

```
#根据求出的最优模型参数结果设置参数列表
> param<-list(objective="binary:logistic",
  booster="gbtree",
  eval_metric="error",
  eta=0.3,
  max_depth=3,
  subsample=0.5,
  colsample_bytree=1,
  gamma=0.25
)
> x<-as.matrix(train[,-14])
```

```
> y<-ifelse(train$target=="1",1,0)  #因变量必须为数值型
```
#将特征矩阵和因变量组成符合要求的输入,使用函数 xgb.DMatrix() 创建训练集
```
> train.mat<-xgb.DMatrix(data=x,label=y)
```
#创建模型
```
> set.seed(1)
> xgb.fit<-xgb.train(params = param,data=train.mat,nrounds=100)
```
#检查变量重要性
```
> impMatrix<-xgb.importance(feature_names=dimnames(x)[[2]],model=xgb.fit)
> impMatrix
```

	Feature	Gain	Cover	Frequency
1:	cp	0.232988817	0.102426462	0.07171315
2:	ca	0.135063308	0.113170828	0.07569721
3:	thal	0.109817643	0.070775799	0.03984064
4:	oldpeak	0.092374577	0.097396517	0.07968127
5:	age	0.089880320	0.128147356	0.16932271
6:	thalach	0.069633755	0.117800356	0.14143426
7:	chol	0.069361414	0.140119401	0.15936255
8:	trestbps	0.058089686	0.084270305	0.11752988
9:	sex	0.052354057	0.049773131	0.04581673
10:	slope	0.040581474	0.049746189	0.03784861
11:	restecg	0.022554451	0.021447874	0.03386454
12:	exang	0.022236969	0.017798700	0.01593625
13:	fbs	0.005063529	0.007127083	0.01195219

#绘制统计图,如图 14.10 所示
```
> xgb.plot.importance(impMatrix,main="Gain by Feature",cex=1)
```

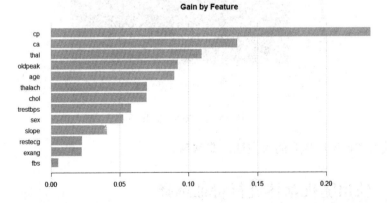

图 14.10　特征重要性的统计图

```
> library(InformationValue)
```
#对训练集的输入特征,使用函数 optimalCutoff()获得使误差最小化的最优概率阈值
```
> pred<-predict(xgb.fit,x)
> optimalCutoff(y,pred)
[1] 0.1999025
```
#对测试集格式进行转换,转换为矩阵
```
> test.mat<-as.matrix(test[,-14])
```
#预测
```
> xgb.test<-predict(xgb.fit,test.mat)
```
#生成混淆矩阵
```
> y.test<-ifelse(test$target=="1",1,0)
> confusionMatrix(y.test,xgb.test,threshold=0.20)
     0    1
0  140    0
1    3  158
```
#计算模型正确率
```
> 1-misClassError(y.test,xgb.test,threshold=0.20)
[1] 0.99
```
#绘制 ROC 曲线,如图 14.11 所示
```
> library(pROC)
> plotROC(y.test,xgb.test)
```

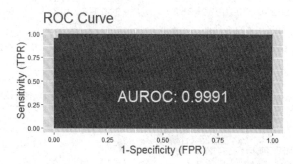

图 14.11　ROC 曲线

从结果可知,梯度提升的模型性能非常高。

██ 14.5　使用随机森林进行特征选择

下面介绍一种通过随机森林实现的特征选择方法,使用 Boruta 包进行特征选择。当数据集中有非常多的特征时,我们可以预先删除不重要的特征,有益于构建更简洁、有

效的模型。算法思想如下。

1）复制所有输入特征，并对特征中的观测顺序进行重新组合，以去除相关性，从而创建影子特征。

2）使用所有输入特征建立一个随机森林模型，并计算每个特征（包括影子特征）的正确率损失均值 Z 分数。如果某个特征的 Z 分数显著高于影子特征的 Z 分数，那么这个特征就被认为是重要的；反之，这个特征就被认为是不重要的。

3）去掉影子特征和那些已经确认了重要性的特征，重复上面的过程，直到所有特征都被赋予一个表示重要性的值。

算法结束后，每个初始特征都会被标记为确认（confirmed）、待定（tentative）或拒绝（rejected）。

对于待定的特征，是否在建模中使用，需要进一步判断，可以采用以下方法。

① 改变随机数种子，重复运行算法多次（k 次），然后只选择在 k 次运行中都标记为"确认"的特征。

② 将训练集数据拆分为 k 折，在每折数据上分别进行算法迭代，然后选择在所有 k 折数据上都标记为"确认"的属性。

【例 14-5】使用乳腺癌数据集（文件 wpbc.data），进行特征选择。

```
#读入数据
> wpbc<-read.table("wpbc.data",sep=",")
#去除第一列,id号对建模没有意义
> wpbc<-wpbc[,-1]
#将 wpbc 的因变量转换为数值型或因子类型
> wpbc$V2<-ifelse(wpbc$V2=="N",0,1)
#载入包 Boruta
> library(Boruta)
#设定随机种子数
> set.seed(1)
#设置 doTrace 为 1,可以跟踪算法的进程
> feature.sele<-Boruta(V2~.,data=wpbc,doTrace=1)
#查看算法所用时间
> feature.sele$timeTaken
Time difference of 10.32419 secs
#统计决策计数
> table(feature.sele$finalDecision)
Tentative  Confirmed  Rejected
    5          5          23
#找到确认的特征名称
```

```
> fNames<-getSelectedAttributes(feature.sele)
> fNames
[1] "V3" "V15" "V24" "V27" "V35"
```
#若想找到确认和待定的特征,需要设置选择 withTentative=TRUE
```
> fNames<-getSelectedAttributes(feature.sele,withTentative=T)
> fNames
 [1] "V3" "V4" "V7" "V14" "V15" "V24" "V26" "V27" "V34" "V35"
```
#使用确认的特征,创建一个新的数据子集
```
> wpbc.feature<-wpbc[,fNames]
> dim(wpbc.feature)
[1] 198   5
```

第15章　聚　类　算　法

聚类算法是一种无监督的学习，无法事先获知观察案例的类标签，只能根据数据内部关系进行推断。目标是将相似的样本自动归到一个簇（cluster）中，簇内对象越相似，簇间对象差异性越大，说明聚类效果越好，如图 15.1 所示。

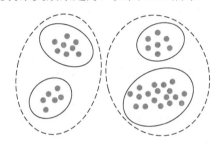

图 15.1　聚类示意图

聚类算法的应用范围较广，如识别客户群、商业推送、图像分割、识别信用卡异常消费、挖掘不同功能的基因片段等。

15.1　层次聚类

层次聚类又称系谱聚类，分为自下而上的层次凝聚方法和自上而下的层次分裂方法两种。层次凝聚方法的思想：①所有观测都是自己本身的一个类，即每一个数据点为一个类，若数据集有 n 个数据，就分为 n 个类；②计算不同类间的距离；③找到最相似的两个类，即距离最近的两个类，将其合并为一个新类；④重复②和③，直到所有数据都属于一个类或满足某个终止条件为止。层次凝聚方法的代表算法是 AGNES（agglomerative nesting）。层次凝聚方法与层次分裂方法的思想相反，初始时将所有数据归为一类，根据距离依次分为更小的类。层次分裂方法的代表算法是 DIANA（divisive analysis）。

聚类是基于向量距离来实现的，通常采用欧几里得距离。但不同类型的数据集需要使用不同的类间测距方式。常用的测距方式类型如表 15.1 所示。

表 15.1　常用的测距方式类型

测距方式	描述
Ward 距离	使总的类内方差最小，使用类中的点到质心的误差平方和作为测量方式
最大距离（complete linkage）	两个类之间的距离就是两个类中的最大距离
最小距离（single linkage）	两个类之间的距离就是两个类中的最小距离
平均距离（average linkage）	两个类之间的距离就是两个类中的平均距离
质心距离（centroid linkage）	两个类之间的距离就是两个类的质心之间的距离

如何确定类的数目是一个难题，有多种衡量聚类有效性的指标。在此使用 NbClust 包中的函数 NbClust( )。

格式：

```
NbClust(data=NULL, diss=NULL, distance="euclidean", min.nc=2,
max.nc=15, method=NULL, index="all", alphaBeale=0.1)
```

参数说明如下。

1）diss：相异性矩阵（dissimilarity matrix），默认值是 NULL，如果 diss 参数不为 NULL，则忽略 distance 参数。

2）distance：用于计算相异性矩阵的距离度量，有效值是"euclidean"、"maximum"、"manhattan"、"canberra"、"binary"、"minkowski"和"NULL"。如果 distance 不是 NULL，则 diss 参数必须为 NULL。

3）min.nc：最小的簇数。

4）max.nc：最大的簇数。

5）method：用于聚类分析的方法，有效值是"ward.D"、"ward.D2"、"single"、"complete"、"average"、"mcquitty"、"median"、"centroid"和"kmeans"。

6）index：用于计算的指标，函数 NbClust( )提供 30 个指数，默认值是"all"，是指除 GAP、Gamma、Gplus 和 Tau 外的 26 个指标。

7）alphaBeale：Beale 指数的显著性值。

【例 15-1】对内置数据集 iris 进行层次聚类。

```
> library(NbClust)
> iris.cluster<-iris
> iris.cluster$Species<-NULL
> numComplete<-NbClust(iris.cluster,distance = "euclidean",min.nc=2,
  max.nc=6,method="complete",index="all")
***: The Hubert index is a graphical method of determining the number
of clusters.
In the plot of Hubert index, we seek a significant knee that corresponds
to a significant increase of the value of the measure i.e the significant
peak in Hubert index second differences plot.
```

***: The D index is a graphical method of determining the number of
clusters.
In the plot of D index, we seek a significant knee (the significant
peak in Dindex second differences plot) that corresponds to a
significant increase of the value of the measure.
****
* Among all indices:
* 2 proposed 2 as the best number of clusters
* 13 proposed 3 as the best number of clusters
* 8 proposed 4 as the best number of clusters
　　　　　　　　***** Conclusion *****
 * According to the majority rule, the best number of clusters is 3
****

从结果可知，有 13 个指标支持类数目为 3，少数服从多数原则，因此选择 3 个类作为最优解。函数 NbClust( )除生成一个非常详细的摘要外，同时还生成了两张统计图，如图 15.2 和图 15.3 所示。图 15.2（a）和图 15.3（a）都显示 3 为明显的拐点，图 15.2（b）和图 15.3（b）显示划分为 3 个类时即可达到峰值。

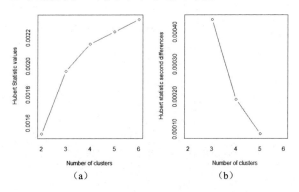

图 15.2　层次聚类后的 Huber 指数图

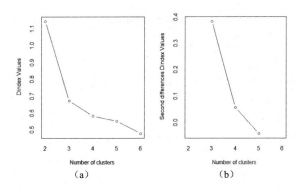

图 15.3　层次聚类后的 Dindex 图

\#查看各种指标给出的最优类数和对应的指标值

```
> numComplete$Best.nc
```

	KL	CH	Hartigan	CCC	Scott	Marriot	TrCovW	TraceW	Friedman
Number_clusters	4.0000	4.0000	3.0000	3.0000	3.0000	3.0	3.000	3.000	4.0000
Value_Index	54.0377	495.1816	171.9115	35.8668	276.8545	532302.7	6564.361	117.076	151.3607

	Rubin	Cindex	DB	Silhouette	Duda	PseudoT2	Beale	Ratkowsky	Ball
Number_clusters	4.0000	3.0000	3.0000	2.000	4.0000	4.0000	3.0000	3.0000	3.0000
Value_Index	-32.3048	0.3163	0.7025	0.516	0.5932	32.9134	1.884	0.4922	87.7349

	PtBiserial	Frey	McClain	Dunn	Hubert	SDindex	Dindex	SDbw
Number_clusters	3.0000	1	2.0000	4.0000	0	3.0000	0	4.0000
Value_Index	0.7203	NA	0.4228	0.1365	0	1.5717	0	0.1503

\#选择类数为 3,使用函数 dist()计算距离矩阵

```
> dis<-dist(iris.cluster,method="euclidean")
```

\#使用函数 hclust()进行聚类

```
> iris.hc<-hclust(dis,method="complete")
```

\#使用函数 plot()可视化树状图,如图 15.4 所示

```
> plot(iris.hc,hang=-1,labels=F,main="Complete-Linkage")
```

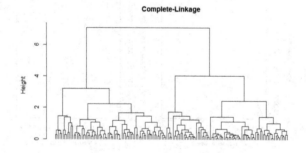

图 15.4　树状图

\#使用 sparcl 包生成彩色树状图

```
> install.packages("sparcl")
```

\#使用函数 cutree()对树状图进行剪枝,得到合适的类数目

```
> comp3<-cutree(iris.hc,3)
```

\#查看每个类的观测数量

```
> table(comp3)
comp3
 1  2  3
50 72 28
```

\#生成彩色树状图,如图 15.5 所示
> ColorDendrogram(iris.hc,y=comp3,main="Complete",branchlength = 50)

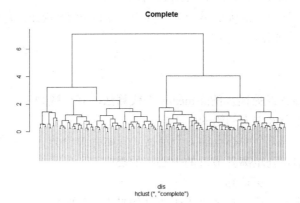

图 15.5　彩色树状图

请将方法 method 设为"ward.D2"建立模型，比较两种方法的结果差异性。

15.2　*k*-means 算法

k-means 算法称为 *k*-均值算法，是常用的聚类算法之一。*k*-means 算法预先定义一个代表类别数目的 *k* 值，将数据集中的每个案例指派到 *k* 个类的其中一个类中。每个类通过其质心（即类中所有点的中心）来描述。

k-means 算法的流程如下。

1）选择聚类数目 *k*。

2）生成 *k* 个聚类中心点。

3）计算所有样本点到聚类中心点的距离，根据远近聚类。

4）更新中心点，迭代聚类。

5）重复步骤 4）直到满足收敛要求（通常是确定的中心点不再改变为止）。

k-means 算法的优点是容易实现。算法中需要注意两个问题：一是类数量的指定；二是初始的类中心的给定。

使用 stats 包中的函数 kmeans( )实现 *k*-means 算法。

格式：

```
kmeans(x,centers,iter.max,nstart,algorithm=c("Hartigan-Wong","Lloyd",
"Forgy", "MacQueen")
```

参数说明如下。

1）centers：初始类的个数或初始类的中心。

2）iter.max：最大迭代次数。

3）nstart：当 centers 是数字时，随机集合的个数。

4）algorithm：算法，默认是第一个。其中，"Lloyd"和"Forgy"为同一种算法。

下面解释以下几种算法。

1. Lloyd 算法

Lloyd 算法是最为经典简单的 k-means 迭代算法，其步骤如下。

1）随机选取 k 个点作为初始的中心点。

2）计算每个点与 k 个中心点的 k 个距离（假如有 N 个点，就有 $N \times k$ 个距离值）。

3）分配剩下的点到距离其最近的中心点的类中。

4）重复步骤 2）和步骤 3）。

5）直到达到收敛或达到某个停止阈值（如最大计算时间）。

Lloyd 算法的缺点是聚类产生的类别经常是不平衡的，就是说不同类中样本的数量差异很大；优点是一个批量更新算法，学习速度会相对较快。

2. MacQueen 算法

MacQueen 算法是一种在线更新的算法，只需要一次迭代，具体步骤如下。

1）选取前 k 个点作为 k 个类的中心点。

2）选取下一个点计算与 k 个中心点的距离，选取距离最小的点分配到该类中。

3）更新该类的中心点。

4）重复步骤 2）、3），直到所有的点分配完毕，达到收敛。

MacQueen 算法相对于 Lloyd 算法而言，总体的训练时间需要更久。

3. Hartigan-Wong 算法

Hartigan-Wong 算法可以改进上述算法的不平衡问题，它也是一种在线更新的算法，具体如下。

1）随机分配所有的点到 k 个类上，计算 k 个类的中心。

2）随机选择一个点，把它移出所属类。

3）重新计算有变化的类的中心。

4）把移出的点重新分配到其距离最近的中心点的类上。

5）循环所有的点，重复步骤 2）～4）。

6）进行第二次循环，重复步骤 2）～5）。

7）直到达到收敛或某个停止阈值。

【例 15-2】使用内置数据集 iris，删除 Species 属性，实现 k-means 聚类。

```
#建立数据集
> iris.cluster<-iris
> iris.cluster$Species<-NULL
#使用 stats 包中的函数 kmeans()
> library(stats)
> iris.kmeans<-kmeans(iris.cluster,3)
> table(iris$Species,iris.kmeans$cluster)
              1    2    3
  setosa      0   50    0
versicolor   48    0    2
virginica    14    0   36
```

从结果可知，setosa 可以较好地区分，但 versicolor 和 virginica 两类有部分混淆。

绘制所有的类与类中心，使用函数 plot( )绘制 Sepal.Length 和 Sepal.Width 两个维度的数据，如图 15.6 所示。

```
> plot(iris.cluster[c("Sepal.Length","Sepal.Width")],col=iris.kmeans$cluster)
> points(iris.kmeans$centers[,1:2],col=1:3,pch=8,cex=2)
> legend(7,4.3,c("versicolor","setosa","virginica"),pch=8,col=1:3)
```

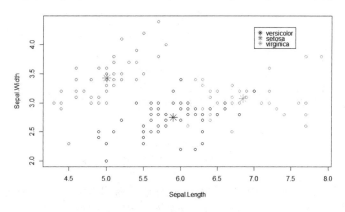

图 15.6　k-means 算法结果

由于初始的类中心是随机选择的，多次运行 k-means 算法得到的结果可能不同。同样，可以在聚类前先选择类数目的最优解。

```
> Library(NbClust)
> numKmeans<-NbClust(iris.cluster,min.nc=2,max.nc=10,method=
  "kmeans")#如图 15.7 和图 15.8 所示
```

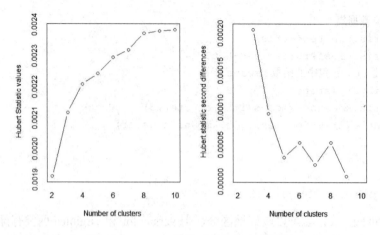

图 15.7　k-means 聚类后的 Hubert 指数图

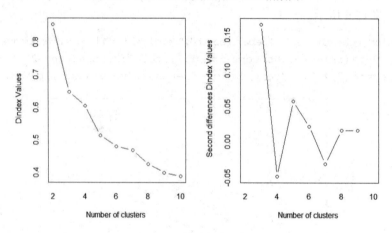

图 15.8　k-means 聚类后的 Dindex 图

结合函数 NbClust( )生成的摘要信息与统计图，综合分析可得出最优类数目为 3。

k-means 算法的缺点：对离群点及噪声敏感，中心点易偏移；很难发现大小差别很大的簇及进行增量计算；结果可能是局部最优（与 k 值和初值选取有关）。

15.3　*k*-medoids 算法

k-medoids 算法（*k*-中心聚类算法）解决对异常值敏感问题。*k*-means 算法将中心点选取为当前簇中所有数据点的平均值，可能为虚拟点。*k*-medoids 算法将从当前簇中选取到其他所有本簇内点的距离之和最小的点作为中心点。*k*-medoids 算法的流程如下。

1）选点，从总体 *n* 个样本点中任意选取 *k* 个点作为中心点。

2）聚类，按与中心点最近的原则将剩余 *n-k* 个点分配到当前最佳的中心点代表的类中。

3）遍历，对于第 *i* 个类中除对应中心点外的所有其他点，按顺序计算当其为新中心点时代价函数的值，遍历所有可能，选取代价函数最小时对应的点作为新中心点。

4）迭代，重复步骤 2 和 3），直到所有的中心点不再发生变化为止。

5）完成，产生最终确定的 *k* 个类。

基于中心点的划分（partitioning around medoids，PAM）是 *k*-medoids 聚类的经典算法。PAM 算法不能有效地扩展到较大规模的数据集上，大型应用中的聚类方法（clustering large applications，CLARA）算法是 PAM 算法的一种改进方法，可从数据集中抽取多个样本集，再在每个样本集上应用 PAM 算法，由此对较大数据集可以返回最好的聚类结果。

在 R 软件中，采用 cluster 包中的函数 pam( )和函数 clara( )可分别实现 PAM 算法和 CLARA 算法。

格式：

```
pam(x,k,diss=inherits(x,"dist"),metric=c("euclidean","manhattan"),
medoids=NULL,stand=FALSE,cluster.only=FALSE,do.swap=TRUE,keep.diss=
!diss&&!cluster.only&&n<100,keep.data=!diss&&!cluster.only,
pamonce=FALSE,trace.lev=0)
```

参数说明如下。

1）x：可以是存储聚类变量的数据框或距离矩阵。

2）k：指定聚类数目。

3）medoids：指定 *k* 个观测点作为初始类质心，包含 *k* 个元素的向量。例如，*c*(2,6)表示以第 2 和第 6 个观测点作为 *k*=2 时的初始类质心。该参数可以省略，算法将随机化初始类质心，该过程称为内建过程。

4）do.swap：取 TRUE 或 FALSE，表示是否进行 swap 步。因为 swap 步会占用更多的计算资源，可视情况设置为 FALSE。

5）stand：取 TRUE 或 FALSE，表示是否对聚类变量进行标准化处理，即消除数量级和量纲的影响。此参数默认为 FALSE，当 x 是距离矩阵时该参数无效。

```
> library(cluster)
> iris.cluster<-iris[,1:4]
> set.seed(123)
> iris.pam<-pam(iris.cluster,3)
> iris.pam
Medoids:
      ID  Sepal.Length  Sepal.Width  Petal.Length  Petal.Width
[1,]  8    5.0           3.4          1.5           0.2
[2,]  79   6.0           2.9          4.5           1.5
[3,]  113  6.8           3.0          5.5           2.1
Clustering vector:
Clustering vector:
  [1] 1 1 1 1 1 1 1 1 1 1 1 1 1 1 1 1 1 1 1 1 1 1 1 1 1 1 1 1 1 1 1
 [32] 1 1 1 1 1 1 1 1 1 1 1 1 1 1 1 1 1 1 1 2 2 3 2 2 2 2 2 2 2 2 2
 [63] 2 2 2 2 2 2 2 2 2 2 2 3 2 2 2 2 2 2 2 2 2 2 2 2 2 2 2 2 2 2 2
 [94] 2 2 2 2 2 2 2 3 2 3 3 3 3 2 3 3 3 3 3 3 2 2 3 3 3 3 3 2 3 2 3
[125] 3 3 2 2 3 3 3 3 3 2 3 3 3 3 2 3 3 3 3 2 3 3 3 3 2 3 2
Objective function:
    build     swap
0.6709391  0.6542077
Available components:
[1] "medoids"  "id.med"  "clustering"  "objective"
[5] "isolation"  "clusinfo"  "silinfo"  "diss"
[9] "call""data"
> table(iris.pam$clustering)

 1  2  3
50 62 38
> table(iris.pam$clustering,iris$Species)

    setosa  versicolor  virginica
1   50      0           0
2   0       48          14
3   0       2           36
> par(mfrow=c(1,2))
> plot(iris.pam) #如图 15.9 所示
```

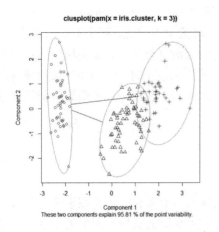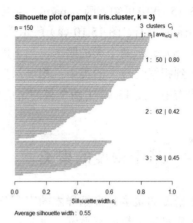

图 15.9 *k*-medoids 算法的聚类结果

从图 15.9 中可知，使用函数 pam( )生成的结果中有 3 个类，其中有两个类结果有交叉。

PAM 算法和 CLARA 算法都需要预先指定 *k* 值，即类的个数。fpc 包中提供了函数 pamk( )，不要求用户输入 *k* 值，而是调用函数 pam( )或 clara( )，根据最优平均阴影宽度估计的聚类个数来划分数据。

```
> library(fpc)
> iris.pamk<-pamk(iris.cluster)
#显示聚类数目
> iris.pamk$nc
[1] 2
> par(mfrow=c(1,2))
> plot(iris.pamk$pamobject) #如图 15.10 所示
```

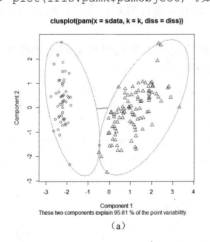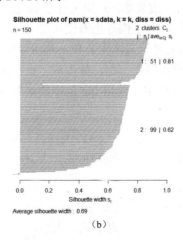

（a）　　　　　　　　　　　　（b）

图 15.10 *k*-medoids 算法的聚类结果

从图 15.10 中可知，函数 pamk( )生成了两个类：一个是 setosa，另一个是 versicolor 与 virginica 的混合。图 15.10（a）所示为两个类的聚类情况，两个类间的直线表示距离；图 15.10（b）显示两个类的阴影，当 s_i 的值较大时（接近 1）表明相应的观测点能够准确地划分到相似性较大的类中；相反，当 s_i 的值比较小时（接近 0）表示观测点被划分到错误的类中。图 15.10 中两个类的 s_i 值分别为 0.81 和 0.62，表明这两个类划分结果很好。

15.4 基于密度的聚类

基于密度的聚类是根据样本的密度分布来进行聚类的，优势在于可以发现任意形状的簇，并且对噪声数据不敏感。通常情况下，密度聚类从样本密度的角度出发考察样本之间的可连接性，并基于可连接样本不断扩展聚类簇，以获得最终的聚类结果。其中最著名的算法就是基于密度的具有噪声应用的空间聚类（density-based spatial clustering of applications with noise，DBSCAN）算法。

DBSCAN 算法有两个参数：半径 eps 和密度阈值 MinPts，具体步骤如下。

1）以每一个数据点 x_i 为圆心，以 eps 为半径画一个圆圈。这个圆圈被称为 x_i 的 eps 邻域。

2）对这个圆圈内包含的点进行计数。如果一个圆圈中点的数目超过了密度阈值 MinPts，那么将该圆圈的圆心记为核心点，又称核心对象。如果某个点的 eps 邻域内点的个数小于密度阈值但是落在核心点的邻域内，则称该点为边界点。既不是核心点也不是边界点的点，称为噪声点。

3）核心点 x_i 的 eps 邻域内的所有点，都是 x_i 的直接密度直达。如果 x_j 由 x_i 密度直达，x_k 由 x_j 密度直达，x_n 由 x_k 密度直达，则 x_n 由 x_i 密度可达。这个性质说明了由密度直达的传递性，可以推导出密度可达。

4）如果对于 x_k，使 x_i 和 x_j 都可以由 x_k 密度可达，那么就称 x_i 和 x_j 密度相连。将密度相连的点连接在一起，就形成了最终的聚类簇。

在 R 软件中，使用 fpc 包中的函数 dbscan( )实现基于密度的聚类。

格式：

```
dbscan(data, eps, MinPts=5, scale=FALSE, method=c("hybrid","raw",
"dist"),seeds=TRUE, showplot=FALSE, countmode=NULL)
```

参数说明如下。

1）data：矩阵或距离对象。

2）eps：用于指定半径的大小。

3）MinPts：用于指定半径区域中的最小点数量，默认为 5。

其他参数说明请见?dbscan。

```
> library(fpc)
> iris.cluster<-iris[,1:4]
> iris.dbscan<-dbscan(iris.cluster,eps=0.42,MinPts=5)
> table(iris.dbscan$cluster,iris$Species)

    setosa  versicolor  virginica
0     2        10          17
1    48         0           0
2     0        37           0
3     0         3          33
```

结果表示共识别出 3 类,第一行 0 表示噪声数据或离群点,即不属于任何类的对象。

```
#绘制聚类结果图,噪声数据用黑色标识
> plot(iris.dbscan,iris.cluster)    #如图 15.11 所示
```

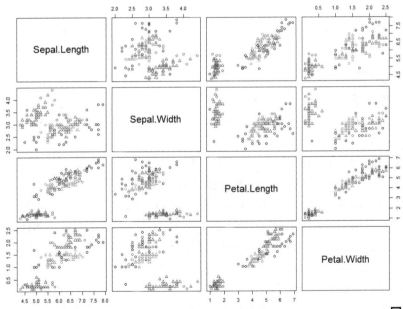

图 15.11　DBSCAN 算法的聚类结果

```
#调整 eps 和 MinPts 两个选项,就可以得到不同的聚类结果
> iris.dbscan<-dbscan(iris.cluster,eps=1,MinPts=5)
> table(iris.dbscan$cluster,iris$Species)

    setosa  versicolor  virginica
1    50         0           0
```

```
    2      0        50        50
> iris.dbscan<-dbscan(iris.cluster,eps=0.5,MinPts=3)
> table(iris.dbscan$cluster,iris$Species)
    setosa versicolor virginica
  0    1        2         7
  1   49        0         0
  2    0       44        40
  3    0        4         0
  4    0        0         3
```

此外，dbscan 包提供了基于密度的有噪声聚类算法的快速实现，包括 DBSCAN、用于识别聚类结构的排序点（ordering points to identify the clustering structure，OPTICS）、分层 DBSCAN（HDBSCAN）和局部异常因子（local outlier factor，LOF）算法等。

```
> install.packages("dbscan")
> library(dbscan)
```

函数 dbscan( )的格式如下。

格式：

```
dbscan(x, eps, minPts=5, weights=NULL, borderPoints=TRUE,...)
```

参数说明如下。

1）x：矩阵或距离对象，frNN 对象。

2）eps：半径的大小。

3）minPts：半径区域中的最小点数量，默认为 5。

4）weights：数据点的权重，仅用于加权聚类。

5）borderPoints：边界点是否为噪声，默认为 TRUE；为 FALSE 时，边界点为噪声。

在使用函数 dbscan( )时，需要输入 2 个参数：eps 和 minPts。eps 值可以使用绘制 k-距离曲线方法得到，在 k-距离曲线图明显拐点位置为较好的参数。若参数设置过小，大部分数据不能聚类；若参数设置过大，多个簇和大部分对象会归并到同一个簇中。minPts，通常让 minPts≥dim+1，其中 dim 表示数据集聚类数据的维度。若该值选取过小，则稀疏簇中结果由于密度小于 minPts，被认为是边界点，而不被用于类的进一步扩展；若该值过大，则密度较大的两个邻近簇可能被合并为同一簇。

使用函数 kNNdistplot( )，使参数 k=dim+1，dim 为数据集列的个数，iris.cluster 是 4 列，那么设置 k=5。

```
> kNNdistplot(iris.cluster, k=5)
> abline(h=0.5, col="red", lty=2)  #如图15.12 所示
```

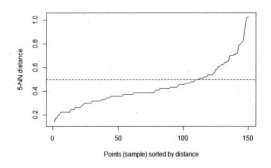

图 15.12　k-距离曲线

kNNdistplot( )会计算点矩阵中的 $k=5$ 的最近邻的距离,然后按距离从小到大排序后,以图形进行展示。x 轴为距离的序号,y 轴为距离的值。图中黑色的线,从左到右 y 值越来越大。从图 15.12 可知,k-距离曲线上有明显拐点,以 $y=0.5$ 平行于 x 轴画一条虚线,突出标识。所以,最后确认的 eps 为 0.5。

调用函数 dbscan( ),对 iris.cluster 数据集进行聚类,eps=0.5,minPts=5。

```
> res <- dbscan(iris.cluster, eps=0.5, minPts=5)
> res
DBSCAN clustering for 150 objects.
Parameters: eps=0.5, minPts=5
The clustering contains 2 cluster(s) and 17 noise points.
 0  1  2
17 49 84

Available fields: cluster, eps, minPts
```

15.5　期望最大化聚类

使用函数 Mclust( )直接对数据进行期望最大化聚类。

```
> library(mclust)
> iris.EM<-Mclust(iris.cluster)
> summary(iris.EM)
----------------------------------------------------
Gaussian finite mixture model fitted by EM algorithm
----------------------------------------------------
Mclust VEV (ellipsoidal, equal shape) model with 2 components:
 log-likelihood   n   df       BIC         ICL
   -215.726      150   26   -561.7285   -561.7289
```

```
Clustering table:
 1   2
50  100
```

从结果可知，分为两类，数目分别为 50 和 100。

对 Mclust 的聚类结果直接作图，得到 4 张连续图形，分别为 BIC 图、分类图（图 15.13）、概率图（图 15.14）和密度图。

```
> plot(iris.EM)
```

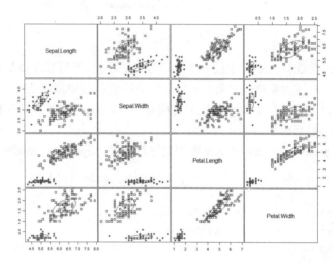

图 15.13　分类图

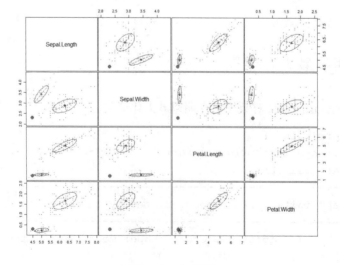

图 15.14　概率图

#使用函数densityMclust()对样本进行密度估计,绘制二维和三维密度图
> iris.Dens<-densityMclust(iris.cluster)
> plot(iris.Dens,iris.cluster,col="grey",nlevels=55) #如图15.15所示

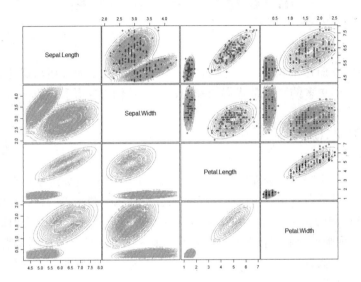

图 15.15 二维密度图

> plot(iris.Dens,type="persp",col=grey(0.8)) #如图15.16所示

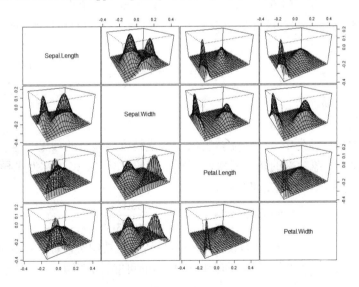

图 15.16 三维密度图

第 16 章　关 联 规 则

世间的事物普遍存在着联系，有些联系是我们已知的，如疾病与遗传有关，肺癌与吸烟习惯相关，但更多的联系是我们未知的，需要我们去探寻和挖掘。

16.1　基本概念

关联规则起源于啤酒与尿布的经典案例，全球的零售业巨头沃尔玛在分析消费者购物行为时发现，男子为婴儿购买尿布的同时还会买几瓶啤酒来犒劳自己。所以推出了将啤酒与尿布放在同一货架上的促销策略，让人欣喜的是啤酒与尿布的销量同时大幅提高。由此，关联规则称为购物篮分析，根据购物篮中的商品信息分析消费者的购物行为。所以说，关联分析就是发现隐藏在大型事物集中的有意义的联系。这种有意义的联系通过挖掘频繁项集来实现。

1）项（item）：数据集中的每一个观察对象就是一项。

2）项集（itemset）：数据集中一项或多项的集合。

3）事务集：所有项构成的集合，即一个数据集就是一个事务集。

4）支持度（support）：包含某个项集的事务在整个数据中的比例。项集 X 的支持度公式定义如下：

$$support(X) = \frac{count(X)}{N} \tag{16.1}$$

式中，N——总交易次数；

$count(X)$——交易中项集 X 出现的次数。

5）频繁项集：预先定义一个支持度阈值，支持度 ≥ 阈值的项集。

6）置信度：X 蕴含 Y 的条件概率，规则推理的可靠度。X 被称为先导或左侧项，Y 被称为后继或右侧项，公式定义如下：

$$confidence(X \Rightarrow Y) = \frac{support(X,Y)}{support(X)} \tag{16.2}$$

7）提升度：是一个比例。假设已知一类商品已经被购买，提升度就是用来度量另一类商品相对于它的一般购买率，即此时被购买的可能性有多大。公式定义如下：

$$lift(X \Rightarrow Y) = \frac{confidence(X \Rightarrow Y)}{support(X)} \tag{16.3}$$

16.2 Apriori 算法

Apriori 算法是最常用的一种关联规则算法。算法创建需要两个步骤，首先根据最小支持度生成频繁项集，然后对频繁项集根据最小置信度生成可信的关联规则。

Apriori 算法采用迭代方法挖掘频繁项集，过程如下。

1）先搜索出候选 1 项集及计算支持度，减去低于支持度的候选 1 项集，得到频繁 1 项集。

2）对频繁 1 项集进行连接，得到候选 2 项集，筛选去掉低于支持度的 2 项集，得到频繁 2 项集。

3）直到无法找到频繁 $k+1$ 项集为止，则频繁 k 项集的集合即为算法输出结果。

Apriori 算法在挖掘出频繁项集的基础上，根据所有可能的子集产生关联规则，并通过检查置信度和提升度来继续分析，发现有价值的关联规则。

【例 16-1】有一个包含 4 次交易的事务集存储于数据库中，设置最小支持度为 50%，挖掘频繁项集的迭代过程如图 16.1 所示。

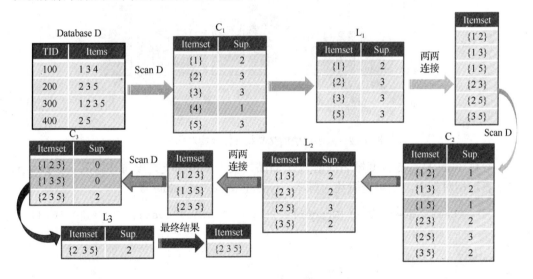

图 16.1 挖掘频繁项集的迭代过程

在 R 软件中，采用 arules 包实现 Apriori 算法。

16.2.1 数据准备和探索

用于关联分析的事务集有别于前面所用的数据集，它是一个稀疏矩阵，而不是所有实例都具有相同的特征。本例中使用 arules 包中的数据集 Groceries，数据集中包含了杂

货店 30 天的真实交易信息，共有 9835 条购买记录，所有商品被划分成 169 类。

```
> library(arules)
> head(Groceries)
#加载 Groceries 数据集
>data(Groceries)
>head(Groceries)
transactions in sparse format with
 6 transactions (rows) and
 169 items (columns)
```

我们无法使用标准的查看数据方法来查看事务类型数据，可以使用 arules 包中的函数 itemFrequencyPlot( )生成项目频率图。

```
#使用参数 support,显示出现在最小交易比例中的商品
> itemFrequencyPlot(Groceries,support=0.1)  #如图 16.2 所示
```

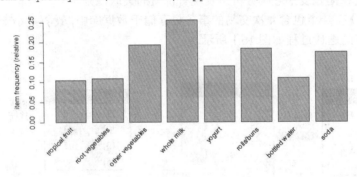

图 16.2　最小比例的交易统计图（相对频率）

参数 topN 显示支持度排名的前 N 类商品，直方图根据支持度降序排列。参数 type 省略表示相对频率，如果查看绝对频率，type 的值为"absolute"。

```
> itemFrequencyPlot(Groceries,topN=10,type="absolute")  #如图 16.3 所示
```

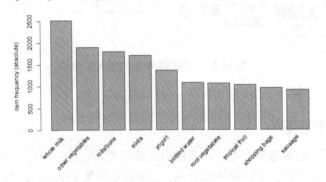

图 16.3　绝对频率最高的 10 个项目交易统计图

#使用函数 image() 可视化稀疏矩阵,如图 16.4 所示
> image(Groceries[sample(100)]) #> image(groceries[1:5]) 前 5 行数据

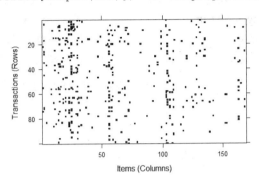

图 16.4 可视化稀疏矩阵

这种可视化是用于探索数据的一种很有用的工具:一方面,它可能有助于识别潜在的数据问题,列从上到下一直被填充可能表明这些商品在每一次交易中都被购买了;另一方面,图中的模式可能有助于提示交易或商品的有趣部分,特别是当数据以有趣的方式排列后。例如,按交易日期排序,可能会提示季节性的影响。

```
#利用函数 summary() 查看矩阵信息
> summary(Groceries)
transactions as itemMatrix in sparse format with
9835 rows(elements/itemsets/transactions) and
169 columns(items) and a density of 0.02609146

most frequent items:
  whole milk  other vegetables  rolls/buns  soda  yogurt  (Other)
      2513              1903        1809  1715    1372    34055
element(itemset/transaction) length distribution:
sizes
  1    2    3    4    5    6    7    8    9   10   11   12   13 14 15 16 17
2159 1643 1299 1005  855  645  545  438  350  246  182  117   78 77 55 46 29
 18   19   20   21   22   23   24   26   27   28   29   32
 14   14    9   11    4    6    1    1    1    1    3    1
Min.  1st Qu.  Median    Mean  3rd Qu.    Max.
1.000    2.000   3.000   4.409   6.000  32.000
   includes extended item information - examples:
     labels    level2          level1
1  frankfurter sausage meat and sausage
2     sausage sausage meat and sausage
3   liver loaf sausage meat and sausage
```

结果中，density 指密度值，即非零矩阵单元的比例。矩阵中共 9835×169=1662115 个位置，则在一个月中，共有 1662115×0.026091246≈43367 件商品被购买。element (itemset/transaction) length distribution 列出了交易规模的统计结果，有 2159 次交易只包含一类商品，有 1 次交易包含了 32 类商品。第一四分位数为 2，表示 25%的交易包含两类商品，大约一半的交易中商品数为 3 类，均值为 4.409。

```
#使用包 arules 中的函数 inspect()可以查看稀疏矩阵的内容
> inspect(Groceries[1:3])  #如前 3 项交易
     items
[1] {citrus fruit,
     semi-finished bread,
     margarine,
     ready soups}
[2] {tropical fruit,
     yogurt,
     coffee}
[3] {whole milk}
```

16.2.2　基于数据训练模型

使用 arules 包中的函数 apriori( )实现关联规则分析。
格式：

```
rules.fit<-apriori(data, parameter=list(support,confidence,minlen))
```

参数说明如下。
1）data：交易数据的稀疏矩阵。
2）parameter：参数组，包括 support 为最小支持度。
3）confidence：最小置信度。
4）minlen：规则的最少项数。该函数返回一个满足最少项数准则要求的规则对象。也可以使用 maxlen 来设置规则的最大项数。

```
> Groceries.rules<-apriori(Groceries,parameter=list(support=0.005,
  confidence=0.6,minlen=2))
#调用对象,可看到产生的关联规则数目
> Groceries.rules
set of 22 rules
```

查看规则。使用函数 options( )将小数位设置为 2，然后按照某一指标（提升度、置信度和支持度）进行排序（升序或降序），参数 by 为 support、confidence 和 lift。

```
> options(digits=2)
> rules<-sort(Groceries.rules,by="lift",decreasing=T)
```

```
> inspect(rules[1:3])
                hs                                              rhs
[1] {citrus fruit,root vegetables,whole milk} => {other vegetables}
[2] {pip fruit,root vegetables,whole milk}    => {other vegetables}
[3] {pip fruit,whipped/sour cream}            => {other vegetables}

Support     confidence     coverage     lift     count
0.0058      0.63           0.0092       3.3      57
0.0055      0.61           0.0089       3.2      54
0.0056      0.60           0.0093       3.1      55
```

结果中，lhs 表示前项，rhs 表示后项。

```
#使用函数 crossTable()建立一个交叉表
> tab<-crossTable(Groceries)
> tab[1:3,1:3]  #查看前 3 个商品之间共同购买关系
            frankfurter     sausage     liver loaf
frankfurter     580            99          7
sausage         99             924         10
liver loaf      7              10          50
> tab["canned beer","canned beer"]  #查看某种商品,764 条罐装啤酒
[1] 764
#查看同时购买两种商品,26 条买了瓶装和罐装啤酒
> tab["bottled beer","canned beer"]
[1] 26
#生成关于某一商品的关联规则,使用函数 apriori()进行参数 appearance 的设定
#需要关联规则的后项是瓶装啤酒,前项是能够提高瓶装啤酒购买率的项集
> bottledbeer.rules <-apriori(data=Groceries,
    parameter=list(support=0.0015,confidence=0.3),
    appearance=list(default="lhs",rhs="bottled beer"))
> bottledbeer.rules
set of 4 rules
#按照提升度降序查看找到的 4 条规则
> bottledbeer.rules<-sort(bottledbeer.rules,decreasing = T,by="lift")
> inspect(bottledbeer.rules)
```

	lhs	rhs	support	confidence	coverage	lift	count
[1]	{liquor,red/blush wine} =>	{bottled beer}	0.0019	0.90	0.0021	11.2	19
[2]	{liquor} =>	{bottled beer}	0.0047	0.42	0.0111	5.2	46
[3]	{soda,red/blush wine} =>	{bottled beer}	0.0016	0.36	0.0046	4.4	16
[4]	{other vegetables,red/blush wine} =>	{bottled beer}	0.0015	0.31	0.0050	3.8	15

```
#使用 arulesViz 包中的函数 plot()绘制关联规则图,如图 16.5 所示
> plot(bottledbeer.rules, method="graph",
```

```
nodeCol=grey.colors(10),edgeCol=grey(.7),alpha=1)
```

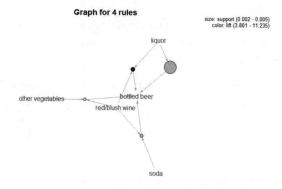

图 16.5   可视化关联规则图（默认 measure）

图 16.5 中的圆圈大小与支持度有关，liquor 支持度高，对应的圆圈大；填充颜色深浅与提升度相关，提升度高的 { liquor,red/blush wine } 对应的颜色最深。

```
#也可以设置measure值来改变衡量指标,如大小与颜色都随提升度的大小而改变
> plot(bottledbeer.rules, method="graph",
    nodeCol=grey.colors(10), edgeCol=grey(.7), alpha=1, measure="lift")
#如图16.6所示
```

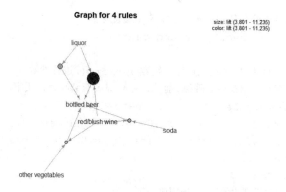

图 16.6   可视化关联规则图 （measure="lift"）

第17章 神经网络

人工神经网络（artificial neural network，ANN）简称神经网络，是一种模仿生物神经网络的结构和功能的数学模型。

17.1 神经网络介绍

神经网络由大量的结点（或称神经元）和相互之间的连接构成，用一个有向网络图来表示，如图 17.1 所示。

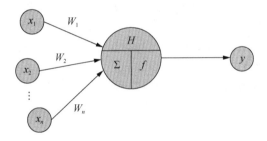

图 17.1 神经网络示意图

输入结点用向量 $X = \{x_1, x_2, \cdots, x_n\}$ 来表示，输出变量用 y 来表示。每一个输入结点根据其重要性都有一个对应的权值 W，输入结点与其权值相乘后传递到隐藏结点 H。隐藏结点可以有一个或多个。在隐藏结点中，所有加权后的输入值被求和，和值通过激活函数 f 进行转换，将输入信号转换为输出信号 y。公式为

$$y(x) = f\left(\sum_{i=1}^{n} w_i x_i\right) \tag{17.1}$$

1. 激活函数

激活函数是人工神经元处理信息并将信息传递到整个网络的机制，有多种激活函数可供使用。使用 R 软件绘制函数 sigmoid 和函数 tanh，如图 17.2 所示。

```
> sigmoid=function(x){1/(1+exp(-x))}
> x<-seq(-5,5,by=0.1)
> plot(tanh(x)~x,type="l",xlab="input",ylab="output")
```

```
> lines(sigmoid(x)~x,type="l",col="red")
> legend(2,-0.5,c("sigmoid","tanh"),lty=1,col=c("red","black"))
```

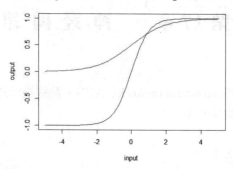

图 17.2　sigmoid 函数和 tanh 函数

最常用的是 S 型激活函数（sigmoid），此函数的输出值可以落在[0,1]区间内。双曲正切函数 tanh( )的取值范围在[-1,1]之间。除此之外，还有线性激活函数、高斯函数、rectifier 和 maxout 函数等。

```
> rectifier=function(x){y<-numeric(length(x));z<-cbind(x,y);
  apply(z,1,max)}
> plot(rectifier(x)~x,type="l")  #如图17.3所示
```

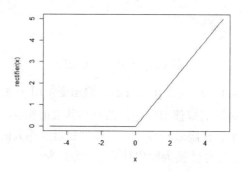

图 17.3　rectifier 函数

激活函数之间的差异主要是输出信号的范围不同。激活函数的选择与具体的神经网络有关。例如，线性激活函数产生类似于线性回归模型的神经网络，高斯激活函数产生称为径向基函数的网络模型。

2. 拓扑结构

拓扑结构决定了神经网络的学习能力，主要包括 3 个关键特征：层的数目、网络中信息传播方向和网络中每一层内的结点数。只有输入层和输出层的网络称为单层网络，

它是基本的模式分类。若在输入层与输出层中间添加多个隐藏层,就形成多层网络。在多层网络中,前一层中的每个结点都与下一层中的每个结点相连接。

如果网络中的输入信号在一个方向上从一个结点传送到另一个结点,直到输出层,这种网络称为前馈网络(feedforward network),如图 17.4(a)所示;如果允许信号使用循环在两个方向上传播,信号在结点间反复往返传递,使系统状态不断改变,最终逐渐收敛于平衡状态,称为递归网络或反馈网络,如图 17.4(b)所示。在现实问题中,前馈网络的应用比较广泛。

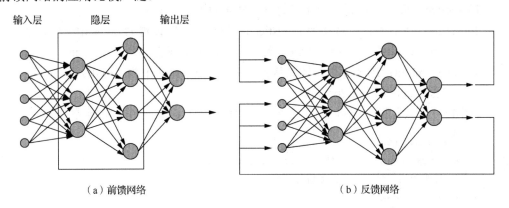

(a)前馈网络 (b)反馈网络

图 17.4 神经网络的类型

输入结点的个数由输入数据特征的数量预先确定,输出结点的个数由需要进行建模的结果或结果中的分类水平数预先确定。但是,隐藏结点的个数需要基于数据集,尽量使较小的结点产生适用(足够)的性能。

▌ 17.2 神经网络应用案例

在 R 软件中有一些关于神经网络的包,如 nnet、AMORE、neuralnet 及 RSNNS。nnet 提供了常见的前馈反向传播神经网络算法。AMORE 包则更进一步提供了更为丰富的控制参数,并可以增加多个隐藏层。neuralnet 包的改进在于提供了弹性反向传播算法和更多的激活函数形式。RSNNS 则是连接 R 和 SNNS 的工具。在此,介绍 neuralnet 包中的函数用法。

在 R 软件中,使用函数 neuralnet( )建立神经网络。

格式:

```
neuralnet(formula, data, hidden=1, threshold=0.01,
stepmax=1e+05, rep=1, startweights=NULL,
learningrate.limit=NULL,
```

```
learningrate.factor=list(minus=0.5, plus=1.2),
learningrate=NULL, lifesign="none",
lifesign.step=1000,
algorithm="rprop+", err.fct="sse", act.fct="logistic",
linear.output=TRUE, exclude=NULL,
constant.weights=NULL, likelihood=FALSE)
```

参数说明如下。

1）hidden：每层中隐藏神经元的数量，默认为 1。

2）act.fct：激活函数，默认为 Logistic( )函数，也可以设置为 tanh( )函数。

3）err.fct：计算误差，默认为 sse。若处理二值结果变量，可设置为 ce。

4）linear.output：逻辑参数，控制是否忽略 act.fct，默认值为 TRUE。

更多参数设置，请参见?neuralnet。

【例 17-1】以乳腺癌 wpbc.data 文件中的数据为例，运用神经网络预测。

```
> library(neuralnet)
> wpbc<-read.table("wpbc.data",sep=",")
#去掉第一列与最后一列数据进行建模
> wpbc$V1<-NULL
> wpbc$V35<-NULL
```

神经网络中通常将所有数据都转化为[0,1]之间的数，目的是取消各维度数据间数量级的差别，避免造成较大的网络预测误差。

```
#V2 列为因变量,对除此列之外的数据进行标准化
> wpbc_scale<-as.data.frame(lapply(wpbc[,-1],scale))
#合并 V2,形成新的数据框
> V2<-wpbc$V2
> wpbc_scale<-cbind(V2,wpbc_scale)
#将 V2 数据数值化
> wpbc_scale$V2<-ifelse(wpbc_scale$V2=="N",0,1)
#划分训练集与测试集,比例分别为 70%和 30%
> ind<-sample(2,nrow(wpbc_scale),replace=T,prob=c(0.7,0.3))
> train<-wpbc_scale[ind==1,]
> test<-wpbc_scale[ind==2,]
#建立模型
#
> model<-neuralnet(V2~.,data=train)
#可以设置参数
> model<-neuralnet(V2~.,data=train,linear.output=F,hidden=5)
```

```
> model<-neuralnet(V2~.,data=train)
> model$result.matrix
                               [,1]
error                  2.976268e+00
reached.threshold      9.044603e-03
steps                  1.234000e+03
Intercept.to.1layhid1  -1.503372e+01
V3.to.1layhid1         -1.827818e+01
V4.to.1layhid1         -1.024592e+00
V5.to.1layhid1         3.178978e+00
V6.to.1layhid1         -8.601199e-01
V7.to.1layhid1         -6.277137e+00
```
……（省略其他行）

从结果中可以看到误差为 2.976268，step 的值是算法达到阈值所需的训练次数，为 1234 次。

　　#使用函数 plot() 实现神经网络可视化,如图 17.5 所示
```
> plot(model)
```

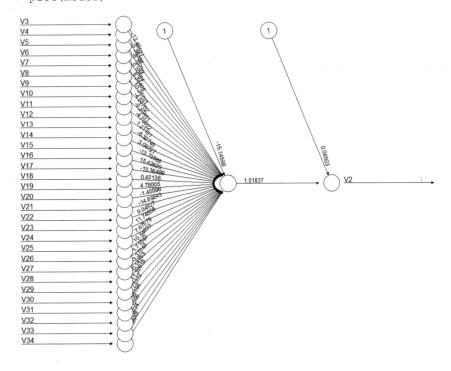

图 17.5　神经网络图

从图 17.5 中可以看到截距与每个变量的权重。使用函数 compute( )评估模型性能。

```
> resultTrain<-compute(model,train[,-1])
# resultTrain 结果中有一个变量$net.result 可以得到预测值列表
> preTrain<-resultTrain$net.result
#得到的结果是一个概率值,按照概率值的大小将其转换成 0 或 1
> preTrain<-ifelse(preTrain>=0.5,1,0)
#生成混淆矩阵
> table(preTrain,train$V2)
preTrain    0    1
    0     106    5
    1       1   29
```

统计可得,神经网络模型的正确率为 95.7%。接下来再看看在测试集上的预测效果。

```
> resultTest<-compute(model,test[,-1])
> preTest<-resultTest$net.result
> preTest<-ifelse(preTest>=0.5,1,0)
> table(preTest,test$V2)
preTest    0    1
    0     35    7
    1      9    6
```

测试集中的误预测率高些,正确率达到 75.4%。

参 考 文 献

陈兴栋，张铁军，刘振球，2019. R 语言与数据清洗[M]. 北京：人民卫生出版社.

哈德利·威克姆，2013. ggplot2：数据分析与图形艺术[M]. 统计之都，译. 西安：西安交通大学出版社.

黄文，王正林，2014. 数据挖掘：R 语言实战[M]. 北京：电子工业出版社.

孙振球，徐勇勇，2014. 医学统计学[M]. 4 版. 北京：人民卫生出版社.

汤银才，2008. R 语言与统计分析[M]. 北京：高等教育出版社.

汪海波，罗莉，汪海玲，2018. R 语言统计分析与应用[M]. 北京：人民邮电出版社.

王斌会，2006. R 语言统计分析软件教程[M]. 北京：中国文化教育出版社.

薛毅，陈立萍，2007. 统计建模与 R 软件[M]. 北京：清华大学出版社.

游皓麟，2016. R 语言预测实战[M]. 北京：电子工业出版社.

袁卫，庞皓，贾俊平，等，2019. 统计学[M]. 5 版. 北京：高等教育出版社.

BURGER S V，2018. 基于 R 语言的机器学习[M]. 马晶慧，译. 北京：中国电力出版社.

LANTZ B，2015. 机器学习与 R 语言[M]. 李洪成，许金炜，李舰，译. 北京：机械工业出版社.

LESMEISTER C，2018. 精通机器学习：基于 R[M]. 陈光欣，译. 2 版. 北京：人民邮电出版社.